神经经济管理研究系列专著

数智平台设计与用户行为研究：认知神经科学的视角

王求真　彭希羡　叶许红　著

国家自然科学基金项目（72071177，72002193，72071180）
国家自然科学基金重大项目（72394371）　　　　　　　　资助
中央高校基本科研业务费专项资金

科学出版社

北　京

内 容 简 介

本书基于认知神经科学视角，在系统性梳理现有研究的基础上，从传统的电商网站到电商直播、虚拟现实、智能会话代理和机器人等新型平台，再到脑机接口这一人机交互的最高阶应用，对这些数智平台的用户行为及其背后的认知机制进行探讨，并对用户在这些平台上的信息安全和隐私决策行为进行了研究。本书遵循"平台特征—机体反应—用户行为"的路径对研究现状进行梳理并构建研究框架，厘清并解读用户在这些数智平台上的交互行为，并对未来将认知神经科学方法应用于信息系统和人机交互领域可能的研究空间和前景进行探讨。本书的特色在于其内容的前沿性、交叉性和体系性以及研究方法的创新性。

本书适合信息系统、人机交互、神经管理学等领域的研究人员以及对神经信息系统这一交叉领域感兴趣的普通读者阅读。

图书在版编目（CIP）数据

数智平台设计与用户行为研究：认知神经科学的视角 / 王求真，彭希羡，叶许红著. — 北京：科学出版社，2024.3
（神经经济管理研究系列专著）
ISBN 978-7-03-077526-9

Ⅰ. ①数… Ⅱ. ①王… ②彭… ③叶… Ⅲ. ①人－机系统－用户－行为分析－研究 Ⅳ. ①TP18

中国国家版本馆 CIP 数据核字（2023）第 254626 号

责任编辑：陈会迎 / 责任校对：姜丽策
责任印制：赵 博 / 封面设计：有道设计

科学出版社 出版
北京东黄城根北街 16 号
邮政编码：100717
http://www.sciencep.com

涿州市殷润文化传播有限公司印刷
科学出版社发行 各地新华书店经销

*

2024 年 3 月第 一 版 开本：720×1000 1/16
2025 年 1 月第二次印刷 印张：15 1/4
字数：308 000
定价：176.00 元
（如有印装质量问题，我社负责调换）

作 者 简 介

王求真，浙江大学管理学院教授、博士生导师。浙江省哲学社会科学实验室浙江大学神经管理学实验室副主任，管理科学与工程学会神经管理与神经工程分会秘书长。主要从事人机交互、信息隐私和神经信息系统等领域的研究。研究成果发表在 *Information & Management*（《信息与管理》）、*Decision Support Systems*（《决策支持系统》）、*Journal of Business Research*（《商业研究期刊》）、*International Journal of Information Management*（《国际信息管理期刊》）等期刊上。主持国家自然科学基金项目、教育部人文社会科学规划项目和浙江省科技计划项目等多项课题。研究成果获得浙江省哲学社会科学优秀成果奖二等奖和浙江省科学技术进步奖三等奖。

彭希羡，浙江大学管理学院"百人计划研究员"、博士生导师。管理科学与工程学会神经管理与神经工程分会副秘书长。主要从事人智交互、社交商务、神经信息系统等领域的研究。相关研究成果发表在 *Information Systems Research*（《信息系统研究》）、*Decision Support Systems*（《决策支持系统》）、*Journal of Interactive Marketing*（《互动营销期刊》）、*Journal of the Association for Information Science and Technology*（《信息科学技术协会会刊》）等期刊上。主持国家自然科学基金青年项目等多项课题。研究成果获得浙江省哲学社会科学优秀成果奖一等奖和二等奖。

　　叶许红，浙江工业大学管理学院教授、博士生导师。管理科学与工程学会神经管理与神经工程分会委员兼副秘书长，中国技术经济学会神经经济管理专业委员会副主任委员兼秘书长。主要从事数智创新与管理、人机交互与协作、神经信息系统等领域的研究。研究成果发表在 *Information Systems Research*（《信息系统研究》）、*Journal of Business Research*（《商业研究期刊》）、《管理工程学报》等期刊上。主持国家自然科学基金面上项目、青年项目和专项项目子课题等。研究成果获得浙江省哲学社会科学优秀成果奖一等奖、浙江省高校科研成果奖一等奖等。

神经经济管理研究系列专著编委会

神经经济管理研究系列专著
总　　序

　　人类探索世界，总是自觉地遵循"采用先进技术与工具的原则"。

　　各个领域的科学家都会尽快把先进技术与工具用于本领域研究，推动对本领域的客观规律的认知发展。例如，用显微镜探知微观世界，从放大倍数不断提高的光学显微镜，到电子显微镜，只要更高放大倍数的清晰的显微镜一出现，研究微观世界领域的学者，不论是材料学领域的学者、还是生物学领域的学者，都会迅速采用先进的工具，研究本学科领域的问题，形成本学科的生长点，甚至产生新的学科分支。例如，放射性技术进入考古学，极大促进了考古学的发展；电子显微镜进入生物科学，产生了分子生物学；射电望远镜进入天文学，产生了射电天文学；透射电镜促使了纳米材料科学与材料工程技术的发展；基于芯片与数据处理技术的第三代基因测序仪，把完成一个人的基因测序时间从 6 个月缩短到了 10~15 分钟，等等。反过来，只要有可能，人们就会基于对科学规律的新的认知，制造新的研究、生产和服务的工具，提升科学研究的效率、社会生产和社会服务的效益/效率与安全性，创造新的消费产品，创造或扩大社会消费，提升社会消费的方便性、有趣性和愉悦性。例如，智能手机和折叠屏智能手机都创造了新的消费，而折叠屏的智能手机+6G 通信，就有可能替代有线电视。

　　运用先进技术和工具（装置），研究<u>可能用其做研究的领域</u>中的问题，是人类科学技术进步的客观规律之一。

　　用神经科学与技术装置，研究那些<u>可以用其研究的经济学问题</u>、研究<u>那些可以用其研究的</u>管理学问题，也不过如同其他学科领域的科学家所做的一样，自然地遵循了"采用先进技术和工具的原则"。

　　2002 年 12 月 8 日，弗农·史密斯在获诺贝尔经济学奖的题为"经济学的构建主义与生态理性"的演说中，专门用一节来解释神经经济学（Neuroeconomics）。他说，神经经济学关注研究的是，大脑内部的工作机理与经济活动中的如下三个方面中的行为的关系，这三个方面的行为是，个体决策中的行为、社会交换中的行为，以及经济制度（如市场制度）中的行为。

　　实际上，管理学中所涉及的行为，相对于经济学，种类更多，范围更宽，更贴近具体的操作层面，从神经（及其相关的生理信息）来解读行为，具有更为广阔的研究领域。

通俗地说，**神经管理科学就是运用神经科学与技术，研究管理科学中的、那些可以用神经科学来研究的问题。**

哪些管理科学的问题可以用神经科学与技术来研究呢？首先，从根本上说，至少，研究对象中直接包含人的管理学的分支领域（如营销学、人力资源管理学、领导科学、行为决策学等），都可以用神经科学来研究。其次，那些在研究的对象中，虽然不直接包含人，但包含了人的活动结果的领域，例如，物流运输领域（物流运输方案）、生产计划领域、证券交易领域、成本与价值管理领域等，也可以用神经科学的手段来研究。由于其所研究的对象包括了人的决策和行为的结果，因此就有可能把决策和行为结果的信息，与决策者和行为者的脑神经活动信息（甚至与神经活动有关联的更低层次上的生理信息，如神经递质、递质的受体、激素等活动的信息）关联起来，在更高、更综合的层面上，研究包含多层信息的新型模型与相互关系的规律，提升所管理的系统的效益、效率与安全。

以下所说的管理科学的领域和问题，都是指那些"可以用神经科学来研究的学科领域和问题"。

神经管理学（Neuromanagement）**的较为严格和较为完整的定义**，大致可以表述为："**运用**神经科学理论方法与技术（包括仿脑计算技术），**研究**管理科学的问题及其内在机制，**发现**新的管理学规律，**提出**新的管理理论，用于经管活动，**提高**相应活动的效益、效率与安全"的科学体系。

也就是说，**神经管理学的研究涵盖了三大领域。**

（1）与人的行为相关的管理学**理论研究**。此类研究以**实验室**研究为主，管理现场研究为辅。实验室研究的主要工具，是神经科学的测量工具，例如，功能磁共振设备，脑电图采集设备，功能近红外光谱成像设备，脑磁图设备，正电子断层扫描设备，以及通过电刺激或磁刺激的方式暂时干预所照射脑区正常工作的设备（如经颅磁刺激仪、经颅直流电刺激仪、经颅交流电刺激仪器等），还有许多与神经活动有关的体表生理信号的采集设备，例如，眼动仪、睡眠仪、多导生理仪、心电仪等。

（2）与生产、建设、施工等有关的操作作业与指挥作业管理的**应用研究**。此类研究以作业**现场**研究为主，实验室研究为辅。在应用研究中，也往往包含深刻的理论问题。研究的主要工具有可穿戴的脑电、皮电、肌电、心率、呼吸、眼动等数据的采集设备。按照不同的应用现场的特征，这类设备的穿戴方式，正在被积极开发中，例如，头盔式、安全帽式、手表/手腕式、眼镜式、耳塞式、背心式等。

（3）与神经/生理/心理活动相关的**计算方法研究**。例如，**神经计算、认知-**

情感计算、仿脑计算/类脑计算等领域的研究。

这里，神经计算领域包含两个方面（两个方向）的研究。一是用神经科学以外的计算方法，如统计分析计算方法、优化计算方法、非线性微分方程方法（如混沌动力学方程方法）以及机器学习方法，来处理神经科学里的数据（例如功能磁共振数据，电生理数据等），研究神经科学与认知神经科学的问题。二是依据脑神经工作的原理，设计新的计算方法，来解决神经科学以外的问题（如，工程计算问题、语音识别问题等）。早年的人工神经网络计算方法、图像识别的神经卷积计算方法，就是模仿大脑工作原理而设计的方法。这方面的方法，又称为"类脑计算/仿脑计算方法"，它们已经属于人工智能算法的领域了。

认知-情感计算也包括两个方面（两个方向）的研究。一是学习人的情感和认知，让机器（计算机）具有情感能力（以助力创造与决策）。最早提出情感计算（Affective Computing）的美国麻省理工学院的皮卡特教授的主要意图，就是通过算法赋予计算机情感。认知计算（Cognitive Computing）的概念，本质上可以追溯到 20 世纪 50 年代（1956 年信息科学会议上提出的概念），也就是人工智能概念提出的时间。另一个研究方向，是处理所测量到的人的神经与其他有关生理活动的数据（特别是非接触式测量得到的数据；目前非接触式测量得到的主要是体表和体态数据，如表情数据、行走的体态数据，以及相应的红外成像数据等），计算识别出人的认知-情感状态（这对于在有关场所的暴恐分子的识别、抑郁发作的驾驶员的识别，具有重要意义）。

类脑/仿脑计算，就是尽可能地从脑科学的进展中受到启发，产生信息处理的新方法，发展人工智能的算法。

为了进一步从管理学的视角，来深入理解神经管理学，就需要关注**神经管理学的如下分支领域（但不限于如下分支领域）。**

以下，在每个分支领域中所陈述的、用神经科学手段来研究的管理科学或管理工程问题，都是从不同层面、不同视角，对相应领域所包括的主要问题的举例，而不是为神经管理学的有关领域设定边界。

1. 神经决策学领域

神经决策学，研究决策行为、决策效果和决策认识/情感是**如何关联于相应决策中的神经活动的**；相比于它们之间的相关关系，神经决策学更关注它们之间的因果关系。

神经决策学用神经科学的手段研究如下领域和方面的决策问题：

个体决策、群体决策、社会决策三大领域的各类决策问题；

信息冗余情景下的决策，突发事件下的决策，特殊环境下的决策（例如，高寒、湿热、高噪、幽闭等环境下的决策）；

不同情绪与心情状况下的决策，睡眠缺失下的决策，亚健康下的决策，某些常见的、不同程度病患者的决策（如不同程度的阿尔茨海默病患者、癫痫患者、糖尿病患者、抑郁症患者等的决策问题）；

阈上感知与阈下感知决策；

不确定决策（如风险决策），跨期决策，公共管理决策，效用决策、价值决策，从众与反从众决策；

基于随机选择模型的决策等决策问题。

此外，神经决策学还研究双脑（电脑、人脑）混合决策；

以数学模型计算结果为参考值的<u>决策调整过程</u>与神经机理；

机器学习人脑决策（与人工智能相关的决策），无人机的仿脑自主决策，自动驾驶与专用机器人的仿脑决策，等。

2. 神经营销学/消费者神经科学领域

用神经科学手段来研究，营销学领域的如下问题：

一定信息背景下的消费者购买倾向，一定现场环境下的消费者购买决策，一定舆情环境（如口碑环境）下的购买决策；

研究不同事件所诱发的情绪下的消费心理与购买决策；

全球或区域重大事件背景或非常规重大事件背景下的消费心理与购买决策（例如新冠疫情下的、战争环境下的、经济衰退下的、气候灾变下的消费心理与购买决策特征及其神经机理等）；

消费者对品牌的神经感知，及与其关联的购买决策；

消费者对广告设计的神经响应与企业广告策略；

消费者对体验性产品与享乐性产品的购买决策，对奢侈品的购买决策，食品安全与消费者的购买决策，对多指标对象（如对房产）的选择决策等诸多类型的消费决策的神经机制；

支付方式对消费影响的神经机制；

电子商务中的网店商品介绍的相关要素（如商品的陈列、描述、价格、已经购买商品的使用者的评价等要素），对消费购买意愿的影响，等。

3. 神经信息系统领域

神经信息系统的研究，是围绕"各类与信息系统有关的人（如设计者、维护者、管理者与用户）"展开的。由于信息系统可以大致划分为两大类：与生产、工作、学习相关的系统，以及与消费、娱乐相关的系统（当然，有的系统可以同时具有这两类系统的部分功能），因而，信息系统的用户也可大致分为相应的"生产性"与"消费性"两大群体。相对于信息系统的用户，信息系统的设计、维护与管理者是较小的专业性群体。对于一个个体而言，可以属于上述的一个群体，也可以同时属于上述的两个群体。

神经信息系统研究的**第一个方面**，是围绕**信息系统本身**展开的。它以<u>用户对</u>

所使用的信息系统的神经感知（例如，有用性感知、易用性感知、安全性感知等）为基础，来识别相应信息系统本身的效率、效益、安全性与友好性；并基于此，改进信息系统的设计与功能；这里的信息系统，有如微信系统、头条系统、抖音系统、支付系统、网购系统、金融投资系统、生产控制系统，以及诸多的APP所关联的系统等。

神经信息系统研究的**第二个方面**，是围绕信息系统的设计者、**维护者和管理者**展开的。例如，它研究这几类人应具有的心理素质与神经特征（如，很强的自控力，就是保护信息系统的技术秘密和用户的有关信息所必须具备的素质，研究具有这样素质的人的神经特征），对选拔合适的人进入设计、维护和管理岗位，具有重要的意义。

神经信息系统研究的**第三个方面**，是围绕信息系统对用户个体相应活动的**影响**展开的。其基本方法是，通过信息系统使用者的行为和相应的神经活动的数据，研究信息系统对使用者的生产、工作（如决策）、学习类活动的效率的影响，研究其对消费、娱乐类活动的愉悦感等的影响，进而研究这些影响发生的科学问题；例如，大量功能相近的信息系统所带来的信息过载，是如何影响使用者决策的科学问题，在大量重复的、一致和不一致的信息下决策的科学问题等。

神经信息系统研究的**第四个方面**，是围绕信息系统的使用是如何改变人与人之间的相互理解与情感而展开的。它包括个体与个体、个体与群体、群体与群体之间的相互理解与情感交互的影响；研究这种交互是如何改变个体与群体对所议论问题的认知与理解的；进而研究信息系统的使用是如何产生正或负的社会效益的。

4. 神经工业工程、神经生产管理、神经工程管理与神经作业管理相关领域

神经工业工程、神经生产管理、神经工程管理与神经作业管理，是彼此存在重叠、又有明显差异的几个领域。首先，值得注意的是，在生产作业、工程作业中，我们正处在脑力劳动加速替代体力劳动的时代，因此，相应的管理学科也正处于向"以脑力劳动为中心的科学管理"转换的阶段。如何建立以脑力劳动为中心的科学管理的基本理论与方法，是时代转换中的、首要的、也是最重要的基本问题。

其次，由于智能技术的发展，生产（工程）作业中的智能机器不断更新，人与机器的关系正在发生前所未有的巨大变化。人在生产（工程）作业中、对机器和作业环境的神经感知、对问题的判断和处置，变得越来越重要。已经显现出它的划时代的转折意义。

从数千年的人类生产劳动方式的历史来看，我们正处于千年未曾有过的改变之中。神经工业工程、神经生产管理、神经工程管理与神经作业管理的重要性，日益上升。在这几个相关的管理领域之中，不仅要关注不同作业环境对作业人的神经感知与判断决策的影响，还要关注作业人对机器工作状态的感知，反过来，也要关注智能机器对作业人与环境的感知，也就是，作业人与智能机器的相互感知与协调问题。

因此，这几个相关领域所涉及到的重要的问题主要有：

基于不同的可穿戴设备在不同作业场景，采集作业者的神经及其他相应生理活动数据，研究人-机-环系统的效率与安全问题；

在作业中的神经感知和作业行为层面，研究不同类型的（生产与工程建设的）作业场景（特别是不同作业环境）下的工效问题；例如，不同作业环境（厂房内的、野外的、地下的、高空的、水面的、水下的、失重的、超重的、闷热的、高噪声的、震动的作业环境）对作业者操作的精准性的影响，以及对其判断环境变化与机器运行问题的正确性与及时性的影响；

既研究高脑力负荷（如复杂设备的操作）下的脑力疲劳机理与作业设计和工艺设计的改进问题，也研究低脑力负荷环境（如自动化生产中的屏幕监控作业）下的脑力疲劳机理与作业设计和工艺设计的改进问题；

研究基于双力（体力与脑力，特别是脑力负荷）的人-机工程问题；

研究基于双力（特别是脑力负荷）的、生产线布局、工位设计与改进、工艺工装设计与改进问题；

研究基于作业者神经感知和脑认知能力的、智能生产装置的设计与改进问题；

研究基于用户神经感知的产品设计问题、建筑设计问题；

研究基于双力（特别是脑力负荷）的、生产管理、工程管理，作业管理，安全管理问题；

研究在生产线上实时感知作业者的亚健康状态的脑与其他相关生理信息的采集技术与计算方法，进而研究相应生产作业管理问题；

研究不同睡眠状况影响作业效率的神经机理，研究作业中实时感知作业者的困倦状态的技术与相应的作业管理问题等。

5. 神经创新与创业领域

创新与创业是两个有关联、有重叠、又有明显差异的领域。创新促进创业，创业必须创新。神经创新与神经创业的关系，也是如此。其主要研究的方面与问题，示例如下：

创新思维的神经机理，如顿悟、被启发、来灵感以及大脑的分析性思维的神经机制；

进行渐进性创新和突破性创新的神经过程的异同；

学习与记忆对创新作用的神经机理；

群体创新的神经机制，如群体创新氛围提升创新效率的神经机制；以及基于此神经机制研究的创新环境的创造；

创新组织形态、组织制度、绩效考核制度影响群体创新的神经机理；以及基于此的创新组织与考核制度的改进问题；

在神经科学层面的创新与创业动机研究、创新与创业冲动研究；

创新与创业训练和大脑的可塑性；

创业者的神经特质，创业机会的来源与创业机遇敏锐感知的神经机理；

从神经科学层面，研究创业前景预感，创业风险感知、创业的时间窗口感知与竞争性的感知；

创业决策的有关研究，如理性分析后决策、情绪决策与直觉决策的神经机理研究；

创业失败的忍耐的神经特质（创业韧性的神经特质）研究；

创业者与非创业者以及不同类型的创业者之间的神经特质的比较研究；

创业过程与创业绩效管理（创业组织，创业人才管理，创业技术管理，创业资金筹措，创业绩效管理等），其中大部分问题，都可以用神经科学的手段来研究。

创业环境包括制度环境、政策环境、社会文化环境、金融环境（如风险投资环境）、技术创新环境、人才与教育环境等，是创业学必须研究的问题。神经创业学主要从神经感知视角，来研究这些环境是如何影响创业相关人员的（例如，创业者、风险投资者等相关人员）。相当多的创业环境的科学问题，可能不是神经创业学的范畴。神经创业学的研究标的，覆盖不了创业研究的全部标的。

6. 神经组织行为学领域与神经领导科学领域

一般而言，神经领导科学是神经组织行为学的子领域，但由于它的重要性，神经领导科学常常被独立为一个领域来研究，该领域的海外学者组建了独立的神经领导科学的研究团体。

神经组织行为学从脑神经科学的视角，主要研究（但不限于研究）组织行为学中的如下五个方面的问题：**领导、团队、组织公平、组织变革、人才选拔**（尤其是特别素质型人才的选拔）。由此，发现其中的新的规律。

在**神经领导科学方面**，主要用神经科学方法来研究：领导特质理论，领导行为理论，领导情境理论，变革型领导，领导力与领导风格，以及领导力开发等问题。

在神经科学与**团队合作**的交叉**方面**，主要研究团队合作、团队认同感、团队互动、团队氛围起作用的神经基础（如镜像神经元的独特作用，以及强化镜像神经元的训练方法问题；又如，面对团队共同利益的群体的伏隔核和腹内侧前额叶等脑区的活动）；由此可以产生一些特别有用的、有别于观察法和问卷调查法的、神经科学测量方法，例如，对"团队认同感"的神经及其他有关生理活动的标记的测量；

在**组织公平方面**，主要研究：公平感知的神经基础，不公平破坏性的神经机理；神经组织学视角下的分配公平、程序公平、交互公平等问题；从行为、心理、生理（特别是神经活动）三个层面，获取员工对自己的或对他人的不公平的感受数据，有助于管理者较为彻底地及时发现员工的不公平感受，有针对性地调整政策，提高员工的公平感和满意度。

在**组织变革方面**，主要研究：组织变革参与者的不同真实态度的神经表征，例如，在组织变革中所涉及到的人的情感、行为与相应的神经生理活动等；组织变革中的氛围如何影响个体的神经机理；发现**隐性反对者**的神经科学方法（所谓隐性反对者，是指那些在征询对组织变革方案的意见时，反馈为"没意见"，却在执行时成为阻碍组织变革的个人和群体），及时发现组织变革的隐性反对者，做好工作，有利于避免组织变革的失败。

在**人才的现场选拔方面（特别是特殊人才的现场选拔方面）**，以往的现场选拔，有专注于身体状态的（如招收飞行员），有专注于技能的（如招聘数据的保存与系统维护人员），有专注于情商的（如面试如何处理人际中的"两难问题"），也有专注于有关知识的（如公务员考试），还有专注于模拟紧急现场中的表现的（例如，考官组观察水面舰船的"指挥官候选人"如何应对来自天空、水面、水下袭击的），而神经组织行为学对人才的现场选拔，不仅重视行为（表现），而且注重相应表现的神经和其他相关生理活动，揭秘瞬间的、或者隐性的素质（例如数据维护人员的、与信息保密关联的"自我控制"的素质，紧急状态下"指挥官"或"飞行员"瞬间生理反应所对应的素质等）。

此外，神经组织行为学通常还包括有关行为动机、业绩考核、激励、晋升政策与相关行为的神经机理研究。

7. 神经会计学、神经财务管理、神经金融管理领域

会计学、财务管理（Corporation Finance）、金融学是三个明显不同而又有明显交叉的领域。会计学本身就不仅限于会计制度和会计准则，还包括了财务会计、管理会计、审计等内容，而财务会计又与财务管理交叉，财务管理涉及投资（包括证券投资），又与金融学交叉，因而，与之相应的神经会计学、神经财务管理、神经金融学，也是三个明显不同而又有明显交叉的领域。

会计学的研究以**会计制度、会计准则**和**会计行为**为研究对象，以解释和预测会计实务为目标；而**神经会计学**则是研究相关会计活动的**主体的决策与行为及行为结果，是如何关联于相应的神经/生理与心理活动的**；研究的目的是发现规律，解释和预测会计实务，减少偏误、减少作假、减少舞弊，更有利于反映资金的活动，有利于实施高效的管理。

会计原则和会计制度的形成本质上依赖于人的认知模式，因而从认知神经科学视角研究该问题，不仅具有理论意义，也具有实践意义。例如，不断改进对上市公司财务信息披露的规定，就是要尽可能在客观披露财务信息的同时，消除诱导投资者"误判"的诱导效应（框架效应就是一种误导效应），而这种诱导效应，就与认知模式有关。

例如，有关上市公司财务信息的披露问题，同一财务报告，可以使一些人阅读后抛售该企业股票，同时又使另一些人阅读后决定买入该企业的股票，就可能反映了不同认知模式的影响。

神经会计学不仅对比研究会计实务活动中的规范行为与做假账等舞弊行为的神经活动的差异特征，而且，还重点研究会计实务中的容易引起分歧问题的认知神经科学特征。例如，一笔较大费用是否列入待摊费用以及摊销期问题，存货跌价准备金问题，应收账款是否转给对方做短期融资问题，固定资产折旧率问题等，都容易改变当年财务报表中的利润多寡，容易在不同利益相关人员之间引起分歧，如在领导与被领导、会计师与审计师、股东与经营者之间发生分歧；研究在这些问题上发生分歧时，决策行为、决策心理与相应神经活动的相互关系，有利于预测相关当事人的行为，有利于推断决策的合理性。

此外，神经会计学还研究审计师与会计师在面对负面证据时的神经活动的差异等问题。

财务管理主要研究，企业的资金和资产在生产和服务中的管理问题，也就是，有关企业的资金和资产的管理决策、管理行为与管理效果问题；其目的不仅是服务于企业的运营计划，保证企业生产、项目建设、服务运转所需的资金，而且要提高资金与资产的使用效率与效益，促使企业持续良性发展。

这里所述的企业的项目建设主要是指，扩大再生产项目，装置与设备的更新项目，产品与服务的升级或转型项目等；所述的企业资金与资产，主要包括现金、应收款、存货、短期票据与证券等流动资产，以及厂房、土地、设备等不动资产。

在预计到企业运营将面临资金不足时，财务管理的一项重要任务是筹资；当企业运营中（在安全备付之外）有现金余额时，财务管理的另一项重要任务就是理财，以获得更多的收益，如购买债券、基金、股票之类的金融投资。

而上述所有**财务管理的任务**的实现，都是由**相应的决策者和执行者**来完成的。如果说，财务管理所面对的对象，是企业的资金与资产，**研究的任务**是如何管好企业的资金与资产；那么，**神经财务管理**所面对的对象，则是管理财务的决策者和执行者，**研究的任务**则是管理财务的人员在做财务管理决策时的行为、行为时相应的神经（包括其他相关生理）与心理活动，以及它们与财务管理效果之间的关系，揭示在不同情绪、不同氛围（如产品交易市场氛围、金融投资氛围等）、不同压力下的财务决策的神经和其他相关生理活动的规律，预测可能导致的后果，并基于不同特质的财务决策人的认知特征，制定预防错误的工作流程以及及时纠正错误的规定。例如，研究财务管理人员对企业财务风险的感知，面对风险时财务决策的神经（包括其他相关生理）与心理过程（注意，这不是个人得失的风险决策，而是对"他人负有责任"—对企业负有责任—的风险决策），以及决策者个人心情、金融市场恐慌情绪等因素，对财务决策的影响的神经机理等。

金融管理主要研究，金融市场（货币、债券、基金、股票、期货、期权等市场）中，在不同趋势、不同氛围、不同政策，以及国内外不同经济与社会环境下，个人投资者、群体投资者，以及对某群体负责的投资者的行为，进而研究管理金融市场的制度与规则。

神经金融管理则主要研究，金融市场中各种身份的投资者在复杂国内外环境中的投资行为，是如何关联于其神经与其他相关生理活动的，从这种相互关联的规律中，解释有关金融现象，例如"金融异象"是如何发生的，甚至预测有关投资者的投资行为，并基于此，研究金融市场管理的改进问题。

举例而言，神经金融学研究的主要问题可以有：投资者理性与非理性交易行为的神经机理，金融泡沫与投资者情绪相互作用的神经表征，风险与模糊条件下金融决策的神经管理模型，金融市场投资者"买卖身份瞬间转变"的认知与情感基础，理性决策与情感决策瞬间转换的神经活动模型，金融买卖的后悔感知与后续决策的关系模型（指包含神经活动变量的模型），与投资决策行为关联的神经活动特征，金融投资中的有限理性与框架效应的神经基础，所披露的上市公司财务报表与非财务信息影响个体决策的神经机制，投资者对上市公司年报信息的加工和处理模式之认知神经学基础，金融市场中的羊群效应（从众行为）与反从众行为的神经基础，政府及监管部门发布的信息引起不同类型投资者反应差异的神经特质，以及易受股评人观点左右的投资人的神经特质等。

基于上述研究，进而研究金融市场管理制度与规则（如信息披露规则）的改进。

就神经管理学的分支而言，还有如下领域，是可以而且应当用神经科学的理论与方法来研究的：如，财政（Public Finance）管理、公共管理（Public Administration）等领域的问题；又如，"旅游管理""休闲管理（包括文学、艺术和美学方面的欣赏）"等领域的问题；再如教育管理方面特别是与儿童成长相关的行为与脑科学问题；还有，决策科学中的哲学问题，商业活动中的伦理问题，工程哲学问题等。

总之，**管理学中一切与人的行为以及行为结果有关的问题，本质上都是可以用神经科学的理论与方法来研究的。**

在研究管理学有关问题时，所使用到的"神经科学领域"的知识，不仅仅有"神经回路"、电生理过程，脑功能区域（如功能核团），还可能涉及神经递质、递质的受体，甚至基因；同时，也涉及高于神经活动层面的认知心理过程、情绪心理过程，乃至行为过程。

从研究的视角来看，神经管理学就是要研究这些不同层面的活动之间的相

关关系，如有可能，就研究其间的因果关系。

具体而言，神经管理学的研究涉及到如下四大层面数据之间的关联研究：

（1）行为与行为后果层面的数据。

（2）与行为关联的心理（情感与认知）活动层面的数据。

（3）与行为和心理关联的神经活动，以及与神经活动相关的生理活动的数据。

这里，与相应神经活动相关的生理活动的数据包括：眼部的活动数据（如注视点的注视时长、瞳孔大小变化的数据），表情与微表情的变化数据，以及呼吸、血压、血氧含量、心率、皮电、肌电、体表温度场等变化的信息。

而与行为和心理关联的神经活动的数据包括：大脑功能区和/或功能核团的活动（如神经环路），神经递质与受体应答等的信息。

还有神经元及亚神经元层面的相应的活动数据、神经元活动中的电化学变化过程的数据等不同尺度的神经活动的有关数据。

（4）基因遗传与表观遗传层面的数据。

对于神经管理学领域中任何一个具体问题而言，其研究并不是都必须包括4个层面的全部关联关系；事实上，在大多数神经管理学研究的项目中，仅研究包含第1层在内的两层或三层之间的关系，例如，层1与层2，层1与层3，层1与层4，层1、层2与层3，层1、层2与层4，层1、层3与层4的关联关系（当然也可包括第1层至第4层的全部关联关系），目的是更深刻地理解经济管理层面的行为与行为后果的发生机理，预测行为与行为后果的变化。需要正确理解的是，上述各层的研究对象，都可以是（而且通常是）相应层中的局部要素。

在自然科学与技术科学的理论中，常常涉及到"用系统的下层次对象的属性和特征，来解释上层次对象的属性、特征与变化规律"。其实，神经管理学的理论也包含这样的构成（即下层解释上层的理论）。但神经管理学认为，要透彻地理解包含第1层在内的两层或三层或四层之间的关联关系，特别是深入理解最上层的行为与行为后果的特征和属性，不仅需要自下而上的理解，也需要自上而下的分析，是一个双向思考的过程。

另外，**从神经管理学的研究工具、研究方法和方法的应用视角**，丛书还应包括以下方面的研究：

神经管理学研究方法规范体系，神经计算/认知计算理论与方法，情感计算理论与方法，仿脑计算/类脑计算方法与人工智能方法在神经管理学研究中的应用，频繁应用于神经管理学研究的统计方法系列（如各类方差分析、各类相关分析、各类回归分析、一般线性模型、主成分分析、独立成分分析、贝叶斯分析、聚类分析与判别分析等）；

功能磁共振成像设备与分析技术、脑电图与事件相关电位和时频分析技术、功能近红外光谱设备、正电子断层扫描设备以及可穿戴式的脑机接口设备等神经成像设备及分析技术，在经济管理研究中的应用；

　　眼动仪、多导联生理仪、睡眠仪等多类生理信息采集设备在经济管理研究中的应用；

　　经颅磁刺激、经颅直流电刺激、经颅交流电刺激等神经调控设备与技术在经济管理研究中的应用；

　　虚拟现实与增强现实技术，在经济管理研究中的应用；

　　以及，有关生物标记物（Biomarker）技术在经济管理研究中的应用等（例如抑郁症患者的生物标记物的获取研究，有利于对"关乎到众多人生命"的驾驶员的管理）。

　　神经管理学的研究与发展具有划时代的意义。它是从以体力劳动为中心的科学管理，过渡到以脑力劳动为中心的科学管理的关键重点领域。

　　神经管理学，必将成为未来管理学的主体构成之一。

　　虽然我国是最早较为系统地提出和论述神经管理学的国家，同时也是相应研究成果在国际上较为突出的国家之一，但是，从提出神经管理学 15 余年以来，我国在神经管理学领域的学术论著出版方面却落后了。据不完全统计，迄今为止国际上出版的与神经管理学相关的著作已经有 30 余本，而我国还比较少。希望本系列专著的出版，能够促进我国该领域学者进一步归纳与总结自己的研究成果，使得我国在神经管理学领域的著作方面，跻身世界前列。

马庆国

2022 年 2 月

于杭州求是村

前　　言

随着移动互联网、大数据、人工智能（artificial intelligence，AI）、第五代移动通信技术（5th-generation mobile communication technology，5G）等新兴技术的迅猛发展，数智技术与人类经济社会的融合应用不断拓宽和深入，人类正在快速迈入数智时代。在数智时代，企业运用数智技术去优化产品和服务以改善用户体验、赢得用户心智已成为企业获取竞争优势的关键所在，各种基于数智技术的新产品、新模式和新业态不断涌现。

电商直播是在传统电商基础上发展起来的一种网络零售的新模式、新业态。传统电商是在 20 世纪 90 年代随着互联网的兴起开始形成和快速成长的，经过 30 多年的发展，电子商务已成为重要的消费方式，为经济社会发展提供了强大动力。相较于传统电商，电商直播互动性更强、产品展现更为生动，并具有更强的社交属性等优势，近年来发展迅猛。从个人直播带货到平台和商家直播带货等，各类直播带货活动开展得如火如荼，电商直播已成为电子商务的主流业态。

受益于 5G 基础设施的全球部署和人工智能、云计算等技术的进步，特别是突发公共卫生事件引发的室内娱乐需求增长和元宇宙概念助推，虚拟现实（virtual reality，VR）、增强现实（augmented reality，AR）在经历了 2016 年的顶峰时期后再度活跃在大众视野和资本市场，并迎来了爆发式发展和应用。尽管 VR、AR 在用户体验上还存在内容匮乏、延迟、眩晕等短板，但 VR/AR 产业近年在技术发展和产品迭代上有了很大的进步。作为元宇宙的入口，VR、AR 被认为拥有广阔的应用空间和发展潜力。

近年来，随着人工智能技术的快速发展，机器人已经深入人类工作和生活的方方面面。机器人如何与人类进行智能交互以及根据现实情况或人类指令完成特定任务是机器人设计和制作中非常重要的部分。聊天机器人是一种经由语音或文字进行交谈的计算机软件程序，能够模拟人类对话并解决不同场景下的业务需求。由于消费者对即时响应的需求持续增长，通过聊天机器人进行文本或语音交互正在使人们与品牌交互的方式发生深远的变化。全球聊天机器人市场预测报告显示，2019~2026 年聊天机器人相关市场将加速增长，其中 30% 将应用于客服领域[①]。因此，越来越多的品牌在考虑利用聊天机器人提高商家服务水平、提升消费者服务体验。特别是，于 2022 年 11 月 30 日推出的聊天机器人 ChatGPT（chat generative pre-trained transformer）引发了全球现象级的关注，上线仅两个月活跃用户就突破 1 亿人，其蕴含的人工智能相关技术，也将进一步推动聊天机器人的发展和落地应用。

除了聊天机器人，人工智能技术、机器人技术、硬件和材料技术的发展也使得物理机器人产业得到爆发式增长。从早期的用于工业生产的机械臂机器人，到现在的智能化机器人，机器人应用场景已不再局限于工厂，而是可以应用于医院、商店、酒店和城市街道等各种环境中。这些机器人被称为物理智能机器人，它们具有像人类或其他动物一样的外观和行为，同时拥有与生物有机体相关的智力，可以在工作和日常生活中帮助人类。另外，脑机接口技术的发展，也使得科幻片中的意念控制即通过人脑思维实现对机器人的操控逐渐成为现实，但是脑机接口作为一种新的颠覆式的交互技术，其商业化发展还面临着很多技术和科技伦理挑战。

可以看到，技术、经济、社会的融合发展催生了电商直播、VR、AR、聊天机器人、物理智能机器人等各种新型的人机交互平台。然而这些平台在当前的体验经济下是否能够持续发展，其关键点在于用户在这些平台上是否能获得好的用户体验从而持续使用。因此，洞察用户行为，理解驱动用户行为背后的认知机制，对于进一步发展和优化这些新型数智化平台至关重要。在以往的人机交互用户行为研究中，研究人员主要采用的是问卷调查、访谈等主观的自我汇报方法，此类方法不可避免会存在一些偏差。认知神经科学工具，如眼动追踪（eye-tracking，ET）技术、脑电（electroencephalography，EEG）技术、功能性磁共振成像（functional magnetic resonance imaging，fMRI）技术等突破了传统研究方法的局限性，能够更加客观和准确地测量人的生理和神经数据，补充了传统的数据来源（Lieberman et al.，2007），并发掘出主观的自我报告不能显示的、"隐藏"的无意识心理过程。随着非侵入性神经科学技术的蓬勃发展，以及神经经济学、决策神经科学、消费者神经科学、神经管理学等概念的提出和交叉学科的兴起，神经信息系统（neuro information system，NeuroIS）的概念在 2007 年信息系统国际会议（International Conference on Information Systems，ICIS）上被正式提出，一些学者开始将认知神经科学方法应用于信息系统和人机交互研究（Dimoka，2010，2012）。这一类研究主要是在传统的问卷调查、行为实验等研究方法基础上，利用认知神经科学研究工具，观察人机交互过程中个体的认知加工模式，实时获取更加客观准确的神经和生理数据，从而探索个体行为决策背后的认知加工机制。

---

① 资料来源：https://www.qianzhan.com/analyst/detail/220/191226-9eafa4e2.html。

在过去十余年里，NeuroIS 受到了学术界的广泛关注，在信息系统领域的学术顶刊，如《管理信息系统季刊》（*MIS Quarterly*）、《信息系统研究》（*Information Systems Research*）等主流期刊上都有相关论文发表，特别是一些信息系统学术顶刊，如《管理信息系统期刊》（*Journal of Management Information Systems*）和《信息系统协会期刊》（*Journal of the Association for Information Systems*）都推出了 NeuroIS 专刊，极大地推动了认知神经科学在信息系统和人机交互领域的研究与应用。参照 Riedl 等（2020）提出的检索关键词，我们整理了2008~2023 年信息系统领域主要国际学术期刊和国际会议的 NeuroIS 论文发表情况（图 0.1）。然而，关于这一领域的研究总体上还处在起步阶段，对研究现状缺少系统性的梳理和分析，对于后续开展更深入的研究还没有一个指导性的框架；并且正如我们前面所指出的，技术的进步推动了人机交互方式的不断更新迭代，催生了很多新型的智能化人机交互系统，亟须对新型数智系统下的人机交互行为及其背后的认知机制进行探索。正是考虑到这些背景，本书的合著者基于在这一领域深耕多年的研究经验，凝聚了研究团队的智慧和努力，从认知神经科学视角，在系统性梳理现有研究的基础上，从传统的电商网站到电商直播、VR、机器人等新型平台，再到脑机接口这一人机交互的最高阶应用，对这些数智平台的用户行为及其背后的认知机制进行了探讨，并对用户在这些平台上的信息安全和隐私决策行为进行了研究。具体而言，本书主要从以下几个方面展开：①对各类数智平台的特征和应用场景进行梳理和分析；②分析各类数智平台的特征对用户行为的影响；③分析这些影响背后的认知加工机制；④构建现有相关研究的框架，并提出未来发展前景和方向。通过本书的研究，可以使从事该领域研究或对该领域感兴趣的研究人员对将认知神经科学方法应用于该领域研究的现状有比较清晰的了解，使他们了解目前认知神经科学方法在该领域研究了哪些问题？研究到什么程度？存在哪些挑战？还有哪些可研究的空间？我们希望通过本书，能够为研究者更好地把握这一领域未来的研究方向提供一些帮助。

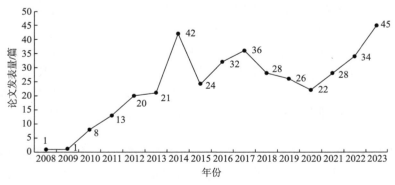

图 0.1　2008~2023 年 NeuroIS 论文发表情况

本书的组织逻辑如下。

前言部分从本书的现实背景与理论背景出发，阐述本书的定位，明确本书的章节安排。

第 1 章概述。该章首先界定数智平台的概念，介绍本书所关注的数智平台类型及其相关的用户行为，并进一步介绍数智平台用户行为研究所涉及的常用认知神经科学技术。

第 2 章网页设计与用户行为。该章从传统网站的整体页面设计和视觉设计要素（如文字、图像、导航、信息检索、广告）等不同维度对用户认知和行为的影响进行阐述。

第 3 章电商网站信息线索与用户行为。该章对电商网站上消费者生成、商家生成和平台生成的三类信息线索进行分析，并深入探讨这些信息线索及其交互对用户行为的影响。

第 4 章电商直播平台与用户行为。该章从多个维度对电商直播平台特征进行分析，探讨这些特征对用户购买行为的影响，并从认知和情感角度深入分析平台特征对用户行为的影响。

第 5 章虚拟现实环境下的用户行为。该章在对 VR 技术的发展、特征、应用场景等进行梳理的基础上，从技术采纳、人机交互、消费者行为、消极行为等方面对 VR 环境下的用户行为进行分析，探究潜在机制。

第 6 章智能会话代理与用户行为。该章首先介绍智能会话代理的发展与应用场景，然后从智能会话代理的界面设计和在医疗健康领域的应用两大方面，系统梳理神经科学工具应用于智能会话代理和用户行为的相关研究。

第 7 章机器人与用户行为。该章介绍了不同类型物理机器人及其应用场景，分析了机器人技术特征对用户的生理、心理和行为所产生的影响，并进一步对脑机接口技术研究进行梳理，并对其产生的安全和伦理问题进行讨论。

第 8 章数智平台用户的信息安全行为。该章基于习惯化、恐惧诉求、自我控制、隐私计算等理论视角探讨安全警告忽视、钓鱼网站识别、信息安全政策违规和用户隐私保护等用户信息安全行为及其背后的认知机制。

本书的撰写和出版得到了国家自然科学基金项目（72071177，72002193，72071180）、国家自然科学基金重大项目（72394371）、中央高校基本科研业务费专项资金以及浙江大学文科精品力作出版资助计划的资助，浙江大学管理学院和浙江大学神经管理学实验室也为本书的顺利完成提供了重要保障，在此一并表示感谢。

我们还要感谢对本书的出版给予帮助和支持的师生。首先，要感谢浙江大学管理学院的马庆国教授，是马老师最先将我们领入神经管理学研究的大门，正是由于马老师关于神经经济管理研究系列专著的提议，我们才有了将自身在这一领域多年的研究成果汇聚成著作的想法；感谢浙江大学管理学院汪蕾教授、杭州师范大学郑杰慧副教授为本书的撰写提供的宝贵建议。其次，要感谢博士生邢妍、杨梦茹、马达、袁憬弋、任佳淇、彭潇、曾佳韵、谢昊宇等为本书的出版付出的很多努力，他们参与了本书相关资料的收集整理和初稿写作。再次，要感谢所有被引用文献和资料的作者，他们为本书的撰写提供了研究基础。最后，感谢科学出版社对本书出版提供的支持，特别是魏如萍等编辑为本书的编审做了大量细致的工作。

　　本书的出版旨在探索认知神经科学方法在数智平台用户行为研究中的应用，尽管著者已付出很多努力，但由于时间和精力有限，书中难免有不足之处，恳请读者批评指正！

王求真

2023 年秋于启真湖畔

目　　录

第1章 概　　述

1.1　数智平台概念

数智平台是基于数智化技术的平台。数智化一词最早的定义是北京大学"知本财团"课题组在搜索引擎课题报告中给出的，他们将数智化定义为数字智慧化和智慧数字化的集合。在之后的研究中，不同学者也丰富和扩展了数智化的定义。阳镇和陈劲（2020）以工业革命的视角对数智化进行了解释，他们认为以计算机、移动互联网、大数据、区块链及人工智能等数字信息与智能技术为基础的新一轮技术变革使人类迈入数智社会。陈剑和刘运辉（2021）认为数智化是数字化和智能化的结合，数智化也反映了数字化和智能化的融合趋势。刘国斌和祁伯洋（2022）认为数智化是数字化的高级阶段，是数字化与智能化的融合。数字化侧重大数据分析和处理，智能化则偏向于人工智能、机器学习等。

总结现有文献，数智化有两层含义：一层是数字化，即以大数据和云计算为代表技术，实现数据信息化、资源化和资产化的过程；另一层是智能化，即以人工智能、深度学习、异构计算、算力网络为代表技术，实现自主决策、自主执行的过程。数智化是信息化发展和创新的高级阶段，是数字化和智能化的融合。本书从数字化和智能化相结合的视角，认为数智平台既包含了以信息技术、网络技术、大数据技术、云计算等为代表的各个数字化平台，也包含了以机器学习、人工智能为代表的智能技术有机融合形成的智能化平台。

基于该数智平台的定义，本书的研究范围是，在传统电商网站的基础上，关注电商直播、VR、智能客服、机器人等新兴技术平台及在这些平台上的用户行为。

1.2 数智平台类型与用户行为

1.2.1 电商网站

电商网站从广义上描述是由一系列硬件系统、软件系统、网页和数据库等组成的信息系统平台。企业能够在电商网站上发布信息、售卖商品及提供服务等。中国的电商时代开始于 1999 年，在这一年，中国电商真正进入实质化的商业阶段，当年成立的阿里巴巴、8848、易趣网、当当网等是中国最早的一批电商网站，目的主要是线上交易。二十多年来，我国电商网站规模不断扩张，一路发展充满机遇和挑战。如今，数字技术与数字经济快速发展，大数据、物联网等新一代信息技术在电子商务领域广泛应用，电子商务成为数字经济中发展规模最大、增长速度最快、覆盖范围最广、创业创新最为活跃的重要组成部分，2021 年我国的电子商务交易额达 42.3 万亿元，同比增长 19.6%[①]。

电商网站是企业开展电子商务活动的基础设施和信息平台，也是企业与线上客户进行有效互动的主要沟通媒介。网站不仅能够传达内在的产品属性如产品性能描述、产品图片、虚拟产品体验等，而且能够传达外在产品属性如价格、品牌和网站质量属性。正如实体商店有良好的配备和门面，网站也需要一些特征属性如视觉吸引力、导航、安全性、响应时间等来提高消费者在线购物意愿。企业和商家通过构建和运营拥有高质量特征的网站或电子店铺来吸引客户、展示产品和提供服务。网站特征是指网站中影响网站设计、内容、功能的特性（叶许红和翁挺婷，2020），网站特征质量是影响用户信任、决策和行为意图等的关键因素。

有些学者认为网站特征质量包括网站的系统质量、信息质量和服务质量。其中，系统质量可根据易用性、功能性、可靠性、灵活性、数据质量、可移植性、集成度和重要性等衡量；信息质量通过网站信息提供的准确性、及时性、相关性、完整性和一致性等衡量；服务质量则从可靠性、响应性、保证和共情等维度衡量（Ahn et al.，2007；Delone and Mclean，2003）。有些学者在描述网站特征时还包含了网站的可访问性、访问速度及可导航性等。其中，可访问性是网站为不同用户群体提供方便访问模式的质量属性；访问速度是用户在网站操作时的网页加载时间；可导航性是用户查找信息的便利程度，是网站设计中衡量其可用性

---

① 资料来源：中华人民共和国商务部《中国电子商务报告（2021）》，http://www.mofcom.gov.cn/article/zwgk/gkbnjg/202211/20221103368045.shtml。

和易用性的一个重要特征（Hernandez et al.，2009）。还有些学者从网站界面设计的视角如网站的美学设计、复杂度设计、图文设计、广告设计等考察网站特征质量。具体来说，一方面，从网页整体设计的视角研究用户行为，学者们探索用户浏览的网页整体质量、网页第一印象或者网页主观评估行为等，侧重于网页整体设计质量如网页的整体复杂度、网页可用性和审美评价等（Boardman et al.，2022；Wang et al.，2014a；Ye et al.，2020）。另一方面，从网页中具体的视觉要素的角度来研究用户行为，学者们探索网页某个或某些视觉设计要素变化时用户的行为变化及用户对特定设计要素的偏好等，这些具体的视觉设计要素主要聚焦在网页中的图片、文字、导航、检索、广告等内容上（Cyr et al.，2009；Hong et al.，2021；Luan et al.，2022）。

用户在访问电商网站时，通常存在搜索、浏览、购买、收藏、评价等一系列决策和行为。分析不同用户的决策和行为以提升电商网站的质量或是研究不同网站质量因素对用户决策和行为的影响是电商领域重要的研究主题。例如，通过消费者在网站上搜索成本、网站产品特征等因素分析消费者网站搜索行为深度，为网络零售商提供了留住现有客户和吸引新客户的方法（Zhang et al.，2006）；通过分析用户的网站浏览行为以及测试不同营销和网页信息的有效性，商家采用基于意图的最佳干预措施，能够降低用户对网站购物车中商品的放弃率，提高其购买转化率（Ding et al.，2015）；通过分析用户的点击行为，网站可以通过联合技术主动将信息推送给潜在消费者（Ma，2015）；通过赞助商广告形式推送从而影响用户的点击决策（Deng et al.，2022）；通过设计网站网页复杂程度以及任务复杂程度从而改变用户的视觉注意力和决策行为（Wang et al.，2014a）。高质量的网页特征设计能够影响用户行为，如继续浏览、点击、评价和持续购买等。

不同类型或视角下的网页设计如何影响用户决策和行为成为现有研究关注的重要领域和热点之一。本书主要从认知神经科学的视角，研究电商网站页面的美学设计、复杂度设计、图文设计、导航检索设计、广告设计等网站特征因素对用户决策和行为的影响。

1.2.2 电商直播

电商直播是近几年快速兴起的新型购物方式。在电商直播过程中，主播通过实时在线视频向潜在的消费者展示他们的产品，消费者可以通过在线发布评论与商家互动。与传统电商主要以文字或图片形式展示产品相比，电商直播可以在短时间内传递大量的产品信息，并为消费者创造定制化的产品展示和互动性的购物体验，具有高互动性和高转化率等特点（沈占波和代亮，2021）。

中国的直播电商自 2016 年由美丽说、蘑菇街等导购社区率先开启，经历几年的探索发展，逐步进入了一个高速爆发阶段，涌现出淘宝直播、京东直播、快手直播、抖音直播等众多直播平台。随着 5G 技术和移动互联网的快速发展，我国的电商直播市场得到了迅速扩张。另外，一些突发公共卫生事件也影响了实体经济，进一步催化了电商直播行业的发展。商务部数据显示，2022 年电商平台直播场次累计超 1.2 亿场，累计观看超 1.1 万亿人次，活跃主播近 110 万人，全国网上零售额达 13.79 万亿元，同比增长 4%[①]。

目前我国的电商直播平台主要由嵌入直播的电商平台、包含直播功能的内容平台及添加直播功能的社交平台等组成，其中，淘宝直播、抖音直播和快手直播是当前发展规模最大的三大电商直播平台。与其他平台相比，淘宝直播独占鳌头，占据着直播电商的大量市场，直播间以产品展示和讲解为主，用户的转化率高。不同于以电商平台起家的淘宝直播，抖音直播、快手直播等平台是从短视频起家的，它们在带货的同时兼具了更多的娱乐性，将流量转化为消费。

电商直播平台的主要特征是依靠主播带货。主播可以分为专业的达人主播、明星网红等名人主播及由商家团队自主运营的品牌自播等。这些主播模拟了线下购物的形式，通过口头描述、细节展示、试用或试穿等方式为观众全方面动态地介绍产品（Lu and Chen，2021）；同时，他们也会积极与观众互动，这种互动性和社交性使得直播在高效展示产品的同时也能够及时解答观众的问题，帮助消费者缩短购买决策过程。除主播外，电商直播平台还涵盖了与社交、技术和信息有关的特征。

用户组成了电商直播平台的下游部分。统计显示，有超出 60% 的消费者曾通过直播购买产品，疫情下"宅经济"的影响进一步促进了他们通过电商直播平台购买产品[②]。一方面，相比于线下购物和传统线上购物，电商直播通过高互动、强社交、娱乐性等吸引用户，激发他们的购买欲望；另外，直播间里热烈的氛围和参与程度也进一步为用户带来认知上的改变和情绪上的兴奋，更容易诱发冲动消费和从众消费（Xu et al.，2020b）。另一方面，对于观看前并无购买需求的观众来说，他们更享受直播中主播以及其他用户的参与等带来的享乐体验，并基于这样的享乐体验做出消费决策（Guo et al.，2022b）。总的来说，电商直播平台上的用户购买行为受到多方面因素的影响，来自平台的独特特征改变了用户的认知和情感过程，从而进一步影响着他们的购买意愿和行为。

本书概述了电商直播平台与主播、社交、技术、信息等维度相关的基本特

---

① 国务院新闻办公室. 商务部：2022 年重点监测电商平台累计直播场次超 1.2 亿场. http://www.scio.gov.cn/xwfbh/xwbfbh/wqfbh/49421/49554/xgbd49561/Document/1735981/1735981.htm.

② 澎湃新闻. 中消协：直播电商购物消费者满意度在线调查报告. https://www.thepaper.cn/newsDetail_forward_6799987.

征，阐明了这些特征对于用户购买行为的影响，并从认知和情感角度分析了平台特征对用户行为的作用机制。目前国内外对于影响电商直播中用户购买行为的神经机制的探究较少，本书结合了先进的神经测量技术，从神经科学的角度分析其作用机制，为以后与电商直播相关的神经机制研究提供了参考和启发。

1.2.3 基于 AR 和 VR 的沉浸式体验

AR 和 VR 属于沉浸式技术，为用户提供视觉、互动等沉浸式体验。AR 将合成图像（如声音、物体、符号、图形、标签等）应用于真实图像之上，从而将虚拟对象带入现实环境。AR 技术为用户提供了增强的外观、丰富的信息和新颖的任务。作为一种逼真的计算机生成的沉浸式环境，AR 允许用户感知到一种或多种感官感受（如视觉、听觉和触觉），而 VR 则为用户提供了在整个虚拟环境的物理沉浸和心理存在。VR 作为新型媒体，利用传感器、多媒体、计算机仿真、计算机图形学等技术，能够使人以沉浸的方式进入和体验人为创造的虚拟世界。经过几代人的研究、推进和完善，VR 技术已广泛应用在消费、军事、娱乐、医疗、教育等领域，并受到了越来越多人的认可，这也是本书关注的重点。

基于 VR 技术，用户可以在 VR 世界中体验到最真实的感受，其模拟环境的真实性与现实世界难辨真假，让人有身临其境的沉浸感；同时，VR 技术能够模拟人类所拥有的感知功能，如听觉、视觉、触觉、味觉、嗅觉等；此外，VR 具有超强的仿真系统，使人在操作过程中，可以随意操作并且得到环境最真实的反馈；设计者还能借助 VR 技术，发挥其想象力和创造性，重建现实中的场景或者创建物理世界中不存在的环境，为人类认识世界提供了一种全新的方法和手段。VR 技术的沉浸性、交互性和想象性等特征使其受到了许多人的喜爱。

VR 环境下的用户行为涉及技术采纳行为、人机交互行为、消费者行为等。其中，技术采纳行为是指在不同应用场景下用户从主观角度对 VR 技术、VR 交互方式、VR 应用等的采纳行为。例如，在旅游行业的技术接受研究中，虚拟游览可提高用户对于酒店的使用意愿，促进用户的使用行为，提高用户对于目的地的旅游意愿（Bogicevic et al.，2019）。人机交互行为是指用户使用 VR 设备时对交互界面、用户交互方式等的体验与反馈，如手势交互设备的出现，开创了多模态人机交互研究，改善了人机交互体验。此外，在面向消费者的 VR 场景下，消费者在虚拟超市、社交 VR 平台等产生的消费者行为，也是 VR 环境下用户行为的重要组成部分。另外，VR 环境下用户暴力行为等消极行为也需要进一步关注。本书主要对 VR 环境下的这些用户行为进行分析，探究其潜在的机制，并对神经科学方法在其中的应用现状和前景进行探讨。

1.2.4 智能会话代理

智能会话代理是一种能够与人类进行自然语言交互的计算机程序，它可以理解人类语言的含义和意图，并能够根据人类用户的输入提供相应的响应和回答。智能会话代理通常使用自然语言处理技术和机器学习算法来分析和理解输入的语言，并利用先前的经验和数据来预测最可能的响应。近年来，人工智能、大数据及自然语言处理的快速发展带动了服务业的革新，智能会话代理可以用于各种应用程序，包括客户服务、营销、教育、医疗保健、智能家居等领域。通过智能会话代理，用户可以更加便捷、高效地获取所需信息和服务，从而提高工作效率和生活质量。如今智能会话代理已经成为企业降低成本，提高服务效率的有效方式，已逐步成为连接企业与客户的关键桥梁，对社会进步、企业管理和国民生活产生了深刻的影响。

早期的智能会话代理主要被用于提供客户服务支持。智能会话代理具有及时性、便利性的优势，可以在销售、营销、服务支持等领域提供全天候的服务，自动回答客户的问题，极大提高了客服的工作效率，提高了客户满意度和忠诚度。随着人们对于人机交互的需求和期望的提升，智能会话代理的应用场景和功能也在不断拓展和升级。在营销领域，智能会话代理可以为消费者提供个性化的产品推荐和促销信息，为企业创利增收；在教育领域，智能会话代理可以提供个性化的学习内容和答疑解惑，提高学生的学习效率和成绩；在医疗保健领域，智能会话代理可以提供健康咨询和医疗建议，帮助人们更好地管理健康；在智能家居领域，智能会话代理可以控制家庭设备和家庭安全系统，为人们提供更加便利和安全的生活。智能会话代理为用户带来的好处既体现在功能性上（即在服务过程中节省时间和提高效率），也体现在社会性上（即从人机互动中获得愉悦和享受）（Wirtz et al.，2018）。ChatGPT一经问世受到用户的广泛好评，该应用可以从海量的文本数据中进行学习和训练，回答用户关于科学、历史、文化、生活方式、技术等领域的问题，颠覆了人们对以往智能会话代理服务性能的认知，掀起了"生成式人工智能"的技术浪潮。

为更好地了解用户与智能会话代理交互行为的影响因素和作用机理，研究人员开始尝试使用认知神经科学方法探究用户与智能会话代理的交互行为。通过对相关文献的梳理，本书从智能会话代理的界面设计和智能代理在医疗健康领域的应用两大方面探究用户在与智能代理交互过程中大脑的认知加工机制，从更为客观的神经和生理层面洞察人机交互过程中潜在的作用机制，为智能会话代理的优化设计（如消息推送方式、语言风格、拟人化外观、面部线索等）提供了有价值的参考。

1.2.5 机器人

机器人广义上可以定义为能够执行一系列复杂动作的机器（Singer，2009）。机器人技术结合了各领域的知识和应用，包括计算机、控制学、人工智能、神经科学、仿生学等，它能够通过人工智能技术对当下的环境进行识别，并自动调整自身的工作模式。同时，人类既能够通过预先设定让机器人学习和了解工作模式，代替人类进行自动化作业，也能够通过脑机接口的新技术使用神经信号实现对机器人的直接控制。

当下，机器人技术处于发展的高速时期，这为企业提供了崭新的机遇。企业不仅在生产各类服务机器人、工业机器人的最前沿，同时也在使用机器人的一线。机器人逐步改变企业传统的生产经营模式，以适应新时代工业 4.0 的要求，为企业的生产和运营创造了巨大的经济价值。从供应链后方的人机协作生产，满足短时间大量的生产需求及产品的多样化需求（Inkulu et al.，2022），到下游消费者端机器人在疫情期间提供无接触的物流服务、更高效的信息咨询服务等，机器人都在助力企业走向发展的高速路。

机器人服务渗透于各行各业，医疗机器人提高医生操作的精确度，为患者提供更高质的医疗服务；酒店中机器人帮助旅客办理入住、运送行李等，让旅行更加轻松惬意。同时，机器人也走进千家万户，它结合物联网技术变身成为 24 小时家庭管家，根据主人的口令、作息偏好等来管理门窗、电视、音响等各类家用设备，完成管理、清洁、监控等工作，大大提高了新时代人们的生活品质。陪伴机器人借助人工智能技术精确识别用户的意图与情绪，并能够像真人一样用语言回应，用各种动作、表情表达关怀，为那些缺乏陪伴的老人提供情感上的支持。机器人也是孩子的伙伴，参与陪伴孩子童年的成长，寓教于乐，带领孩子认识多彩世界，和更多人积极交流。机器人技术无形中改变了人们生活中的消费、娱乐和教育活动。

学界一直关注于机器人技术和人机交互用户反应行为的研究，不仅仅着眼于分析机器人的制造科技与功能拓展，还深挖人机交互的过程。典型的研究包括：当机器人展示出和人相似的外观、话语甚至动作时，人类对机器人及其提供的服务持有怎样的态度；人类是否能够通过机器人的各种表情理解机器人所表达的情绪；在交互过程中是否将机器人当成一个人来看待；等等。通过采访、实验，以及利用各种神经生理学工具，研究者们全方面了解人们在与机器人交互过程中的生理、心理、行为上的回应，这能帮助我们制造更人性化的机器人，在未来建立人机和谐的社会，让机器人技术真正造福于人类；同时，也是在加深对人自身的了解，通过制造"大脑"来了解大脑，对机器人的探索将会一直并且持续进行下去。

机器人技术在提供巨大效益的同时也产生了潜在的伦理安全问题，但无论社会对机器人技术的态度是接受还是排斥，不可否认的是机器人已经逐渐融入并影响了人类社会。全面了解机器人技术以及其对用户行为的影响是至关重要的，这能够帮助我们对机器人技术树立正确客观的态度，更好利用机器人技术发挥其作用，也能够及时识别隐患，引导机器人技术在未来朝着正确的方向发展。

1.3　常用的认知神经科学方法

认知神经科学是一个跨学科研究领域，融合了来自心理学、神经科学、认知科学、行为科学等学科的思想和理论，借助神经、生理测量等工具，从脑—认知—行为视角来阐释认知活动背后的神经机制。20世纪末，ERP、正电子发射体层成像（positron emission tomography，PET）和fMRI等技术的进步让我们有能力更深入地了解大脑，推动了认知神经科学的快速发展。眼动追踪技术、经颅直流电刺激（transcranial direct current stimulation，tDCS）、功能性近红外光谱技术（functional near-infrared spectroscopy，fNIRS）等低成本、低侵入性技术的问世，降低了技术和经济门槛，提高了研究的广泛性，为认知神经科学研究的发展壮大提供了良好的契机。近年来，认知神经科学研究方兴未艾，越来越多的研究人员将其应用于社会科学领域的问题研究中，并逐渐诞生了神经管理学、神经经济学、神经营销学、决策神经科学、NeuroIS、神经工业工程等新兴交叉学科。与传统社会科学研究相比，认知神经科学技术在方法上提供了客观可靠的神经测量，补充了现有的数据来源；在理论上通过对传统神经概念的基础探索，拓宽对传统研究的理解，甚至发现与以往研究不一致的结论，从而对传统研究的理论基础产生新的认识。

认知神经科学工具主要分为三类：神经生理学工具、神经影像学工具和神经调节的脑刺激工具。神经生理学工具主要记录外周神经系统的生理活动，神经影像学工具主要记录大脑和中枢神经系统的神经活动，神经调节的脑刺激工具则通过刺激大脑的特定区域引发认知行为的变化，适用于推断脑区和认知功能之间的因果关系。表1.1总结了这三类常用的认知神经科学工具的工作原理和优缺点（王求真等，2022）。

表 1.1 常用认知神经科学工具的工作原理和优缺点

认知神经科学工具		工作原理	优缺点
神经生理学工具	心电图（electrocardiogram，ECG）	从体表记录心脏每一心动周期所产生的电活动变化	优点：非侵入性；成本低；易于获得。 缺点：心率可能受多种因素影响，通常需要结合其他认知神经工具一起测量
	眼动追踪技术	记录用户的眼动轨迹特征，提取注视点数、注视时间、注视点轨迹、瞳孔直径、眨眼次数等数据；可用于测量用户的注意力	优点：时间分辨率较高；是用户在提取视觉信息过程中的生理和行为表现。 缺点：不能捕捉周围的视觉；注视点不一定代表被试真正关注的区域
	面部肌电图（facial electromyography，fEMG）	记录面部肌肉活动产生的电信号；用于测量情绪反应	优点：非侵入性；成本低；精确而敏感地测量情绪表达；适用范围广。 缺点：测量精度受到可连接到面部的电极数量的限制；人为设置可能导致行为误差
	激素测量（hormone）	血液或唾液中的激素水平可以反映细胞间的信息传递过程（如神经递质）；可用于测量情绪反应	优点：使用唾液样本的侵入性低；成本较低。 缺点：使用血液样本的侵入性高
	皮肤电反应（skin conductance response，SCR）	皮肤电导水平随着汗腺变化而波动；可用于测量情绪反应	优点：非侵入性；成本低；易于使用。 缺点：容易受到用户习惯的影响；测量的指标解释力不足，无法辨明情绪反应的性质和内容
神经影像学工具	脑电图（electroencephalograph，EEG）	当人对客体进行认知加工时，通过对信号进行平均叠加，从头皮表面记录到相应的大脑电位	优点：时间分辨率高；成本相对 fMRI 较低；操作简单。 缺点：空间分辨率低；只对大脑皮层的浅层敏感
	脑磁图（magneto encephalography，MEG）	神经活动引起磁场变化	优点：时间分辨率高；检测方便。 缺点：空间分辨率低；无法测量大脑深处的磁场变化
	fMRI	测量血氧水平依赖（blood oxygen level dependent，BOLD）的信号来观察大脑认知加工活动变化	优点：空间分辨率高；非侵入性。 缺点：时间分辨率低；成本高；扫描噪声大；对被试的轻微动作敏感
	正电子发射体层成像	使用放射性物质来可视化和测量生理活动的变化，例如葡萄糖、蛋白质、核酸等	优点：能够测量大脑深层的神经信号。 缺点：时间分辨率低；侵入性高；成本高
	fNIRS	利用脑组织中的氧合血红蛋白和脱氧血红蛋白对不同波长的近红外光吸收率的差异特性，实时反映大脑皮层的活跃状态	优点：时间分辨率高；非侵入性；成本低；便于携带；对被试动作不会过于敏感。 缺点：空间分辨率低；无法测量大脑深层的神经信号
神经调节的脑刺激工具	经颅磁刺激（transcranial magnetic stimulation，TMS）	磁信号可以无衰减地透过颅骨而刺激到大脑神经，改变大脑皮层神经细胞的膜电位，使之产生感应电流，影响脑内代谢和神经电活动	优点：非侵入性；成本低于 fMRI；能够在一定程度上判断认知功能和神经活动之间的因果关系。 缺点：直接刺激只能到达大脑皮层，无法触及深部脑区
	经颅直流电刺激	由阳极和阴极两个表面电极组成，依据刺激的极性不同引起静息膜电位超极化或者去极化的改变。阳极刺激通常使皮层的兴奋性提高，阴极刺激则降低皮层的兴奋性	优点：非侵入性；成本较 TMS 低；能够在一定程度上判断认知功能和神经活动之间的因果关系；携带方便。 缺点：直接刺激只能到达大脑皮层，无法触及深部脑区

本书将介绍常用于数智平台设计与用户行为研究的主要认知神经科学工具，其中眼动追踪技术和脑电技术是现有研究中使用最多的两种工具，具体如下。

眼动追踪技术是一种通过特定的眼动追踪仪器来客观准确地记录用户视觉注视和转移轨迹等实时眼动数据信息的技术。眼动追踪仪器的原理是使用红外线照射眼睛，再基于图像处理技术与软件处理角膜和瞳孔反射的红外线获得人们的视线变化数据。通过眼动追踪技术，研究人员可以获得人们视觉感知信息和视觉注意力的分配情况，获得人们眼动数据的可视化图形等。

眼动数据一般包括注视（fixation）类和扫视（saccade）类及瞳孔大小等（姜婷婷等，2020）。注视的定义是在兴趣区（area of interest，AOI）持续 100 毫秒以上的视觉停留，一般来说信息加工只发生在视觉停留超过 100 毫秒的注视上，低于 100 毫秒的视觉停留不能获得信息处理（Beuckels et al.，2021）。扫视是指眼球在注视点间的快速移动，最高速度可达每秒 500 度。当人们的目标信息分布在不同的位置，或者是从当前目标信息回到原有目标信息，就会发生眼球扫视。下面我们对相关研究中涉及与决策有关的注视次数（fixation counts）、注视时间（fixation duration）、首次进入前注视点个数（fixations before）、首次进入用时（time to first fixation）这些主要的注视类指标，以及扫视类指标中常用的回视率（regression rate）、扫描路径（scan path）、瞳孔大小指标进行介绍。

注视类眼动指标中最常用的为注视次数与注视时间，注视次数指被试在某个兴趣区内的注视点个数，注视时间为被试在某个兴趣区内的注视时间总长度。注视次数与注视时间通常用以衡量被试的注意力分布情况与对视觉对象的关注程度（Just and Carpenter，1976），更长的注视时间与更多的注视次数均能反映对相关信息更深的挖掘程度或者表明人们在处理信息时更高的认知投入程度（Hong et al.，2021）。首次进入前注视点个数指参与者首次注视特定兴趣区之前的所有注视点个数，首次进入用时指从实验开始到第一个注视点进入特定兴趣区所用的时间。首次进入前注视点个数与首次进入用时通常用来衡量目标物体能多快吸引到被试的注意力及被试的感知效率，可以用来反映视觉对象的设计与位置合理性（Bang and Wojdynski，2016）。较少的首次进入前注视点个数与较短的首次进入用时均能反映人们的感知效率较高，表明目标物体能较快地被感知。此外，可以通过首次进入用时来判断浏览顺序（Boardman et al.，2022），越长的首次进入用时意味着浏览顺序越靠后。

扫视类眼动指标中的回视率指标是回视的注视点数量除以注视点总数的值（Yen et al.，2011），其中回视通常指眼球从右向左的运动（杨帆等，2020）。回视率可以用于衡量信息易理解程度与人们对信息的处理能力（Jaikumar，2019），回视率越高意味着信息越难处理或者是人们的信息处理能力越弱。此外，回视率还可以代表信息有效性与趣味性，如对网页广告的回视率越高意味着该广告投放越有效（Bigne et al.，2021）。扫描路径为人们的注视点序列（fixation sequence），可以衡量用户对界面效率的感知，与用户界面较差的设计相比，优秀的用户界面设计，其用户扫描路径会更短，其覆盖的视觉区域会更小（Goldberg and Kotval，1999）。瞳孔大小是指瞳孔直径的大小，瞳孔大小能够反映用户的情绪状态，情绪唤醒度能通过平均瞳孔大小来测量，视觉上唤醒度高的外部刺激能够引起瞳孔扩张（Bradley et al.，2008）。

大多眼动实验常使用多个眼动指标来量化认知过程，不同眼动指标所反映的认知过程可以相互补充与支撑，从而使得实验结果能够更全面地反映人们的认知活动。

脑电技术是一种非侵入性记录脑电活动的电生理监测方法，能够记录大脑在一段时间内自发进行的电波变化，是脑神经细胞的电生理活动在大脑皮层或头皮表面的总体反映，通过波幅、潜伏期、电位变动或电流的空间分布等指标来表征大脑认知加工的信息。常见的脑电信号数据分析方式包括：①频域分析。分析脑电信号各频段的频谱能量，不同频率的脑电信号与大脑的不同功能状态相关，频率越高脑活动越复杂。例如，当清醒的人处于放松或者闭眼状态时，可以在枕叶区探测的脑电中检测到 8~13 赫兹的 α 波，当人们处于注意力集中、逻辑思维活跃、情绪波动、警觉或焦虑的状态时，可以在顶叶和额叶检测到 13~30 赫兹的 β 波。②时域分析。分析脑电波幅随时间的变化，具有较高的时间精度和准确性，ERP 分析是最常用的时域分析方法，由于单次刺激诱发的 ERP 波幅远远小于大脑的自发电位，脑电实验往往通过相同刺激的多次重复来得到较强的、与刺激相关的脑电位信号。脑电技术的优势是直接反映了神经元的电活动，并且拥有非常高的时间分辨率，几乎达到了实时，同时也是完全无创性的监测。脑电技术的缺点是空间分辨率较低。

ERP 分析是当前最为常用的脑电信号数据分析方式。ERP 数据主要从三个维度描述大脑活动：头皮分布、峰值、潜伏期。ERP 波幅是刺激材料诱发的大脑电位变化的直观反映；ERP 成分的头皮分布及相关的溯源分析有助于判断事件相关电位对应的大脑功能区域；峰值波幅分析则给出大脑加工信息的强度；潜伏期是指从刺激出现到脑电位波形上特定点之间的时间间隔，通过对潜伏期的分析，我们可以获得加工事件的时间进程。

根据这三个维度的不同，ERP 数据可以被分为反映不同认知过程的 ERP 成分。ERP 成分的名称一般由两个部分构成。第一部分表示正波和负波，一般称正波为 P（positive），负波为 N（negative）。第二部分是数字，代表成分的潜伏期，如出现在 200 毫秒左右的正波被称为 P200，简称 P2。ERP 实验可以获得大脑在决策过程中产生的多种脑波成分，这些 ERP 成分与特定的大脑信息加工过程相关，如 N200 成分是一种潜伏期在 200~350 毫秒的负波，主要分布在前额、前额中央联合区和中央区（van Veen and Carter，2002）。一般认为 N200 成分是一个体现决策者在决策过程中认知冲突水平的 ERP 指标（Perez-Osorio et al.，2021）。N200 也被认为与分类的神经机制、反应抑制及决策风险等有关（Wang et al.，2016a）。N400 成分是一种波峰潜伏期在 400 毫秒左右的负波，主要分布在大脑前部额区、中央区等高级皮层区域（Jin et al.，2015）。与 N200 一样，N400 也是反映冲突的一种成分，最早发现于与语义冲突相关的范式中（Kutas and Hillyard，1980），也能由非语义的冲突激发，如认知冲突和情感冲突（Urgen et al.，2018）。P300 成分的潜伏期在 300~1000 毫秒，它的波幅能够表明注意资源的分配情况（Anderson et al.，2015c），它的峰值潜伏期表明了刺激的分类时间（Vance et al.，2014）。LPP（late positive potential，晚期正电位）的潜伏期在 300 毫秒之后，是广义 P300 家族中的一员。现有研究发现 LPP 与评价分类、情绪、任务难度、刺激数量、记忆等有关（Jin et al.，2017）。可以看到，同一个 ERP 成分可以有着多种不同的认知含义，它们之间并非一一对应关系，因此在研究中需要结合不同的实验情境来解释它们的含义。并且，这些 ERP 成分的潜伏期和皮层分布也是依据任务特征而变化的。

fMRI 技术是最常用的神经影像工具之一。当神经元兴奋的时候，血氧含量中氧合血红蛋白和脱氧血红蛋白的比例会发生变化，进而引起大脑局部组织磁化率的变化，通过测量被试在强磁场中血液含氧量的变化反映大脑神经活动情况。作为一项非侵入式的技术，fMRI 能够提供大脑功能性和结构性图像，进而对大脑进行准确的功能定位，因此它的空间分辨率非常高。但是它的缺点也是很明显的，包括时间分辨率低、造价高、扫描噪声大，以及对被试躯体微小的位移非常敏感。

经颅直流电刺激技术利用恒定、低强度直流电（1~2 毫安）刺激或者抑制大脑皮层的神经元活动来观察大脑区域的认知加工功能。刺激模式有三种：阳极刺激增强刺激脑区的皮层兴奋性；阴极刺激抑制皮层兴奋性；伪刺激作为一种对照刺激，使被试产生与真刺激相同的主观感受。磁信号可以无衰减地透过颅骨刺激到大脑神经，改变大脑皮层神经细胞的膜电位，使之产生感应电流，影响脑内代谢和神经电活动。这项技术具有侵入性低、成本低于 fMRI 的特点，并能够一定程度上判断认知功能和神经活动之间的因果关系。但是其直接刺激只能到达大脑皮层，无法触及深部脑区。

此外，还有一些其他的生理反馈技术也被用于数智平台设计与用户行为研究，如皮肤电反应和心电图等。皮肤电反应技术用于测量随着汗腺变化而波动的皮肤电导水平，主要可用于测量情绪反应，具有侵入性低、成本低、易于使用等特点，但是，其测量指标具有容易受到用户自身习惯的影响、解释力不足、无法辨明情绪反应等缺点。心电图是从体表记录心脏每一心动周期所产生的电活动变化，具有侵入性低、成本低、易于获得等特点，但是心率可能受多种因素影响，通常需要结合其他认知神经工具一起测量。

1.4　认知神经科学方法在数智平台用户行为研究中的优势

过去的行为研究往往以个体的心理与行为研究为切入点，采用传统的自我报告方法从用户主观的心理感知层面进行研究。但是，用户在数智平台中浏览信息和处理信息时通常是快速的，有些信息处理甚至是潜意识的，因而传统的行为研究方法很难获取这些微妙的人类认知过程。利用认知神经科学的理论、方法和工具，能够更好地理解用户在使用各类数智平台过程中的认知响应、情绪反应及决策行为等。具体而言，认知神经科学方法在数智平台用户行为研究中具有如下优势。

1.4.1　客观性

多数认知神经科学工具能够采集用户客观性的反应数据。传统的行为研究方法通常会受限于用户的自身意识。例如，有些被试可能由于问题内容或其他因素而不能真实回答从而产生误差，因而无法通过问卷法和自我报告法描述自己的偏好；有些用户则有可能不愿意把内心的想法、意图及真实的情绪表达出来，这种情况会导致数据不真实，从而影响了研究结论的准确性。通过眼动、脑电等神经生理工具测量的反应几乎无法被被试有意识地操纵，从而体现了数据收集的客观性。

1.4.2　实时性

多数认知神经科学工具能够实时地测量被试在处理信息时的生理和神经反应，具有很高的时间精确性。传统的问卷法或者自我报告法一般都是在被试结束信息处理后，通过回忆在接触刺激材料时的主观感受来填写问卷，这种时间差可能会使被试的回忆数据不准确，不能真实反映出刺激材料出现的一瞬间对被试在心理、情绪等方面的直接影响，而脑电、眼动等神经生理工具可以在被试处理刺激物信息的同时，实时地记录相应的生理神经变化，这体现了数据收集的实时性特点。

1.4.3　认知机制的解读性

认知神经科学是一门以揭示脑认知功能的神经基础为目标的前沿学科。目前已经有大量的相关研究使得这门学科逐渐迈入"基因—分子—细胞—环路—行为"的跨学科、多层次时代，从分子、细胞水平到系统和整体水平揭示大脑认知功能的工作原理。这些跨学科融合的知识体系可以从认知功能的细胞基础、基本认知功能的神经机制、情绪和情感的神经机制、认知障碍的神经机制等角度深度解读用户在处理各种信息后的行为表现及对应的各类认知机制。

1.4.4　研究结果的可信性

被试的神经生理数据（如 MEG、fMRI 等）可以反映被试的大脑活动和认知过程，与其他数据类型（如自我报告、二手数据等）相比，神经生理数据具有更高的时空分辨率和客观性，可以揭示被试的隐含或非意识信息。因此，神经生理数据与其他数据类型有补充作用，避免单一方法带来的共同方法偏差，弥补了其他数据类型研究的局限性，提高了研究结果的可信性与可重复性。

1.5　本 章 小 结

首先，本章界定了数智平台的定义，从数字化和智能化相结合的视角，认为数智平台既包含了以信息技术、网络技术、大数据技术、云计算等为代表的各个数字化平台，也包含了以机器学习、人工智能为代表的智能技术有机融合形成的智能化平台。其次，基于此定义，本章对传统电商网站、电商直播、AR/VR、智能会话代理、机器人等这些数智平台及在这些平台上的用户行为进行了阐述。最后，介绍了被用于数智平台用户行为研究的主要认知神经科学方法，特别是眼动追踪技术和脑电技术，并指出认知神经科学方法应用于数智平台用户行为研究中具有数据采集客观性、数据采集实时性、认知机制可解读性和研究结果可信性等优势。

第 2 章　网页设计与用户行为

　　网站/平台是用户网络访问的入口和通道。企业和商家通过构建和运营高质量的网站/平台来吸引客户、展示产品和提供服务等。高质量的网页设计能够影响用户行为如继续浏览、点击、评价和持续购买等。不同类型或视角下的网页设计如何影响用户决策和行为成为现有研究关注的重要领域和热点之一。有些学者从网页整体设计的视角研究用户行为，探索用户浏览的网页整体质量、网页第一印象或者网页主观评估行为等，侧重于网页整体设计如网页的整体复杂度、网页可用性和审美评价等。还有些学者从网页中具体的视觉要素的角度来研究用户行为，探索网页某个或某些视觉设计要素变化时用户的行为变化及用户对特定设计要素的偏好等，这些具体的视觉设计要素主要聚焦在网页中的图片、文字、导航、检索、广告等内容上。

　　在信息系统和人机交互研究中，通常采用访谈、问卷等方法收集用户主观数据，但用户并不能完整、真实地报告他们的浏览行为、情绪变化、决策过程等，因此使用问卷调查等传统方法收集数据存在一定的局限性。认知神经科学技术能够通过先进的仪器记录用户无意识的神经生理过程，从而客观、准确地采集到用户数据。近些年来，随着认知神经科学技术的快速进步，越来越多的学者采用认知神经科学领域的研究方法、工具和测量手段来研究网页设计问题。已有一系列的认知神经科学研究证明，整体网页设计及具体的视觉元素设计，会对用户关于网页印象、态度形成及行为产生影响，使用较多的认知神经科学方法有眼动追踪技术、脑电技术、fNIRS 等。

　　为了解认知神经科学领域网页设计与用户行为的研究现状，我们在 Web of Science 上检索以"web page design""website design""eye track""fMRI""ERPs""EKG"（electrocardiogram，心电图）等神经科学方法术语为主题的论文，排除相关性较低的学科领域，初步获取该领域文献样本 113 篇[①]。通过浏览标题及摘要

---

　　① 检索词：TS=（"neuroscience" OR "NeuroIS" OR "neural science" OR "eye track*" OR "fMRI" OR "ERPs" OR "EEG" OR "ECG" OR "EKG" OR "fNIRS" OR "skin response" OR "Electrocardiogram" OR "Electromyography"）AND TS=（"web page design" OR "website design " OR "web design "）。

进一步进行文献筛选，同时结合追溯法补充遗漏的重要文献，最终选取 16 篇有代表性的文献以介绍认知神经科学领域中网页设计影响用户决策和行为的研究（见附表 1）。这些研究主要探讨了网页整体设计及网页要素对用户行为的影响机制，分别聚焦在网页美学、网页复杂度、网页图文设计、导航检索设计、网页广告设计等方面。

2.1　网页设计要素和特征

学者们对网页设计的评价有两种不同的研究视角。第一种研究视角基于格式塔心理学理论，认为人们的认知反应是对其感知对象的整体评价，而非对感知对象不同构成要素的评价总和（Rock and Palmer，1990）。第二种研究视角基于实验美学理论，认为需要对感知对象的构成要素展开研究，掌握人们对要素的评价或偏好等，从而针对该要素提供设计优化方案（Berlyne，1974）。本章从网页的整体设计和要素设计这两类特征视角来研究网页设计及其与用户决策行为的关系。

2.1.1　网页整体设计与特征分析

在网页整体设计的视角下，学者们对网页整体的认知评价主要有网页美学、网页复杂度、网页对称性、网页色彩等一系列主要的网页整体设计特征。

1. 网页美学设计

美学一词，源于古希腊文 aesthesis，意为感官感知。网页提供给用户感官信息，用户感知感官信息。在用户浏览和使用网页的过程中，不同感官信息如视觉信息、听觉信息等能够影响用户对网页美学体验的不同评价，其中，视觉信息对用户的感知与评价具有决定性的作用，物体视觉吸引力是人们美学感知的重要来源。

有学者把美学特征概括为三类，即客观美学、主观美学及整体美学（Moshagen and Thielsch，2010）。客观美学强调美学是物体的客观属性，能触发所有感知者的愉悦体验；主观美学认为美学是感知者的主观感受，受到个人经验与判断准则的影响；整体美学调和了客观美学与主观美学的观点冲突，认为美学由物品的客观属性与感知者的主观感受共同决定。

另外有些学者对美学特征的构成因素进行了研究。Ngo 等（2003）认为平衡性、均衡性、对称性、次序、统一性、密度、比例、凝聚力、简洁性、经济性、和谐度、韵律、整齐性和复杂度这 14 个因素决定了网页审美体验。Moshagen 和 Thielsch（2010）提出简单性、多元性、色彩度和技术性是美学的四个子元素。Seckler 等（2015）提出网页复杂度、对称性和颜色等构成了网页美学特征。

还有些学者认为网页美学包含经典美学和表现美学两个重要维度（Lavie and Tractinsky，2004）。其中，经典美学强调网页清晰、干净和有序的设计，而表现美学强调具有创造力和富有启发性的设计。例如，设计网页时将相似度高的图片布局在一起能提升网页的经典美学，而在网页中放置有趣新颖的图片能提升网页的表现美学。

综上所述，现有文献用美学特征来度量用户对网页的整体评估，网页美学特征是度量网页设计质量的重要指标。

2. 网页复杂度设计

简单—复杂是物体的基本属性。复杂度是关于物体组成要素的函数，指元素种类的数量或者多样性程度（Berlyne，1974）。复杂网页可传递丰富信息，简单网页易于用户操作（Wu et al.，2016）。

有学者认为复杂度有主观复杂度和客观复杂度两个类别。主观复杂度是人们对复杂的主观感知判断。主观复杂度是内在、主观的，由人们关注并在意的方面决定。一般情况下用户感知已知或者熟悉的刺激材料时会认为该刺激材料较为简单（Cox D S and Cox A D，1988）。客观复杂度是由不受人为因素干扰的物理属性如物体边长复杂度（Liu et al.，2012）和轮廓点（Yoon et al.，2015）等所决定的。

有些学者认为网页复杂度有视觉多样性和视觉丰富性两个维度（Geissler et al.，2001）。视觉多样性指网页复杂度由网页组成要素的种类多样性衡量。视觉丰富性指网页复杂度通过网页上信息量及布局来衡量。还有些学者认为网页复杂度分为特征复杂度与设计复杂度两个维度（Pieters et al.，2010）。特征复杂度衡量视觉边缘之间色相、饱和度和亮度的可检测变化。设计复杂度指视觉元素的数量，如在纯白网页上增添黑色网格会使得网页特征复杂度提升，在纯白网页上增添许多不同类型的图案会提高网页设计复杂度等。

测量网页复杂度有多种方式。有学者采用用户主观评分来度量网页主观复杂度（Tuch et al.，2009）。有学者采用网页压缩图像文件的大小评估网页复杂度，即认为网页图像压缩文件越大，其网页复杂度越高；反之，网页图像压缩文件越小，其网页复杂度越低（Tuch et al.，2009）。还有些学者根据网页所呈现的内容信息量测量网页的复杂度，如根据网页所包含的文本、图片和导航等信息的数量、相似性、聚合度等评价网页的复杂度（Deng and Poole，2012）。

现有学者围绕不同维度的复杂度对网页设计展开研究，网页复杂度是网页设计的重要结构特征。

3. 其他网页整体设计特征

除了网页美学与网页复杂度外，网页整体设计特征还有网页对称性、网页色彩等。

对称性是物体主要结构因素，指物体内不同元素之间有秩序的序列关系（Deng and Poole，2012）。对称物体内部具有相似性，这种相似性来源于平移、旋转与镜面设计等。镜面设计的物体至少有一条对称轴，如字母"W""D"等。对称设计符合人们的视觉习惯并能吸引人们的注意力。对称性强的网页设计能帮助用户快速捕捉网页视觉中心与视觉重心，给用户带来统一感和秩序感。

色彩是能够被用户明显感知到的一个设计特征。网页色彩设计主要指网页上的色相（如红色、黄色、绿色等）、亮度和饱和度设计（Hall and Hanna，2004）。合适的色彩搭配能区分不同类型的信息并且突出重点信息（Brown et al.，2011）。与黑白网页相比，彩色网页更富有生机与活力。目前，只使用一种颜色的单色网页并不多，更多的是使用多种色彩搭配的网页。网页色彩设计包括了网页背景色彩、辅助色彩、强调色彩等设计。

2.1.2　网页要素设计与特征分析

网页主要由文字要素、图片要素、导航要素、检索要素、广告要素等不同结构要素构成。其中，图片和文字是网页传递信息的关键要素，导航检索帮助用户在海量信息中快速准确地搜索目标信息，网页广告是商家为了推荐品牌或产品而投放的信息内容。

1. 网页图文设计

图文是网页传递信息的关键要素。网页图文设计的要点在于可读性，即确保传递的信息对于用户来说是易于理解的。网页中的文字广泛存在于网页标题、网页菜单及内容页面等。文字的可读性由字体（如格式、大小等）、间距（如行间距、对齐方式等）和颜色（如饱和度、亮度等）设计决定（Ling and van Schaik，2007）。

由于图片优势效应（Stenberg，2006），网页研究和设计领域更加关注网页图片信息的影响。网页图片有多种分类方式，可分为摄影拍照类与图标图形类等，静态图片与动态图片等。摄影拍照图片清晰可辨认，被大量运用在购物网页上。常见的摄影拍照图片有产品图片、模特图片等。图形图标是视觉化符号，能帮助用户准确识别系统性信息，多用于导航栏。常见的图形图标有购物车图标、信息图标、问题图标等。网页整体设计的一些特征也同样适用于网页图片，如网页图片的复杂度、对称性等。

网页通常同时使用文字内容与图片内容传递信息，这引发了学者们对图文比例的思考（Lin et al., 2013）。不同种类的网页所应用图文比例并不一致。例如，新闻网页的图片比例通常低于购物网页的图片比例，这是因为新闻网站使用文字要素能更好地传递事件的内容信息，如发生的时间地点和新闻概况等，而购物页面使用图片要素能更好地传递产品信息，如产品包装、产品外观等。

2. 网页导航检索设计

用户在浏览网页的过程中，通常使用网页导航来定位目标页面，或者通过搜索引擎来检索目标信息。良好的网页导航检索设计有助于提升网页的可导航性，能帮助用户在海量信息中快速准确地定位和搜索到目标信息。

如图 2.1 所示，网页导航由导航条与菜单构成。其中，导航条是网页内主要的超文本链接条，菜单则是包含了多种导航选择项的集合。菜单可分为非隐藏式菜单与隐藏式菜单。非隐藏式菜单直接显示所有的导航选择项，而隐藏式菜单只有当鼠标定位到或者点击到导航条的选项时才会显示对应的导航选择项。隐藏式菜单分为下拉式菜单和动态弹出式菜单，用户须点击下拉式菜单的选项才能显示更多选项，而对于动态弹出式菜单，用户仅需将鼠标放在菜单选项上就可以显示更多选项。

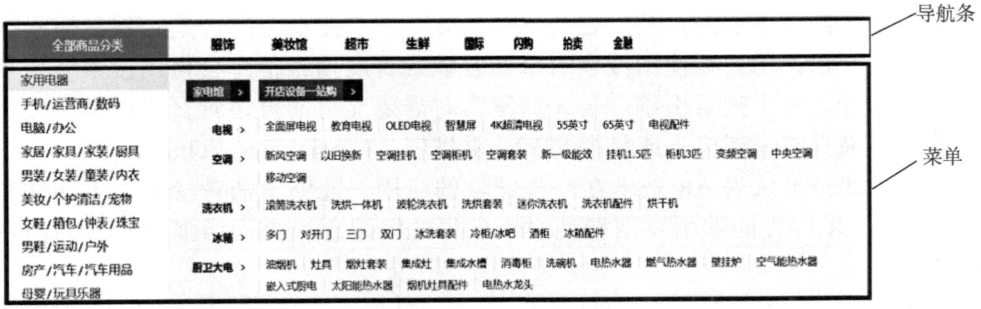

图 2.1　某网站页面截图

网页检索设计涉及搜索框与结果集等元素。结果集通常包含标题、摘要和网址等内容。结果集的排序、文本凸显策略等设计都会影响到用户的行为。用户依赖结果集排序对检索结果进行选择，用户通常认为排序靠前的结果是更优的结果，从而花费更多精力阅读相关信息。文本凸显策略可以使用户迅速捕捉关键词，使得用户更快地做出决策。

3. 网页广告设计

网页广告是商家投放的推荐品牌或产品的信息。网页广告以超链接的方式实现信息分流，是连接商家与消费者之间的媒介工具。商家在网页上投放广告不仅希望用户能够即时点击广告链接，还希望用户浏览网页广告后对该推荐产品或品牌有意识感知，从而影响到用户后续的点击（Kireyev et al.，2016）与购买行为（Breuer and Brettel，2012）。为确保网页广告设计能有效提升点击率与转化率，以及减少横幅盲视（banner blindness）现象发生，网页广告设计需要考虑广告美学、广告表现形式与广告内容等多种因素。

不同学者对网页广告有不同的分类特征。根据网页显著视觉因素如运动、颜色、文本样式、图片等可将广告划分成不同类型。根据广告在网页上的呈现形式，广告可分为横幅广告、弹窗式广告和嵌入式广告等（Nyström and Mickelsson，2019）。按照内容呈现的动态程度，广告可分为静态广告、动态广告与视频广告等（Fennis et al.，2012；Li et al.，2022c）。另外，根据广告是否能跳过的特征，可将广告分为可跳过式广告与不可跳过式广告（Dukes et al.，2022）。例如，在优酷网等视频网站平台上可跳过式广告就是用户可以通过点击关闭广告按钮跳过广告环节直接进行视频观看和浏览，而不可跳过式广告则必须看完所有视频广告，才可浏览对应的视频正片。不同类型的网站或网页适合不同形式的广告。例如，在中国知网这类专业信息网站页面上适合投放静态广告；在视频网站平台上投放视频广告，效果更佳。

还有学者关注了搜索类广告与AR互动广告。搜索类广告是出现在搜索类网页上的广告。用户在使用搜索引擎如谷歌或百度搜索信息会得到搜索结果及搜索类广告。对于搜索引擎广告，商家有时需要支付网页运营费用以满足在相应搜索结果页面呈现广告或是提高其结果排序（Olbrich and Schultz，2014）。Yim 等（2017）认为AR技术在广告领域的应用，能够给消费者带来生动性和交互性，AR广告能够引发消费者对于广告的沉浸感，进而增强消费者的消费意图。

除了广告形式设计外，网页广告内容的设计也至关重要。根据学者们对网页广告推荐内容与网页本身内容一致性或者不一致性对用户行为的不同影响效应的研究（Zanjani et al.，2011），网页上的广告内容可分为网页内容一致性广告和网页内容不一致广告。

综上，推送网页广告作为互联网上重要的商业手段，得到了学者们广泛的关注。现有文献主要从广告形式与广告内容等方面优化广告设计。

2.2 网页整体设计对用户行为的影响

网页整体设计包括了网页中各个视觉元素的展现及其布局的综合展现，其整体设计的质量会影响用户对网页整体的感知评价和决策行为。理想的网页整体设计，具有高视觉吸引力、高可用性、适度复杂性等特征。本节从网页视觉美学、网页复杂度及网页整体设计的个体差异等角度选取代表性文献，深入分析基于认知神经科学方法的网页整体设计质量对用户行为的影响。

2.2.1 网页视觉美学设计对用户印象的影响

具有合理美学设计的网页能够使用户形成良好的第一印象，并进而影响用户后续的信任度、满意度、行为意图等。过去的研究发现，用户印象的形成在很大程度上受到与视觉设计相关特征的影响，而视觉美学又是视觉设计中非常重要的特征信息。探索如何合理设计网页整体美学质量以触发用户产生良好的网页印象，是业界和学者们关心的话题。其中，代表性的研究论文是 Ye 等（2020）运用眼动实验研究方法探讨了不同的视觉美学（包括经典美学和表现美学）对用户网页印象的形成机制。

Ye 等（2020）在借鉴印象形成理论和线索利用理论的基础上构建了一个网页印象形成的理论模型，该模型包括自动加工、初始感知确认和印象形成三个时间先后序列的过程阶段及趋近回避行为，具体参看图 2.2。该研究包含了两项眼动实验。在第一项眼动实验中（即图 2.2 的研究一），实验刺激物为 24 个具有不同经典美学和表现美学水平的真实世界网页，被试为 59 名非设计类专业的中国大学生，其实验过程是让被试依次浏览网页并完成测量网页印象和美学结构的在线问卷问题。在第二项眼动实验中，实验刺激物采用按照经典美学（低与高）、表现美学（低与高）并结合 4 个产品类别操作设计的 16 个网页，被试是 69 名非设计类专业的大学生，其实验过程是让被试依次浏览网页，按照网页展示时间为 1 秒或 3 秒进行组间分类，被试在规定时间内（1 秒或者 3 秒）浏览每个网页后报告其对网页的印象感知。接着，要求被试不限时间地浏览 16 个网页并分别完成问卷，问卷包含网页的趋近回避行为等问题。该研究数据包括眼动追踪仪所记录的眼动数据和问卷收集到的自我报告数据，眼动数据包括了兴趣区的注视次数、最长注视时间、平均瞳孔直径等。实验的数据处理使用的是 Mplus 多层分析、随机系数模型和重复测量方差分析（analysis of variance，ANOVA）检验等。具体的实验结果如下。

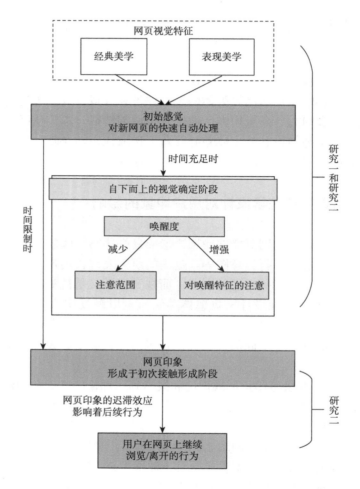

图 2.2　用户网页印象形成的理论框架

■ 表示印象形成模型；▢ 表示线索使用模型

资料来源：Ye 等（2020）

　　第一，经典美学和表现美学具有显著的主效应，曝光时间的主效应不显著；比起低经典美学网页，被试对高经典美学的网页有更多的正面印象；比起低表现美学，被试对高表现美学的网页有更多的正面印象。第二，经典美学与表现美学的交互效应仅在呈现时间为 1 秒时显著，而在 3 秒内交互效应不显著，即用户优先考虑经典美学而不是表现美学，并且只有当呈现时间增加时，表现美学特征才会变得与经典美学特征一样有影响力。

本节的研究结论主要是人们通过自动加工和注意力加工来形成网页印象，唤醒度（通过瞳孔大小来衡量）在人们如何将注意力（通过持续时间峰值和注视次数来衡量）分配到视觉美学上起到了中介作用；并且，人们首先进行自动加工，然后进行注意力加工。

该研究的理论意义在于阐明了网页印象形成的理论逻辑，为唤醒度在视觉美学影响注意分配中的中介作用提供了有力的实证支持。实践方面建议在设计网页时，优先考虑经典美学。这些发现有助于从理论上理解视觉美学对数字世界中印象形成的影响，并为网站设计者提供重要的启示。

2.2.2　网页复杂度对用户行为的影响

网页复杂度主要是指网页中各种与用户进行交互的元素，如文本、链接、图片、动画、视频等在网页中被使用的数量，以及这些元素的特征，如文本数量、图片大小、颜色深浅、排列方式等。网页承载的信息量直接决定了网页的复杂度。简单的网页易于操作但所承载信息有限，可能无法提供用户所需信息。复杂网页在传达丰富信息的同时可能会承载过量信息，因用户的认知能力有限，当用户接触的信息过载时可能导致其处理能力下降。网页复杂度是网页设计中的研究热点。

Wang 等（2014a）运用眼动实验，结合任务复杂度的影响，研究了网页复杂度的影响作用。实验设计为 3（网页复杂度：高、中、低）×2（任务复杂度：复杂、简单）的混合设计，通过页长（屏幕数量）、超链接、图片、动画数量去控制整体复杂度。被试为 42 名大学生。测量数据为眼动注视次数、注视时间和任务完成时间。实验过程是，被试被随机分配到三组，分别浏览高、中、低复杂度的网页，前后执行一项简单任务和一项复杂任务。其中，简单购物任务只需要被试在网页中寻找到特定的商品，如"黑色的 Nokia5233"，而复杂购物任务需要被试寻找满足多种要求的产品，如价格、商品尺寸、商品品牌等，同时网页中有多个相关商品都符合复杂购物的任务描述，从而可以迫使被试在不同商品间进行比较，选择自己满意的商品。网站中包含了两种类型的商品：手机和笔记本电脑。实验结果显示，由于被试的认知能力是有限的，任务复杂度可以调节网页复杂度对用户视觉注意力和行为的影响。具体来说，一是随着任务复杂度的增加，用户注意力分散，导致更多的注视次数，但对信息的深入挖掘能力降低；二是当用户执行简单任务时，复杂的网页会导致消费者的任务效率降低，无法达到线上零售商的目标；三是当用户执行复杂任务时，用户在中等复杂度的网页上，任务完成时间、注视次数和注视持续时间都处于最高水平，用户多余的认知能力可能会被其他事物吸引刺激，用户的注意力可能外溢到对无关刺激的处理。

研究结果表明，对于有明确购物目标的用户，平台提供的搜索结果页面应为设计简洁、复杂度低的页面；对于无特定购买目标的用户，平台应提供具有中等复杂度的页面，来引导用户的注意力外溢到无关刺激的处理上，进而进行更长时间的浏览和更深入的产品探索，从而提高购买率。

2.2.3　网页整体设计评估的个体差异

网页用户之间存在性别、年龄、文化背景、认知风格等差异。在浏览网页时，不同的用户会有不同的审美偏好和浏览习惯。从用户的个体差异角度出发，研究网页整体设计对细分用户的行为影响机制，有助于为网页交互设计师针对细分人群提供更科学的网页设计指导。典型的研究个体差异的论文有 Djamasbi 等（2011）的年龄差异群体网页审美的眼动实验研究，Nissen 和 Krampe（2021）的不同性别群体网页审美的近红外脑成像实验研究。

1. 网页审美偏好的年龄差异研究

不同时代出生的人群因为时代背景、教育背景和接触的电子信息技术水平等不同，会形成不同的生活习惯和审美偏好。例如，1946~1964 年的婴儿潮一代见证了电视的出现，出生于 1977~1990 年的 Y 世代见证了互联网的诞生与发展，婴儿潮一代与 Y 世代对互联网的体验是截然不同的。

Djamasbi 等（2011）的眼动实验研究了婴儿潮一代和 Y 世代人群的网页浏览行为和视觉审美偏好，并探讨了浏览行为和审美偏好之间的关系。实验的网页刺激材料分别为高吸引力、中等吸引力和低吸引力的三组九个真实网页。测量数据为两类：一是眼动测量数据记录被试的浏览行为，即注视次数和注视面积等；二是问卷记录的被试审美评价，即被试对网页偏好和视觉吸引力的评估打分及对网页进行整体视觉吸引力的评估排序。实验过程是被试以随机顺序浏览九个网页，在浏览完每一网页后，被试对其视觉吸引力进行评分；对九个网页完成浏览评估后，被试再完成一份最终问卷，该问卷包含人口统计信息、网页特征偏好（如图像、页面上的文本数量、页面上的 Web 组件数量等），以及网页中最吸引人和最不吸引人的页面内容等。

该论文在数据分析过程中，将用户的注视次数作为用户认知努力的一个指标，将两个不同年代作为分组变量，对用户的注视次数进行 t 检验分析；再绘制热点图，通过将注视区域中的像素数除以热点图中的总像素数来计算注视区域的百分比，进而分析两代人在这三类网页上的认知努力差异。另外也进一步分析了不同世代、页面类别、注视次数和视觉吸引力等之间的关系。笔者从ForeSeeResults（一家基于客户数据评估网站的独立公司）中选取 100 个网页，通过问卷判断这些网站对用户的吸引力，这些网站对用户吸引力主要受图像、页面上的文本量、页面上 Web 组件的数量影响。图 2.3 为最吸引人的网页的热点图，图 2.4 是最不吸引人的网页的热点图（图 2.3 和图 2.4 的彩图见附）。这两张图的左边都为婴儿潮一代的热点图，右边为 Y 世代的热点图，图 2.3 中的网页相较于图 2.4 中的网页拥有更多的图片、更少的文字与更少的 Web 组件。热点图分析主要以绿色、黄色、红色 3 种颜色区分热点，红色越深，表示被试在该区域注视的时间越长，属于热门区域；黄色、绿色越浅，则被试注视点个数越少，注视时间也越少，属于冷门区域。从图 2.3 和图 2.4 中可以看出，婴儿潮一代和 Y 世代用户表现出不同的在线浏览行为和偏好。与 Y 世代用户相比，婴儿潮一代用户的注视区域更大，对于篇幅长的网页，其更有可能浏览整个网页并会向下滚动页面，且更能接受网页上有更多的设计元素。另外，两代人存在相似的审美偏好，都更喜欢图片搭配少量文字的页面。通过研究注视次数和页面类别（吸引人或不吸引人）与视觉吸引力的关系发现，用户在浏览最不吸引人的页面时需要更多的认知努力。研究表明，清晰的网页层次结构可以减少用户在查看页面所需的认知努力，以增强网页对用户的视觉吸引力。

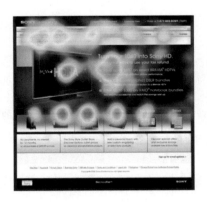 

（a）被 42%的婴儿潮一代用户评为最吸引人的网页　　（b）被 5%的 Y 世代用户评为最吸引人的网页

图 2.3　最吸引人的网页的热点图

资料来源：Djamasbi 等（2011）

（a）被20%的婴儿潮一代用户评为最不吸引人的网页　（b）被14.3%的Y世代用户评为最不吸引人的网页

图2.4　最不吸引人的网页的热点图

资料来源：Djamasbi等（2011）

2. 用户网页评估的性别差异研究

对现实世界物体感知的性别差异分析一直是学术界研究的重要话题，并得到广泛研究。在网页设计方面，不同的页面设计质量会对不同性别用户产生不同影响，从而影响用户产生不同的页面感知、评估和行为等。分析网页审美偏好的性别差异（Nissen and Krampe，2021）是其中代表性的研究之一。

Nissen和Krampe（2021）运用fNIRS实验，研究了电子商务网页设计质量在用户美学、有用性、易用性和购买意愿四个方面的评估中存在的性别差异。实验刺激材料为三个处于运营中的、网页产品具有可比性并且大部分被试都不了解的德国电子商务网页，页面产品为数码相机。实验过程包含三个研究：研究一是采用网页视觉美学问卷来调查被试对网页的审美感知，以此研究网页美学评价的性别差异；研究二是让被试评估网页的感知有用性、感知易用性和购买意愿等，以研究网页感知实用性的性别差异；研究三是通过 fNIRS 方法，重复研究一和研究二的实验过程，记录被试神经成像数据。该论文通过变量信度和效度分析、多变量方差分析、重复测量方差分析等分析了问卷调查的数据。对 fNIRS 数据的处理，首先采用带通滤波器来滤除心率、呼吸等噪声；其次利用修正的比尔-朗伯特定律计算血液中氧合血红蛋白和脱氧血红蛋白的血液动力学状态；再次以典型的血液动力学响应函数为基线，使用一般线性模型计算两种血红蛋白的浓度变化；最后用氧合血红蛋白和脱氧血红蛋白水平作为前额皮层神经活动的代表，检验前额皮层中的相关区域及其相关通道的 fNIRS montage（ch）的双尾 t 值、p 值、Cohen's d 和 r 效应量等从而得到神经数据的分析结果。

研究一表明，对于电子商务网页的视觉设计而言，性别之间不存在显著差异；研究二表明，被试在对网页感知有用性、感知易用性和购买意愿评估中没有存在显著的性别差异；研究三表明，男性和女性对电子商务网页的评估存在不同的无意识感知，与女性相比，男性在浏览电子商务网页时需要更多的左半部大脑的神经活动，有用且具有视觉美学的网页会激活男性大脑左半部的神经活动，而有用性较差且美学吸引力较低的网页则会激活男性被试大脑右半部区域的神经活动。此外，男性会激活更多大脑神经活动来处理电子商务网页信息，以进行情感评估和相关的决策过程，即在执行相同任务时，与女性相比，男性通常需要更多的大脑神经活动。因此，女性会倾向于复杂的网页，而男性会倾向于干净和简单的网页设计。男女之间的大脑神经活动差异为其购买行为的差异提供了有趣的解释，即男性的神经奖励系统比女性更容易被网页设计触发，这可能导致男性比女性更频繁地购买产品。网站设计师在设计网站时可以根据目标群体的性别差异，为其提供不同复杂性和丰富性的网页设计内容。

2.3 网页图文设计对用户行为的影响

网页中的图片和文字是网页的重要内容，图文设计要素是高质量网页设计的重要影响因素。文字有表意达情功能，网页文字设计可以是网页显示文字的数量、文字格式或呈现方式等，它能够影响用户对网页整体的视觉感知和网页评估。除了文字，图片也是网页的重要内容，"一张抵万言"的图片形象使得图片设计成为网页设计界和学界关心的重要话题。相比纯文字的网页，用户更喜欢图文并茂的网页。近年来，关于网页图文设计要素的认知神经科学方面的研究，典型的研究主要有 Wang 等（2014b，2018，2020）关于网页产品图片人物形象的作用、关于网页产品图片中的人像面部线索效应、关于产品图像背景复杂度的影响。还有 Riaz 等（2018）关于图片情感设计的影响机制等研究。

2.3.1　网页产品图片人物形象的影响

随着电子商务的发展，越来越多的商家通过图片展示产品，产品图片中不同的设计元素会吸引网页上用户的注意，进而影响其决策。人物形象特征是产品图片中常见的视觉设计元素之一。人物形象会增强图片吸引力和社会存在感，进而对其信任产生积极影响。在人物形象的影响研究中，典型的研究有 Wang 等（2014b）运用眼动实验方法等研究网页设计中产品图片的人物形象对用户决策行为的作用机制，以及 Wang 等（2018）运用眼动实验方法研究网页产品图片中人像的面部线索效应。

Wang 等（2014b）基于 Mehrabian-Russell 的 SOR（stimuli-organism-response，刺激—机体—反应）模型，运用问卷调查和眼动追踪两种研究方法，探讨了网页上产品图片的人物形象如何影响用户的购买情绪及对网站的态度。网页刺激物为 2（图片类型：有人物形象和无人物形象图片）×2（产品类型：享乐产品和实用产品）的四个网站，组间因素是图片类型，组内因素是产品类型。研究数据包括眼动仪收集的被试瞳孔大小、注视信息，以及调查问卷评估被试的网页图片吸引力、社会存在感、愉悦、态度等结果。实验过程让每位被试浏览一个网站、填写一份调查问卷，休息 5 分钟后，继续浏览第二个网站和填写调查问卷，实验时长约为 20 分钟。该研究运用结构方程模型分析问卷数据，通过独立样本 t 检验分析眼动数据。

实验结果表明：产品图片与人物形象相结合，能够提高产品图片的吸引力，提高用户感知的社会存在，增强用户愉悦感，从而促进用户在购物网站上对产品的积极态度；另外，产品类型在人物形象与图片吸引力之间存在调节作用，相对于实用型产品，人物形象融入享乐产品图片后，图像吸引力能够显著提升。该研究为网络零售商区别产品，以设计不同的产品图片提供了实践建议，具体而言，在服装等类似享乐产品的图片中加入人物元素；而在实用型产品的网页上，需要增加其功能型产品信息描述，而非产品图片中融入人物形象元素。

在产品图片是否需要人像的研究基础上，学者还进一步研究了网页产品图片中人像的具体特征譬如表情、视线等面部线索的效应（Wang et al.，2014b，2017，2018，2020a，2020b）。例如，Wang 等（2018）基于共享信号假说和文化差异理论，采用眼动实验探究了表情和视线这两种重要的面部线索如何交互影响不同文化背景下在线消费者的信息加工和情绪唤醒。该研究设计了 2（表情：微笑和中性）×2（视线方向：直视和看向产品）被试间实验，分别在美国和中国招募被试进行实验，其中美国是 126 个有效被试，中国是 80 个有效被试。该研究用平均瞳孔直径来测量被试的情绪唤醒，用平均注视时间来测量被试对产品信息的加工深度，其中产品信息包含品牌名和产品描述两个兴趣区，并采用 ANOVA 的贝叶斯方法对眼动数据进行分析。研究发现，对于微笑而言，直视比斜视（看向产品）更能诱发唤醒度，并且这种效应在中国消费者身上更为强烈。在认知加工方面，微笑的模特斜视（看向产品）要比直视能促进更深入的产品信息加工，尽管在产品描述的信息加工上，中美消费者之间不存在显著差异，但在品牌信息加工上，双方存在显著差异。该研究指出，上述看似矛盾的结论实际上是建议实践者应根据不同的营销目标，如吸引消费者到网站并诱发唤醒还是促进其深入的信息加工来设计网页人像，同时还应考虑消费者文化背景的差异。

2.3.2　网页产品图片背景特征的影响

在网页的产品图片设计中，除了人物特征外，产品图片的背景特征也会影响用户的决策和行为。典型的研究是 Wang 等（2020b）探讨在购物网页上产品图片的背景复杂度如何影响用户的认知决策和行为。

Wang 等（2020b）采用眼动追踪和问卷调查的方法，研究了在网购页面中产品图片背景复杂度对消费者注意、认知信息加工和产品购买意愿的影响，并进一步分析了消费者认知风格的调节作用。研究采用 3（复杂度：高、中、低）×2（认知风格：场独立型、场依赖型）的实验设计，其中复杂度为组内因素，认知风格为组间因素。两种认知风格分别为场独立型（field independent）和场依赖型（field dependent）。场独立的个体更关注物体本身，场依赖的个体倾向于将物体与背景视为一个整体。网页刺激物为 6 类不同产品×3 种不同图片背景复杂度所设计的 18 幅网页内容，其中 6 种产品分别为钢笔、保温杯、帽子、灯、雨伞和盆栽植物。实验界面设计见图 2.5。实验过程是让被试浏览随机呈现的 18 个网页材料，并在浏览每个网页后对其购买该产品的可能性进行评估；在浏览完所有网页后，进行被试的认知风格测试，并将该结果分为场依赖型认知风格和场独立型认知风格；之后填写问卷，内容包括个人信息、对该 6 种产品的熟悉程度和偏好，以及对产品图片背景复杂性的感知。收集数据为眼动仪记录的被试的注视时间和注视点数等，以及被试的主观评估。数据处理是使用产品图片背景和整个产品图片的注视点数百分比、注视时间百分比来测量产品图像背景和该产品图片之间的注意力分配，用焦点产品兴趣区的平均注视持续时间来作为信息处理难度的衡量标准，使用重访次数来反映背景对焦点产品注意力的分散作用。数据分析主要方法是重复测量方差分析。

图 2.5 实验界面设计

（1）整个图片 （2）图片的背景 （3）图片中的主产品 （4）产品文字描述

实验结果如下：一是被试对网页产品图片及产品图片背景的关注度随着图片背景复杂度的增加而增强，背景复杂度较高的产品图片能够吸引用户更多的注意力，但这些注意力大部分集中在产品图片背景上，从而分散了对该产品本身的注意力；二是产品图片的背景复杂度与被试在该产品上的注视持续时间呈"U"形曲线关系；三是不同的认知风格对不同产品图片背景复杂度的影响作用是不同的，背景复杂度和被试认知风格在产品的文本信息方面存在交互作用，具有场依赖认知风格的用户更容易受到产品图片背景复杂度的影响，具有高背景复杂度的图片会分散他们对网页中产品文本描述部分的注意力，而场独立认知风格的用户可以主动抑制来自背景的干扰；四是产品图片的背景复杂度为中等时，用户相对更容易理解和认知产品的信息，从而对其有更强的购买意愿。该研究建议网页设计者采用中等复杂度的网页图片背景。此外，需要根据用户的认知风格设计合适的网页背景，对于认知风格是场独立型的用户，可适当增加产品图片的背景复杂度，以吸引他们的注意力；而对于场依赖型认知风格的用户，则可提供较低背景复杂度的产品图片。

2.3.3　网页图片特征的影响研究

网页中的图片信息能够影响用户的情绪和认知反应，并为用户决策提供信息回忆。典型的研究有 Riaz 等（2018）从网页图片的情感特征以及图片与网页内容的相关性程度出发分析了网页图片特征对用户认知决策和行为的影响作用。

Riaz 等（2018）采用脑电实验进行研究，其实验设计为 3×2 的混合设计，即 3 种类型的图片情感（组内）×2 个级别的网页图文相关性（组间）。3 种类型的图片情感分别为积极、消极、中性，2 个级别的网页图文相关性为相关或不相关。实验过程是让被试参加 3 种图片类型的脑电实验，分别为网页图片情感积极、消极和中性。在每种类型的实验中，均有 6 组实验区块，需在每组区块进行 5 次实验，在每组区块实验结束后让被试进行信息回忆测试，并让被试对网页的感知效价、唤醒度及感知的图文相关性进行评分。被试为 42 位视力正常或矫正至正常的年轻人。测量数据是脑电图记录的数据及被试的问卷评分。在数据处理方面，首先对各个数据进行描述性统计，之后利用单因素重复测量方差分析、多元方差分析和回归分析等检验数据之间的关系。

研究结果主要有以下三点。第一，具有积极情感图片的网页会让用户得到更好的情绪感受，而图文相关性可以调节两者关系。第二，当网页图片情感是积极或消极时（即非中性的），网页更能刺激用户，脑电图显示被试的 P200、N200 振幅更大。其中，P200 和 N200 是刺激呈现 200 毫秒的波形，是情绪反应的稳定指标。当参与者接触到一个值得信赖的刺激物时，观察到 P200 的 ERP 成分，而当参与者接触到一个不值得信赖的刺激物时，N200 被观察到，该刺激物并没有满足参与者的期望。第三，好的用户情感感受、刺激感知等能够促进用户的信息回忆，而 P200、N200 之间存在显著关系。这些研究结果表明，网页的图片设计能够诱导用户的情绪反应和兴奋度；网站设计者可以通过提高网页图文相关度来促进用户对信息的认知加工，网页图片情感设计与图文相关度设计的综合运用将有利于用户浏览网页后在制定决策过程中对信息回忆的认知加工处理。

2.4　网页导航检索设计对用户行为的影响

在数字化时代，互联网已成为用户搜索产品和服务的信息来源，人们可以从网站页面中查看和获取海量信息，但如何从浩如烟海的数字信息中获得有价值的、准确的信息是一大难题。面对这一现象，网页导航设计、信息检索设计的质量具有重要的意义。网页导航和信息检索能够引导用户定位网站目标内容的所处位置并完成页面间的跳转，其能够帮助用户在互联网页面海量信息中快速、准确地搜索到目标信息。导航设计和信息检索会影响用户的决策过程，是用户决策过程的重要影响因素。典型的将认知神经科学方法应用于导航设计的研究有 Leuthold 等（2011）关于导航设计与任务类型的交互效应，以及 Castilla 等（2016）关于老年群体的导航设计评估。信息检索的典型研究有 Pan 等（2007）关于信息检索结果评价研究，以及 Shi 和 Trusov（2021）关于用户在网页上信息搜索的浏览与点击路径行为分析。

2.4.1　网页导航设计对用户行为的影响

网站需要快速有效的导航系统来帮助用户对网页目标信息进行快速访问。不同的导航设计对用户的决策和行为存在不同的影响作用。Leuthold 等（2011）运用眼动实验研究方法，比较了不同导航设计（垂直导航与动态导航）和任务复杂性（简单导航任务与复杂导航任务）对用户表现、导航策略及主观偏好的影响。该研究使用 3（导航设计因素：简单菜单、垂直菜单或动态菜单）×2（任务复杂性：简单任务或复杂任务）的实验设计。三种导航设计分别为简单菜单、垂直菜单、动态菜单，两种任务设计为简单任务和复杂任务。其中，简单菜单下，没有对导航明细内容进行分组，所有明细内容按字母顺序排序；垂直菜单下，导航明细内容被分组且所有分组标题和导航明细内容是可见的；动态菜单下，用户必须点击分组标题才能查看其包含的导航明细项目内容。简单任务是在网页中用户寻找描述明确的物品（例如，将 Jim Carrey 的 "Liar, Liar" DVD 放入购物车）；复杂任务是用户在网页中找到符合所有要求的物品（例如，找到一张销量极好且适合 5 岁儿童的瑞士德语的 DVD，并放进购物车）。被试为 120 名平均年龄为 25 岁的本科生。

该研究的实验过程是网页先随机生成 3 种不同设计的导航栏，每种导航栏下有 12 项任务目标，其中 6 项为简单任务，6 项为复杂任务，鼓励被试者在 30 分钟内完成 36 个任务中的 30 个任务，并向快速完成任务的被试提供奖励。每次完成一种导航栏下的任务后，被试都要填写一份问卷，对导航易用性、有用性、努力程度和失落感等进行评价，实验结束时，记录下被试的个人特征等问卷数据。收集的数据包括眼动数据、点击数据和问卷数据等，主要为首次注视时间、首次点击时间、操作正确性、导航策略（使用类别导航项还是服务导航项）、用户主观偏好等。数据处理是计算每个用户在简单任务和复杂任务下的注视次数和第一次点击所用时间的平均值，再对注视数据进行对数转换，使其符合正态分布，利用卡方检验对任务正确率以及菜单策略进行分析。然后以任务复杂程度为自变量，利用双因素方差分析评估任务复杂性和导航设计对首次点击前注视次数和首次点击前所需时间的影响，并使用单侧 t 检验进一步分析主效应，最后使用单因素方差分析检验对四个主观测量指标的影响。

该研究的实验结果有三点：第一，垂直菜单导航下的正确率高于动态菜单导航；第二，不管是简单任务还是复杂任务下，被试都更喜欢使用类别导航项，但与简单任务相比，在复杂任务下使用服务导航项次数明显更多；第三，在主观偏好方面，相比动态菜单导航，用户在主观上更青睐于垂直菜单导航。研究结果表明，垂直菜单比动态菜单更容易被用户认知处理，尤其是当用户在解决复杂的导航任务时，因此，网页设计者需要谨慎考虑动态菜单导航设计。另外，在一个导航系统设计中可以显示不同种类的导航明细项，以便让用户可以通过多种方式来达到访问目的。

在导航设计的研究中，Castilla 等（2016）从老年群体的视角出发，运用眼动实验探讨了电子邮件页面的不同导航样式（线性导航与超文本导航）对年长者网页导航风格偏好的影响作用。该研究的实验刺激材料为带有线性导航的网页邮箱版本以及带有超文本导航的网页邮箱版本。被试为 34 名年长者，其中 8 名男性和 26 名女性，年龄范围为 60~83 岁，平均年龄为 68.3 岁。实验过程是，要求被试分别使用线性导航网页邮箱和超文本导航网页邮箱，完成发送电子邮件、编写文本并附上特定图片的任务。在每个任务完成之后，被试都需要填写问卷，并在完成两个任务后，填写对导航类型的偏好信息等。实验记录任务成功率和注视感兴趣区域，并记录用户信息和要求用户完成评估问卷，其中用户评估的变量主要有感知易用性、感知控制、信心、感受、对元素（文本、按钮）感知等。数据处理是把任务成功量化为 1，未成功量化为 0 来分析被试完成的成功率，并辅以非参数检验方法来检验显著完成率的差异；用 t 检验方法比较被试的评估偏好；根据眼动数据绘制热点图，得到定性结果。

该研究的实验结果如下：线性导航的网页设计虽然提供了具体操作过程，增加了屏幕显示数量，但因为每个操作过程可以指导被试做出决策，这样被试完成任务所花费的时间更少，任务完成的成功率更高。此外，被试表示线性导航版本更加简单和高效。相较于超文本导航设计，被试在操作线性导航时会感知到更强的易用性、可控性和信心，并对线性导航设计给予更高的综合评价。研究结果表明，相比超文本导航设计，年长者用户更偏好于线性导航设计，网页设计者应为年长用户提供线性导航类别的老年群体友好型的网页导航设计。

2.4.2　网页检索设计对用户行为的影响

在网页信息检索中，用户通常使用搜索引擎网站如百度、谷歌等输入关键词，通过网站提供的结果页面查找和检索目标信息。用户在搜索引擎结果页面中查找信息的方式通常有三种：基于搜索结果页面上的排序位置查找目标信息；基于搜索结果内容与目标信息相关性的评估查找；上述两种方式相结合查找目标信息。Pan 等（2007）运用眼动实验研究方法，探索了用户在可信任搜索引擎谷歌所提供的搜索结果页面上如何进行目标信息查找的问题。实验刺激材料为三类不同搜索结果排序的网页，搜索结果排序种类为常规排序、交错排序和颠倒排序。实验过程是让每位被试在随机的一种搜索结果排序下，完成十个两类信息搜索任务，两类搜索任务分别为导航性的与信息性的信息搜索。其中，导航性任务要求被试找到特定的网页或主页，信息性任务则要求被试找到特定的信息。实验的测量数据为成功率、注视时间等。数据处理主要包括：计算三种排序下任务完成的成功率；对比页面的注视时间，并根据被试眼动扫描路径分析摘要信息的查看顺序；对比摘要的浏览量和点击量，并对浏览量和点击行为的决定因素进行回归分析；分析被试在每个摘要内容上的注视次数和瞳孔大小等数据。

该研究的实验结果表明：第一，三种搜索结果页面排序的任务成功率存在显著差异，常规排序高于交错排序高于颠倒排序；第二，颠倒排序设计会比常规排序和交错排序设计使得用户花费更长的检查时间和更多地去重复查看；第三，尽管用户在颠倒排序和交错排序下检查网页时间更长，重复查看次数更多，但是用户最终还是依赖于搜索引擎提供的排序在较高排序的页面上进行点击。该研究指出用户在搜索引擎谷歌浏览页面搜索信息时做的点击决策通常依赖于谷歌提供的信息排序，而较少通过网页实际摘要的相关性做出点击决策的判断。

除了不同信息检索排序的影响外，根据用户的信息加工方式，信息检索设计可为用户提供不同的信息检索类别和信息呈现方式，从而提高用户的搜索体验。Etco 等（2017）运用眼动实验研究方法，探讨了用户的信息检索行为与信息加工方式的关系，以及重复访问网站对用户信息检索行为的影响作用。在该研究中，用户的信息检索行为主要分为探索式信息检索和目标导向式信息检索。在探索式信息检索下，用户不确定现有的信息，也不确定自己的信息需求能否满足，从而以探索的方式检索信息。在目标导向式信息检索下，用户有明确的具体需求，并积极地搜索信息。信息加工方式有基于备选产品项和基于产品属性两种。基于备选产品项的信息加工是指在考虑到下一个备选产品之前，用户获取并考虑该备选产品的多种属性信息。例如，消费者在评估第二个产品之前，会先评估第一个产品的所有属性（如价格、颜色、设计、质量）。相反，基于产品属性的信息加工是指用户同时评估多个备选产品中某个共同的属性信息。例如，为了选择价格最低的产品，消费者评估所有产品的价格，这属于基于产品属性的信息加工方式。该研究的实验刺激材料为 7 个评分高的音乐网站。实验过程是让被试访问 7 个不同的音乐网站或重复访问相关的网站 7 次，并在每个网站或每次访问中选择一首歌曲。研究数据是眼动仪记录的眼动数据。数据处理是采用水平扫视距离测量基于备选产品项的信息加工，使用视觉兴趣区的总注视时间和访问次数来评估信息检索行为，通过多元回归分析和随机效应模型来检验研究假设。研究结果发现，被试在进行目标导向式信息检索时，大多是基于备选产品项的信息加工方式；在进行探索式信息检索时，大多是基于产品属性的信息加工方式。当被试重复访问某一网站时，会增加其目标导向式信息检索行为。目标偏好明确的用户，多采用基于备选产品项的信息加工方式，以此快速达到信息搜索的目的；目标偏好不明确的用户多采用基于产品属性的信息加工方式，以此来探索可能合适的信息。此外，重复访问某一网站会让用户形成更清晰的偏好和目标，故用户选择目标导向式信息检索行为，以快速搜索合适信息。该研究给网站信息检索的个性化定制提供了诸多建议：对于偏好和目标明确的用户，可以限制网页上备选产品的数量以方便用户选择目标信息；对于偏爱和目标不明确的用户，应增加网页上的产品属性信息。此外，对于有过浏览记录的用户，应根据其浏览历史对含有特定属性的结果列表进行预排序，以便用户更快、更准确地做出决策。

用户在信息检索结果页面上的行为是一个复杂的过程，包括用户查看网页，点击和浏览页面等。了解用户信息检索任务与查看点击行为的关系有助于网页设计师进行高质量的网页信息检索设计。Shi 和 Trusov（2021）运用眼动实验研究方法，分析了用户在网页信息检索上的浏览及点击行为。该研究的实验刺激材料是五种产品在三类不同检索任务下显示的网站。根据检索目的不同，将检索任务分为导航性任务、信息性任务和交易性任务。在导航性任务中，用户的检索任务是寻找某一个特定的网站（如卢浮宫博物馆主页）；在信息性任务中，其目标是找到能够帮助用户获得某些信息的网站（如查询 Costco 的产品退货政策）；在交易性任务中，其目标是找到能够购买该产品的网站（如购买降噪耳塞）。实验被试是来自大西洋中部一所公立大学的本科生。实验过程是让被试在三种搜索任务下对一组消费品（如 JanSport 双肩包、Nike Air Max 鞋、Fitbit Charge 2 运动手表、曼哈顿酒店和 Contigo 水瓶）进行一系列在线搜索任务。记录被试的注视点、注视时间，以及滚动和点击行为等。数据处理主要包括：整理注视点的分布情况，得出用户注视访问路径；记录被试滚动和点击行为，设计多重检查决策的经验模型，使用模拟最大似然法对每个检索任务的随机系数模型进行估计。该研究结果表明，用户在网页信息搜索上的浏览及点击行为路径受到不同的检索任务（如导航性任务、信息性任务和交易性任务）、网页上下文内容、网页布局空间特征、用户查看中心性和用户查看屏幕中心区域偏好等影响。此外，检索任务类别对用户在网页信息检索中的观看和点击行为存在显著的影响。该研究为搜索引擎信息检索设计者提供了一些设计建议，如需要考虑用户的信息检索任务类型，从而更好地提高用户信息检索效率和使用体验。

2.5　网页广告设计对用户行为的影响

网页广告是企业以互联网为载体进行网页信息发布并与网页用户进行信息交流的一种营销活动。网页广告有多种形式，如横幅广告、弹出式广告和直立式广告，以及静态广告和动态广告等。其呈现方式也较为丰富，如文本、图片、动画、视频等。网页广告不同的形式、呈现方式、投放位置和信息内容等设计要素能够影响用户在网页中的浏览、使用、满意度和购买意愿等决策认知和行为。运用认知神经科学方法的典型研究有 Lee 和 Ahn（2012）的网页广告印象形成的眼动研究，Wang 和 Day（2007）的网页广告位置对用户行为影响的眼动研究，Pfiffelmann 等（2020）的个性化广告对用户行为影响的眼动研究，等等。

2.5.1　网页广告印象形成的眼动证据

广告曝光是网页上广告产生宣传效果的必要前提。用户对网页上曝光广告的注意、认知决策和行为的研究具有重要的意义。Lee 和 Ahn（2012）运用眼动实验方法研究了用户对于网页广告曝光时的注意水平，探讨了不同的注意水平如何以有意识或无意识方式影响用户，以及分析了广告中动画对用户注意的影响以及其调节认知的作用。实验刺激材料为新闻网页右上角所附的横幅广告，广告分为静态版本和动画版本，动画广告设置了两种不同的速度，以检查动画速度是否对注意力有影响。被试为来自某商学院的 118 名学生。实验过程是让被试浏览 20 个新闻页面，被试可以点击页面底部的"下一页"按钮继续前进，在浏览过程中，相同的目标广告出现了 8 次，一些填充广告也会重复出现，实验持续大约 20 分钟。实验结束后，被试填写一份问卷以记录用户记忆、品牌态度等认知数据和人口统计数据。研究的测量数据是通过眼动实验收集到的注视时间、注视频率，以及通过问卷收集到的广告感知和品牌态度。数据处理主要有三部分：第一，用总注视持续时间和注视频率作为因变量的单因素方差分析，考察动画对注意力的影响作用；第二，将总注视持续时间、注视频率及其与动画的交互项作为自变量，品牌识别作为因变量，进行 logit 回归分析，考察用户注意对广告记忆的影响作用和调节作用等；第三，使用平均注视时间和注视频率测量用户对广告的注意，分析注意对品牌态度的影响作用。

　　该研究的实验结果如下。第一，相比于动态广告，被试对静态广告的注意更多；动态广告播放速度对用户注意力的影响没有显著差异。第二，横幅广告曝光时间越长，被试对其记忆越深刻。第三，即使用户并未识别出广告所宣传的品牌，广告也会无意识地影响被试并改变其对广告品牌的态度，具体而言，被试对其查看次数更多的广告品牌好感度更高，而对每次关注持续时间较长的广告品牌的好感度较低。研究结论表明人们能够在认知上控制他们浏览网站的注意力；用户排斥动态广告，更偏爱于静态广告。该研究为广告商如何根据其广告细分目标采取不同的营销与设计策略提供了实践建议，如网页广告的目的是增强用户的品牌识别，广告商应侧重于设计尽可能长时间地吸引用户注意力的广告；如果广告目的是使用户对其宣传品牌持有积极态度，广告商应侧重于设计能够吸引用户多次查看的广告。

2.5.2　网页信息搜索中的广告设计研究

　　用户在浏览网页时，通常沿着信息搜索的路径逐步滚动、点击页面内容或者点击新页面等，在用户查找信息的过程中也伴随着诸多网页广告的呈现。随着用户信息搜索路径的变化用户如何感知和评价呈现的广告是业界和学界关心的话题。Wang 和 Day（2007）运用眼动实验方法，探索了当用户浏览网站，沿着其信息搜索路径进行时，用户对横幅广告注意力分布的变化情况及用户对搜索路径中不同时刻的广告印象感知。该研究旨在探讨目标驱动型信息寻求者对网页广告的注意分配模式。实验刺激材料为典型的实验设计网页，其中心部分是新闻文章，上下区域包含两种静态 Web 广告：广告按钮和全横幅。每个内容网页都提供了两个链接，一个指向下一个内容页面，另一个回到标题页面。通过这种页面布局内容，每个被试可以自行浏览并形成一条注意路径，被试可以返回到标题页并选择另一篇新闻文章。实验过程是让被试坐在电脑面前，告知被试用 25 分钟的时间去浏览网页。实验测量数据为眼动仪记录的注视区域和注视时间，侧重于分析被试浏览与某一主题相关的所有超链接信息的眼球运动数据。实验数据的处理主要包括：把路径依据有意义程度划分为五个等级；使用双因素方差分析；LSD post hoc 多重比较；根据感兴趣区域的注视时间与总注视时间的比率，进行双因素方差分析；内容区域注视次数和注视时间的相关分析等。

实验结果如下。第一，分析用户浏览和查看与某个主题相关的所有超链接信息的眼球运动数据，归纳出 45 条被试信息搜索过程中的有意义的注意路径，其中涵盖了 552 个内容网页的浏览。第二，在用户有意义地注意路径的不同时刻，用户对内容区的注意程度存在显著的差异；在用户注意的路径前期和路径后期，用户对广告更为敏感。第三，用户的注视次数和注视时间存在很高的相关性。该研究通过一过程模型探讨了用户对网页广告的体验如何随着浏览时间和网页使用情况的变化而变化，扩展了以往在单一页面上关于网络广告有效性的研究。研究结果表明：处于用户信息搜索注意路径前期和后期的网络广告应该比处于用户信息搜索注意路径中间阶段的广告定价更高，因为这两个前后阶段，用户对外围广告更为敏感，遵从此定价方式，广告主和代理商可以制定或商讨更公平的广告服务交易。

2.5.3　个性化广告对用户行为的影响

在如今的互联网世界中，个性化广告被广泛使用，商家们通常认为个性化广告有利于吸引用户的注意力和激发用户的积极情感。如何设计高质量的网页个性化广告是业界和学界关心的重要主题。一些研究人员运用认知神经科学方法，分析网页广告个性化和用户行为的关系，其中一项典型的研究是 Pfiffelmann 等（2020）运用眼动实验方法，探讨了带有收件人姓名和照片的个性化招聘广告对浏览者的视觉注意、对广告态度及最终求职意图的影响。

该研究的实验刺激材料为领英公司招聘的两种广告实验版本，即个性化版本和非个性化版本。在个性化条件下，自动导入每位被试在领英注册时上传的个人资料名字和照片；而在非个性化广告中，没有在页面上传被试名字或照片。实验被试为 72 名年龄在 21~52 岁的求职人员，被试均已完成高中教育。实验过程如下：被试任意分配到某一广告类型的实验环境（即个性化广告或非个性化广告）；用户浏览网页和填写调查问卷。研究的眼动测量数据为被试的眨眼次数、注视与扫视数据等。该实验的数据分析方法包括：Mann-Whitney U 数据检验；用 Mann-Whitney U 比较两个独立组的非参数检验；对注视概率度量使用逻辑回归分析。

研究结果表明：用潜在员工的名字、照片等信息来设计个性化招聘广告会吸引用户更多的视觉注意，从而使用户更频繁、花更长时间浏览广告，但不会更多地去回访该广告。研究结果指出：虽然个性化广告增加了用户的视觉注意，但增强了人们对广告侵入性的意识；人们越关心隐私，对个性化广告越怀疑，越难信任个性化广告。实验结论显示个性化广告有利有弊，就综合影响而言，个性化广告和非个性化广告无明显差别。如若招聘广告设计者仅是为了吸引浏览者的注意，那么提供个性化广告是一个较为明智的选择。

2.6　本 章 小 结

优化网页设计，是在同质化竞争激烈的互联网市场中吸引用户注意力的有效方法，也是信息系统领域的研究热点之一。本章侧重于网页设计与用户行为相结合的研究主题，并以眼动追踪技术、脑电技术、fMRI 等生理神经工具应用为研究方法的研究，系统地介绍了 16 篇代表性文献（见附表 1），文献整体的研究内容框架如图 2.6 所示。研究文献主要聚焦于网页复杂度、可用性和整体布局合理性等网页整体设计优化的视角，以及聚焦在图片、导航和广告等重要的网页组件/要素设计优化的视角。本章代表性文献采用认知神经科学、工具和方法等收集用户生理或神经数据以反映用户的认知过程和情绪反应，更加客观地揭示了网页整体设计质量、组件设计质量等对用户决策和行为的影响机制，并探讨了针对不同用户群体或不同目标导向网页浏览行为的网页设计的优化建议等。本章认为，认知神经科学方法为我们在网页设计与用户行为领域的深入研究提供了一些方法上的指导。

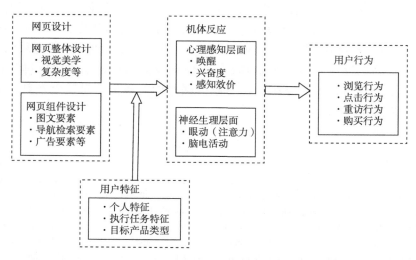

图 2.6　网页设计与用户行为研究现状

第3章　电商网站信息线索与用户行为

　　由于在线购物环境中信息不对称性的存在，网店中呈现的各种信息线索会对消费者的感知、认知及决策行为产生极大影响。为了更好地理解消费者如何综合利用这些信息线索进行产品评估和消费决策及其背后的认知机制，近年来一些研究人员利用认知神经科学方法探究了电商网站环境下各类信息线索对用户行为的影响。我们在 Web of Science 上检索以"online consumer reviews"、"product information"、"information cues"及其同义词拓展和"eye-tracking"、"fMRI"、"EEG"、"ERPs"等神经科学方法术语为主题的论文[①]，排除相关性较低的学科领域，初步获取该研究领域文献样本133篇。通过浏览标题及摘要进行进一步的文献筛选，同时结合追溯法补充遗漏的重要文献，最终获得14篇相关文献（见附表2）。这些研究结合了认知神经科学方法和传统的行为研究方法，从生理、心理和行为不同层面，探究了多种信息线索及其相互间的交互作用对消费者在线决策行为的影响。这些研究中最常见的是通过眼动追踪技术探索多信息线索下消费者的视觉注意模式，也有一些研究结合行为实验和神经科学实验研究关键信息线索（价格、销量、网店声誉和消费者评论）之间的交互作用，构建多信息线索及其交互作用影响在线购买决策的行为模型。另外，也有少部分研究采用生理皮肤电反应、脑电反应、ERP及fMRI研究信息线索影响购买决策的神经机理。本章将主要在这些研究的基础上探讨电商网站中的各类信息线索及其对消费者决策行为的影响。

---

　　① 检索词：TS=（"neurons" OR "neuroscience" OR "Neuro Information Systems" OR "Neural Information Systems" OR "neural science" OR "skin response" OR "hormone" OR "eye movement" OR "eye track*" OR "pupillometry" OR "electroencephalography" OR "electrocardiogram" OR "electromyography" OR "EEG" OR "ECG" OR "EKG" OR "fMRI" OR "fNIRS" OR "ERPs"）AND TS=（"online reviews" OR "online consumer reviews" OR "information cues" OR "product description" OR "product picture" OR "product information" OR "brand information" OR "price information" OR "customer ratings" OR "seller reputation" OR "sales information" OR "seller ratings" OR "service guarantee information" OR "website information"）。

3.1　信息线索及其分类

在电子商务购物中，消费者购买决策过程一般包含六个基本阶段（图 3.1）（Castagnos et al.，2010）。第一阶段，消费者意识到新的需求，这种需求可能来自公司推出的促销活动或朋友的推荐。第二阶段，消费者将思考从哪里购买，决定在哪个平台或哪个商家处购买商品。第三阶段，平台的推荐系统了解消费者的需求并向他们提供个性化的选项，消费者查看商品信息，包括商品描述和评价等，他们评估信息后做出最终选择。第四阶段和第五阶段则包括谈判和购买。商家必须给消费者提供安全和信心才能完成销售。第六阶段涉及售后产品服务，衡量消费者对整体购买体验的满意度。消费者在这一过程中观察到的一切信息线索都会成为买卖双方融洽关系和最终交易成功的重要决定因素。

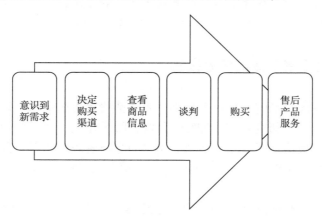

图 3.1　消费者购买决策过程

在线购物环境下，由于消费者与产品在时间和空间上的分离，买方与卖方之间的信息不对称性更为明显，导致消费者准确判断产品品质的难度增加。消费者由于无法直接接触和感受到产品，主要依赖电商平台上呈现的与产品相关的外部线索来判断产品品质，从而做出购买决策。线索利用理论首先由 Cox（1962）提出，Olson 和 Jacoby（1972）对该理论进行了扩展，随后学者们进行了大量的后续研究。线索利用理论认为产品向消费者传递了一系列指示其质量的线索，消费者可以通过这些线索来判断产品质量（Cox，1962；Olson and Jacoby，1972）。线索一般分为外部线索和内部线索（Olson and Jacoby，1972）。外部线索是与产品相关并且能被改变的特性，而内部线索是产品自身内在的特性（如产品成分），不能被轻易地改变。相对于外部线索，内部线索对消费者的评价而言更为重要，因为它被认为比外部线索更有用（Purohit and Srivastava，2001）。但是如果内部线索缺失、不太有用或不能被消费者加工，消费者则会更有可能去利用外部线索来评估产品质量（Miyazaki et al.，2005）。线索利用理论已被广泛应用于传统的营销领域，识别价格、品牌名称、包装、商店名字、商店声誉、产品原产地、生产国等影响消费者进行产品质量判断的重要外部线索。近年来，学者们开始将线索利用理论应用于在线购物背景。对于网上购物，由于消费者在购买前不能直接接触到产品，无法利用他们的感官体验来检验产品，他们在购物时会更多地依赖外部线索如网站质量、价格、第三方认证标志、消费者评论、产品呈现方式等来评价产品质量。因此，电商平台的外部信息线索对消费者的购物体验、购买态度、行为意向及网站满意度等具有重要影响，吸引了来自信息系统、信息科学、营销等不同学科领域众多学者，相关研究主要集中在商品评论信息、商品描述信息、商家声誉信息、网站质量及服务保证信息等方面。其中商品评论信息主要由消费者生成，商品描述信息等由商家生成，商家声誉信息、网站质量及服务保证信息等由平台生成。以下我们将依次介绍各类信息线索。

3.1.1　消费者生成的信息线索

在线消费者评论是电商平台上最为主要的消费者生成信息，评论在决策过程中发挥着关键作用。研究发现，92%的消费者阅读评论，并且对于拥有好评的商家，消费者的花费增加了31%；此外，84%的受访者表示消费者撰写的内容会影响他们的购买行为（Fox et al.，2018）。由此可见，评论对消费者购物行为影响深远。

具体而言，评论是指发布在公司或第三方网站上的同行生成的评论（Mudambi and Schuff，2010），它通常由评论者身份信息、数字评分及评论的逐字文本组成。基于Feldman和Lynch（1988）的可访问性诊断框架（accessibility-diagnosticity framework）进行研究，发现这些评论元素中的每一个都可以被视为读者评估过程和决策的潜在启发式输入。在没有面对面交互的情况下，评论者名字、图片和地理位置等身份信息有助于提高消费者对评论者的信任程度。数字评分作为消费者对产品或服务的自我报告的总体评价，是将他们对于产品的购买和使用经验浓缩为整体反馈（Bohanek et al.，2005）。评论的逐字文本部分提供了对消费体验最个性化、最详细和最具表现力的描述。

随着电商平台的不断更新迭代，评论的形式也在不断升级和变化中。其中图文评论已经成为顾客上传在线评论的主要形式之一。图文评论也是网络商家的重要关注点，商家经常以"晒单返现"等营销刺激，不断激励顾客在进行文字评论的同时上传产品的图片。相比商家提供的产品宣传图片，顾客拍摄并上传的产品图片一般被称为"买家秀"，因为没有经过专业的修饰，这些图片提供了更加真实、客观的产品信息，因而逐渐成为消费者网络购物的重要决策信息。

有些网站的在线评论体系中加入了互动的功能，消费者可以针对同一商品发表多次评论，即追加评论。消费者对某一商品或服务的态度、观点会随着时间的推移而发生变化，因此，消费者可以在体验一段时间后，采用追加评论的方式对初次评论中的内容进行修正和补充。追加评论是对在线评论的有效补充，增加了评论的真实性和可靠性，能够更真实地反映商品购买后的情况。购物网站添加了追加评论的功能后，拓宽了消费者反馈及补充商品使用后真实体验的渠道，使得其他消费者能够更全面和客观地了解商品信息，有利于帮助消费者做出更好的购买决策。

弹幕评论也是一种在线消费者评论，通常出现在直播和广告视频中。直播和弹幕的结合，让消费者在观看直播的同时，能快速了解其他消费者的购买体验，获得更多有用的信息，也能与主播和其他消费者进行互动。直播弹幕为消费者提供了利于提升沉浸感的即时互动渠道，但也会影响人们的视觉注意分配和个体体验。

除了在线消费者评论，还有其他在线评论形式——摘要评论。由于有些产品的评论数量较多，电商平台如国内的京东等会根据所有消费者评价进行总结，提取重要信息（如整体好评率和评价摘要）形成摘要评论。个人评论和摘要评论在消费者体验评论信息的方式上有很大的不同。每一条消费者的个人评论本身具有完整的信息。摘要评论则是总结性信息，需要消费者根据总结再去获取代表性信息。个人评论和摘要评论之间的区别在于信息展现格式的差异，这会影响风险决策。摘要评论提供总体描述性信息，表示消费者购买产品后整体满意度状态的概率，而个人评论提供经验丰富的信息，表示每个消费者对购物过程的满意程度。

3.1.2　商家生成的信息线索

商家生成的信息线索主要是商品描述，以文字、图片和视频作为呈现方式，介绍商品功能属性信息、品牌信息、价格及促销信息，以及提供服务保障信息（如价格保障信息、物流保障信息）等。产品信息呈现对消费者产品感知和网络购物满意度有显著影响。在线产品展示的媒体丰富性越高，越有助于评估产品质量，从而降低消费者对产品的不确定性感知，减少购物感知风险，提高他们对产品的信任度。相关学者和企业运营管理人员一直在致力于改善在线产品呈现效果。早期，电子商务网站主要使用文本和图片来呈现产品信息。文本通常用于描述搜索属性，如产品尺寸、重量、保证政策；图片则用于呈现出产品的视觉吸引力，而这通常很难用言语线索来描述。近年来，借助新兴的信息技术，越来越多的在线零售商开始采用创新的可视化工具（如视频、3D 视图、VR）来满足消费者对感官产品体验的需求。

3.1.3　平台生成的信息线索

平台生成的信息线索主要是平台根据商家的交易和评论数据而给出的声誉信息，常见的有声誉星级评分、流行度信息（如收藏数量、粉丝数量、商品销量、排名、是否被推荐）等。考虑到消费者对网上购物的担忧和顾虑，平台还提供服务保障信息。服务保障包括价格保障、售后保障、退换保障、物流保障（最晚发货时间和预计送达时间）等，平台提供的（如退换保障）属于平台服务保障，商家自行提供的（如价格保障）属于商家服务保障。这些服务保障信息可以减少消费者对产品和服务、交易安全与隐私的顾虑。其中产品和服务顾虑是指对平台上的商家在产品和服务方面的欺诈行为（如缺陷产品的交付和退货换货等售后服务）的顾虑。交易安全顾虑是指对与在线交易相关的潜在恶意活动（如未经授权的交易及变更和违反交易信息）的顾虑。隐私顾虑是指消费者对零售商或其他未经授权的实体在未经他们许可的情况下不当使用他们机密信息的可能性的风险认知。为了减轻这些顾虑，建立信任，平台会采用一系列保证机制。另外，平台自身的特征如网站质量对消费者而言也是一种信息线索，会影响到消费者对该网站上商品品质的判断。

3.2　消费者生成的信息线索对消费者行为的影响

3.2.1　评论内容对消费者影响的神经生理研究

随着消费者神经科学的理论和技术进步，神经认知和神经心理学方法已被广泛用于揭示消费者的心理和行为活动。消费者浏览某一商品的信息页面的过程是一个具有复杂认知和情感反应的过程。同样地，不同的消费者对同一评论可能会产生不同的认知和感知风险，这与消费者的性格、购买经历和消费观等有关。关于评论内容对消费者影响的神经生理相关研究主要运用眼动追踪技术。根据兴趣区内的眼动指标数据如首次注视时间、扫视次数、回扫次数、注视点数和注视时间，可以分析被试对目标的关注度。另外，热区图是这些研究中经常采用的一种可视化工具，通过实验材料兴趣区颜色的暖色度来反映被试对不同兴趣区的关注程度，它是由所有被试在某一实验材料上的注视点叠加而成的。还有少数研究采用皮肤电生理测量技术对评论内容的影响进行研究。根据商品评论内容的效价、时间点和主客观性，我们对现有基于神经生理技术的评论相关研究进行梳理。

1. 正面评论和负面评论

根据效价，评论可以分为正面评论和负面评论，两者对消费者有不同的影响。Chen 等（2022b）用眼动追踪技术研究了正面评论和负面评论对消费者购买决策的影响。通过热区图发现，消费者对负面评论的关注度明显高于正面评论。无论好的评论还是差的评论，都会得到被试的注视，但是差评兴趣区的暖色度要高于好评兴趣区，这说明，与好评相比，被试对差评的关注度会更高。被试对负面评论信息进行加工的时间更长，程度也越深，说明被试在决策过程中会更关注负面评论。另外，该研究发现效价对评论的关注的影响会通过消费者性别来调节，对负面评论的关注大于正面评论这一效应对女性消费者而言更为明显。

评论效价会影响消费者认知过程是因为个人的情绪会受周围其他人情绪的影响或感染，这一过程被称为情绪传染现象，这一现象得到了大量的研究证实。由于面对面交流中存在的非语言线索（如交流者的语气、手势和面部表情）在大多数评论设置中无法被接收者观察，因此来自评论的情绪传染必须取决于语义质量（即"什么正在被说"）和句法质量（"如何被说"）。另外，不像在面对面交流中自然发生的那样接收信息，人们需要自己查看在线评论，因此在线评论中情绪传染的影响可能会有所不同。评论阅读者针对评论中的情绪线索的唤醒和情绪反应，可以使用先进的生理测量仪器检测相关数据。

例如，Fox 等（2018）通过使用皮肤电流反应、问卷调查和自动面部表情识别来研究评论中描述的服务失败对消费者生理唤醒和情绪反应的影响。应用情绪传染理论，该研究探究了评论中描述不同程度的服务失败的情感线索如何影响评论阅读者的唤醒程度和情绪，进而影响其对未来服务质量的推断。研究发现，当消费者阅读评论时，负面的评论会导致最大的唤醒水平。服务失败的严重程度会影响到愤怒，评论可读性是文本的一种可观察的属性，可以帮助读者更好地理解文本中的观点，它对服务失败的严重程度和愤怒情绪之间的关系有负向调节作用。

2. 初次评论和追加评论

根据评论的时间点，评论可以分为初次评论和追加评论，两者对消费者购买决策的影响也有所不同。路泽临（2019）采用眼动追踪技术对消费者对初次评论和追加评论的关注度差异进行研究。研究发现，追加评论兴趣区的暖色度高于初次评论兴趣区，同时发现相对于初次评论，被试对追加评论信息进行加工的时间更长，程度也更深。这表明与初次评论相比，被试对追加评论的关注度会更高，被试对追加评论阅读得更加仔细，说明被试在决策的过程中更注重追加评论。

3. 主观（体验）评论和客观（属性）评论

评论的性质也会对消费者评论感知产生重要影响。评论的性质是指评论者选择表达他们意见的方式。根据评论性质，在线评论可以分为主观评论和客观评论。客观评论主要描述产品的客观数据和信息，而主观评论提供评论者使用产品的主观体验（Park and Lee，2008）。具体来说，客观评论要求人们在判断产品的过程中利用他们的知识和使用特定的属性，并且通常会涉及不同品牌之间的属性比较。客观评论是理性的、具体的、明确的，是基于产品具体事实的，是有论据支持的，如"这台电脑的处理速度是类似价格产品的两倍，而且重量更轻"。主观评论指的是使用的态度和体验、总体印象、整体评价、直觉或启发式的判断，在判断过程中几乎不涉及逐个属性的比较。主观评论是抽象的、感性的、没有论据的，主要基于消费者对产品的感受，如"哇，太酷了，我很喜欢"。

研究发现，对于在线评论，消费者更关注的是对搜索产品的客观评论和对体验产品的主观评论（Jin et al.，2021）。先前的研究采用信息不对称理论（Balakrishnan and Koza，1993）来解释这些现象，研究发现线上购物时体验型产品的信息不对称问题比搜索型产品更严重（Tsao and Hsieh，2015）。根据信息不对称理论，存在两个信息不对称问题：逆向选择和道德风险（Pavlou et al.，2007）。逆向选择是指双方在事情发展过程中，其中的一方根据获取的信息做出了对自身有利的决定，这个决定影响了整个市场规律，从而使另外一方的利益受损。道德风险是指个人利用信息不对称故意造成另外一方利益受损的行为，重点在于，个人明知这个操作会让对方利益受到损害，但是依旧去做这件事。搜索和体验产品之间的信息不对称源自逆向选择，可以通过提供信号来避免信息不对称。根据信号理论（Mavlanova et al.，2012），信号的有效性除了信号之外，还取决于产品的特性。对于搜索产品，消费者在使用之前就很容易在电子商店中获取相关产品信息并评估其未来表现。例如，产品功能属性信息和以前客户的评价信息已被证明是减少信息不对称问题和减少消费者对搜索产品未来性能的感知不确定性的有效信号。然而，来自以前客户的评价信息和属性信息，对体验产品来说并不那么有效。因此，由于在减少信息不对称方面的信号有效性水平不同，搜索和体验产品之间对不同性质在线评论的认知过程不同。

　　Luan 等（2016）使用眼动追踪技术来研究消费者对于主观评论和客观评论的反应，并考虑评论的产品类型的调节作用。实证结果显示消费者在购买搜索产品时对客观评论有更积极的反应，在购买体验产品时对主观评论有更积极的反应。眼动追踪实验进一步发现购买搜索产品的消费者更容易被客观评论所吸引和影响。然而，当他们浏览体验产品的评论时，他们对客观评论和主观评论的关注没有显著差异。

3.2.2　不同评论类型对消费者影响的眼动研究

1. 图片和纯文字评论

　　带图片评论与纯文字评论是在线评论的两种主要类型，但关于两者对消费者影响差异的研究结论尚存在分歧。带图片评论与纯文字评论的有用性受到产品属性是内在型还是外在型的影响。外在属性是指产品表面的、可观测的特征，如颜色、样式、包装等，通过消费者的视觉和触觉直观地感受该产品，不需要消费者付出太多的理性思考就可以做出相应的产品评价；内在属性是指产品物理和技术方面的特征，如材质、性能、内存、实用性等，不能通过外在直觉直接感知的属性，需要付出理性的逻辑分析（Fischer et al.，2000）。另外，外在属性不属于产品的实体组成部分，但却与产品有关，像产品的价格、品牌名称、广告等都属于外在属性；内在属性包含在产品的物理成分中，如饮料的口味、甜度、颜色等都属于产品内在属性，且在产品本质没有改变的前提下内在属性也不会改变。有研究从消费者的感知评价角度出发，将那些在消费者购买决策中外在属性所占权重较大的产品称为外在型产品；而将那些在消费者购买决策中内在属性所占权重较大的产品称为内在型产品。当消费者购买外在型产品时，对带图片评论的有用性感知明显高于纯文字评论；当消费者购买内在型产品时，对两种评论的感知有用性无显著差异。眼动实验结果表明，当消费者在购买外在型产品时更关注带图片评论，对带图片评论的注视时间更长；在购买内在型产品时更关注纯文字评论，对纯文字评论的注视时间更长。同时，图片的特征属性会通过视觉感官通道对个体行为产生影响，买家秀图片的清晰度、颜色和与商家展示的一致性会引起不同程度的唤醒度或关注度，从而影响消费者的购买意愿（王翠翠等，2020）。

2. 视频和文本评论

　　随着互联网技术的发展，视频评论逐渐出现。有研究从跨文化视角通过探索性眼动研究比较了视频评论和文本评论（Brand and Reith，2022），这是在线评论研究领域第一个使用移动设备的眼动追踪研究，也更符合现在大多数消费者使用智能手机浏览或在线购物的现实。该研究使用 Tobii Pro Glasses 2 进行实验。该设备应用了传统瞳孔中心角膜反射技术的优化版本，使用近红外照明在角膜和瞳孔上创建反射模式用于捕捉眼睛的图像，并使用反射模式图像传感器。随后，使用参与者眼睛的生理 3D 模型和先进的图像处理算法来估计眼睛和凝视点的位置，提高了实验的准确性。结果表明，消费者的文化背景会影响他们对文本或视频呈现形式评论的感知评论可信度。眼动追踪结果显示，东亚消费者比西方消费者平均会花费更多的时间看产品图片，除了评论及其内容本身之外，东亚消费者更关注评论的情境因素。例如，东亚消费者更关注评论的日期和星级评分，而西方消费者花几乎两倍的时间看评论文本。评论中关于产品本身的详细信息最有可能提高西方人的感知评论可信度，而东亚人则更关注照片、视频。与西方消费者相比，评论中包含视频会加强评论质量对东亚消费者感知的评论可信度的积极影响。

3. 摘要评论

摘要评论是主流电商网站根据个体评论生成的商品评论的总体信息（如整体好评率）。Jin 等（2021）采用眼动追踪技术来表征人们在在线购买决策过程中的认知过程（如注意力资源分配），探讨产品类型如何调节产品摘要评论的框架效应对网络消费者购买决策的影响，实验刺激材料如图 3.2 所示。具体而言，对于搜索产品，与负面框架相比，正面框架的摘要评论增加了网络消费者对功能属性的关注（更多的注视次数和更长的注视持续时间），从而导致更高的购买意愿，而对于体验产品，网络消费者对功能属性区域及其他区域的注意力和购买意愿在不同框架的摘要评论的条件下并不存在明显差异。并且，该研究发现消费者对搜索产品的注视时间比对体验产品的注视时间长，表明认知努力程度更高。根据信息不对称理论和信号理论，该研究认为与体验产品相比，摘要评论为搜索产品提供了更有用的信号，消费者对于搜索产品的摘要评论的认知努力较高，而对于体验产品的摘要评论的认知努力较低，从而使得摘要评论的不同描述框架对于不同类型产品会产生不同的影响。

4. 编辑评论和客户评论

根据评论的来源，产品的在线评论可以分为专业编辑的评论（通常称为编辑评论）和消费者的评论（通常称为客户评论）。Amblee 等（2017）使用眼动追踪技术进行了一项实验，以衡量编辑评论和客户评论对消费者信息搜索成本和决策信心的影响。研究发现，当编辑评论或客户评论出现时，会显著减少搜索时间和认知努力，但当它们同时出现时则不会。认知努力程度以注视时间衡量，注视数据分析表明，与没有编辑评论时相比，编辑评论的存在减少了总注视时间，即减少了认知努力。另外，客户评论的存在也减少了总注视时间，意味着减少了认知

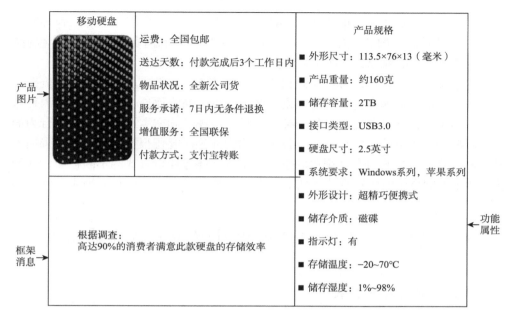

图 3.2　正面框架下的摘要评论

资料来源：Jin 等（2021）

努力。然而，当同时提供编辑评论和客户评论时，总注视时间在统计学上没有显著差异。为了更好地理解为什么评论不存在时搜索成本更高，该研究查看了对兴趣区的访问次数，发现对于大多数兴趣区，有产品评论会导致更少的访问次数。

5. 弹幕评论

弹幕作为一种新型评论方式主要出现在直播和广告视频中。苏思晴和吕婷（2022）以自然景观型旅游直播为研究对象，结合眼动实验法、问卷调查法与访谈法来探究弹幕评论对观众在旅游直播中关注度及主观体验的影响。结果表明，在自然景观型的旅游直播中，评论的存在会显著增加观众对景观内容的回顾次数，提高观众对景观内容的认知与理解；在观众主观体验感知上，受评论内容刺激的影响，评论的存在会显著降低观众对主播讲解和直播画面质量的主观体验感知，但积极评论内容能正向引导观众，从而显著提高观众对景区的体验感知。

消费者观看广告视频时，不同弹幕内容对其认知也有影响。王蕾（2021）通过眼动实验探究消费者观看弹幕广告视频时注意力和眼动兴趣区的变化情况，发现不同弹幕广告视频能够对消费者的认知产生不同影响：①消费者在观看有弹幕广告视频时（积极或消极）的注意力指标显著高于观看无弹幕广告视频时的注意力指标；②消费者在观看积极弹幕时在视频上的眼动兴趣范围要显著大于无弹幕的视频，消费者在观看消极弹幕时在视频上的眼动兴趣范围要显著小于无弹幕的视频；③消费者更关注消极的弹幕信息。总体而言，在广告视频中加入弹幕能够提高消费者对商品的关注度；弹幕内容的正负性会影响消费者价值和风险的感知，能够产生羊群效应，从而预测消费者的购买意愿。

过往关于在线评论的神经生理研究（见附表2）主要涉及正面评论和负面评论、初次评论和追加评论、主观评论和客观评论、摘要评论、编辑评论对消费者行为的影响，也比较研究了图片和纯文字评论、视频和文本评论对消费者行为的区别影响。总体来看，将神经科学技术应用于评论研究还很少，并且主要采用了眼动追踪技术，少数研究采用皮肤电反应工具。随着评论形式的不断创新，在消费者对于不同评论的注意及情感加工方面，未来还有着广阔的研究空间。

3.3　商家生成的信息线索对消费者行为的影响

3.3.1　产品信息呈现

在线产品信息呈现的媒体丰富性越高，越有助于评估产品质量，降低消费者对产品的不确定性感知，减少购物感知风险，提高他们的信任度。相关学者和企业运营管理人员一直在致力于改善在线产品呈现效果。早期，电子商务网站主要使用文本和图片来呈现产品信息。文本通常用于描述产品搜索属性，如产品尺寸、重量、保证政策；图片则用于描述产品的视觉吸引力，以补充那些无法用语言线索来描述的特性。随后，产品信息呈现的方式更为丰富，出现了视频、动图、虚拟产品体验等方式。Jiang 和 Benbasat（2007）研究发现，与静态图片相比，视频和虚拟产品体验产生更高的感知网站诊断性，网站诊断性通过影响网站感知有用性，进而影响重复访问网站的意向。Park 等（2005）指出产品动图对情绪、感知风险和服装购买意向存在显著影响，并建议服装电子零售商使用产品轮转展示来创造积极的情绪，以减少购物者的感知风险并增加购买意向。近年来，借助新兴的信息技术，越来越多的在线零售商开始采用创新的可视化工具（例如，视频、3D视图、VR、AR）来满足消费者对感官产品体验的需求。

除了产品呈现方式，根据信号理论，产品描述信息的有效性还取决于产品的特性。对于搜索产品，电子消费者甚至在使用之前就很容易在电子商店中获取相关产品信息并评估其未来表现。产品功能属性信息已被证明是减少信息不对称和消费者对搜索产品未来性能的感知不确定性的有效信号（Jin et al., 2021）。然而，属性信息对体验产品来说并不那么有效。因此，由于在减少信息不对称方面的信号有效性水平不同，搜索和体验产品之间对不同在线信息的认知过程会有差异。

此外，根据属性框架效应（Tversky and Kahneman，1974），当产品的相同属性信息被差异化描述（正面或负面）时，消费者会表现出不一致的偏好或选择。与在消极框架条件下的参与者相比，参与者在积极框架条件下表现出更高的购买意愿和更短的反应时间（Jin et al.，2017）。脑电实验的结果表明，消极的框架信息在快速自动处理的早期吸引了更多的注意力资源（更大的 P200 幅度），并导致更大的认知冲突和决策困难（更大的 P200-N200 复合体）。此外，与负面信息相比，正面框架信息使消费者能够感知到产品更好的未来表现，并将这些产品归类为在评价的认知加工后期阶段的更高评价（更大的晚期正电位幅度）的类别。

3.3.2　价格及促销信息

价格是极为重要的产品信息，价格促销则是零售商用来产生销售额和增加市场份额的关键营销工具。多数消费者都会关注并加工处理产品价格信息，特别是各种价格促销信息。价格促销信息的处理在很大程度上会受到个体计算能力的影响。通过脑电技术，有学者研究了计算能力如何影响价格幅度判断，发现不管价格促销是以直接降价还是折扣比率的方式呈现，计算能力低的消费者在行为层面上的表现都比计算能力高的同龄人差，在价格处理过程中这些个体表示数值幅度的准确性较低、反应时间较长，并且在后期评估阶段使用较少的注意力资源。脑电数据也表明计算能力差的被试的 P3b 幅度和 α 波去同步性较低（Huang et al.，2022）。P3b 代表了颞顶叶区域的资源分配，α 波去同步性与认知资源和语义信息编码有关。

单位定价（即显示每单位体积或重量的价格）被认为对消费者有帮助。有研究发现，不断接触单价信息会使得价格敏感的消费者更愿意去选择价格更加低的产品（Bogomolova et al.，2020）。该研究还使用了眼动追踪技术检测了不同的单价标签设计因素（价格标签上的位置、字体大小和颜色突出显示）如何影响消费者在产品决策过程中的眼球运动，发现增强的标签设计（如价格用颜色突出或足够大的字体）会导致注视次数增加，而这一影响对价格意识较弱的消费者而言更为显著。

可以看到，近几年已经有一些研究采用神经科学方法如眼动追踪技术、脑电技术对商家产生的信息线索（产品描述、产品图片、价格信息等）对消费者行为的影响进行了研究（见附表 2）。总体来看，这方面研究还需要进一步拓展。例如，关于产品呈现，随着技术的进步，在传统图文的基础上出现了 3D、视频、

AR 等新的呈现方式，对于这些不同呈现方式会如何影响消费者的注意以及情感响应，可以运用神经科学的方法进行深入探索。

3.4　平台生成的信息线索对消费者行为的影响

平台生成的信息线索主要包含商家声誉信息、网站质量及服务保证信息等。商家声誉是商家传递商品质量的重要信号，本节主要关注商家声誉这一关键线索对消费者行为的影响。随着电子商务在全球范围的扩张，由电商平台产生的声誉评价及传播已成为电子商务快速发展的关键，电子商务卖家声誉相关研究也引起了国内外学者的广泛关注。声誉作为商家传递商品质量的重要信号，能有效降低消费者在线购物过程的不确定性。商家星级评分、商家排名、粉丝数、关注数、收藏数、销售记录等都是常见的商家声誉信息。这些产品或服务声誉信息对于商家的销售有着重要影响。例如，根据社会学习理论和羊群理论，历史销售记录会影响消费者行为。Ye 等（2013）利用眼动追踪技术研究发现，在搜索结果页面上，包含历史销售记录的区域从参与者那里获得了最长的注视时间，并且查看历史销售记录时间较长的参与者倾向于选择历史销售量最高的卖家。

除了注意力，有学者运用 fMRI 技术发现商家声誉可以影响消费者的情绪，进而影响支付意愿。Xu 等（2020a）研究发现网上拍卖卖家声誉影响买家腹内侧前额叶皮质和背外侧前额叶，进而影响整体支付意愿。具体而言，当卖家出售的产品带有高声誉符号时，买家为产品支付的溢价会更高。在与前额叶皮层（腹内侧前额叶皮层）情绪相关的大脑区域中，与低声誉卖家指标相比，高声誉卖家指标触发了显著更活跃的神经活动。背外侧前额叶皮层和腹内侧前额叶皮质的神经活动分别代表的综合认知价值和情感价值与个人竞标产品的价格溢价相关。

根据情绪前额叶不对称假说（Davidson and Fox，1989），前额叶区域的左右大脑不对称性可用于判断情绪，不同的外在线索可以在特定网站激发不同的情绪反应。Wu 和 Hsiung（2018）基于线索利用理论研究原产国、排名和销售对情绪和购买意愿的影响，使用电生理监测方法来测量消费者在评估决策中使用诊断性线索时的神经生理状态。在这项研究中，他们使用 EEGLAB 工具箱对被试的脑电波进行了比较分析。研究发现，受试者在观看网页时，β波（13~30 赫兹）都集中在大脑前额的位置。受试者接受不同语言网站时大脑 β 波分布的平均功率有所差异。如果右脑波高于左脑波，受试者的情绪就倾向于消极。反之，他们有更多的积极情绪。研究发现在高排名/高销量、高排名/低销量和低排名/高销量的声誉情况下，中文网站比英文网站使母语为中文的消费者产生更多的负面情绪。此外，只有在低排名/低销量的情况下，英文网站才使消费者产生更多的负面情绪。

综上所述，可以看到关于平台生成的信息线索，目前仅有少数研究将认知神经科学方法应用于商家声誉信息对消费者行为的影响（见附表 2），使用的神经科学工具主要有眼动追踪技术、脑电技术、fMRI 等。平台是连接消费者和商家的媒介，平台自身的特征会极大地影响消费者在平台上的行为。未来除了商家声誉，在服务保障机制、网站生动性等方面可以做进一步的研究。

3.5　信息线索对消费者行为的交互作用

3.5.1　线索一致性理论和线索诊断理论

当消费者在线购物时，往往面对着多种可以利用的信息线索，这些线索可能是一致的也可能是不一致的，他们又是如何综合这些线索进行产品评估和决策的呢？关于多线索的理论，目前应用较多的主要是线索一致性理论（cue-consistency theory）和线索诊断理论（cue-diagnosticity theory）。

线索一致性理论认为当多个相互印证的信息源同时呈现时，消费者会倾向于通过信息集成模型如线性平均来联合评价信息（Maheswaran and Chaiken，1991）。具体而言，当多个一致性的线索呈现时，每个线索在消费者评价中会得到更多的注意和权重，反之，当线索不一致时（即一个正性/一个负性或者一个弱/一个强），负性的或弱的线索会支配消费者的评价（Hu et al.，2010）。例如，Miyazaki 等（2005）发现高价格与其他正性的外部线索成对出现时（如强的保证或强的品牌），它们就会有互相促进的交互作用，而当线索不一致时（如高价格/弱保证），则产品评价与低价格/弱保证的情形是一致的，价格对感知产品质量没有影响。

根据线索诊断理论，消费者在选择产品时，会根据线索的诊断性对线索进行优先排序（Skowronski and Carlston，1987）。根据线索的诊断性，以往研究将线索分为高范围线索（high-scope cues）和低范围线索（low-scope cues）（Gidron et al.，1993）。高范围线索是指线索通常需要随着时间推移建立，需要花费一定的努力和投资才可以更改，不易由卖家操纵，因此这类线索被认为更可信、更可靠，具有更强的诊断性。与之相反，低范围线索一般更容易被卖家操纵，给出的预测往往模棱两可，具有较弱的诊断性。关于不同诊断性线索之间的相互作用，一些研究发现高范围线索通过改变低范围线索的诊断性会促进或抑制低范围线索的作用（Miyazaki et al.，2005）；另一些研究指出当消费者面临多种具有不同诊断性的信息线索时，他们主要依赖高范围线索做出决策，低范围线索的作用会被弱化（Hu et al.，2010）。

可以看到，以往关于多线索之间的交互作用研究还存在不一致的结论。近年来一些研究采用认知神经科学方法对一些关键信息线索之间的交互作用进行了进一步的探究（见附表 2），试图为过去研究存在的矛盾结论（一些研究发现不同诊断性线索之间相互增强的交互作用，而一些研究发现它们之间的削弱效应）从神经生理层面提供解释。

3.5.2　信息线索交互作用的神经生理研究

1. 评价和销量的交互作用

评价和销量是在线购物环境中两个重要而独特的线索，是线下购物中消费者不易观察到的信息。相对于商家的商品销量信息而言，由用户产生的评价信息的诊断性更高，被认为是高范围线索。基于线索利用理论和线索诊断理论，Wang 等（2016b）应用 ERP 方法探索了产品评价和销量这两种线索对消费者决策的联合影响的潜在神经机制。行为数据表明，产品评价对购买率的影响大于销量，并且产品评价积极调节了后者的影响，这一结论支持了线索诊断理论。脑电数据为观察到的行为模式提供了进一步的解释。对主要 ERP 结果的分析表明，消费者在利用线索做出最终决策前会经历感知风险（N200）、信息冲突（N400）到评估分类（LPP）这样一系列的认知加工过程，在这些不同的阶段中，消费者对这两类具有不同诊断性的信息线索的利用存在差异性。具体而言，产品评价显著影响风险感知，而高销低评的组合会引发显著的认知冲突。这为在线情境下的信息线索效应提供了神经层面的解释。

2. 评价和价格的交互作用

评价和价格是影响网络购物中消费者对商品品质判断和购买决策的两个重要信息线索。根据线索诊断理论，由用户生成的评价比商家生成的价格线索更具诊断性。那么当用户面对特定商品一致或不一致的评价和价格信息时，他们是如何利用这些线索做出决策的呢？宋之杰和唐晓莉（2016）基于线索理论和认知决策原则，采用眼动实验方法进行研究发现：消费者会利用价格和评价对产品进行评估，遵循有限理性的认知决策原则；通过热区图分析和特定兴趣区的注视时间、注视点数、回视次数的分析，发现相对于价格线索，消费者更注重评价线索的参考价值，并且当两个线索效价一致时，消费者会采取更深入的认知加工方式，决策时间更长。该研究为线索利用理论、线索诊断理论和线索一致性理论提供了行为和生理层面的支撑，建议网店经营者要合理确定价格水平、积极维护评价线索、合理布局网页的评价和价格信息以提高购买率。

3. 声誉和产品呈现的交互作用

商家声誉是平台基于用户数据所产生的信息，产品呈现是由商家产生的特定商品描述信息。由于信息来源不同，商家声誉相对于产品呈现而言，更难操纵和改变，需要时间积累才能建立，因此被认为是更具诊断性的线索，属于高范围线索。Wang 等（2016a）基于线索利用理论和线索诊断理论，采用眼动实验对购物网站的产品呈现丰富性和商家信誉信息线索如何交互影响消费者的质量感知和注意进行了研究，并考虑了不同涉入度产品的影响。研究结果表明，产品呈现和商家信誉对消费者质量感知的影响会受到产品涉入的影响，对于高涉入产品，两者各自都有显著作用，而对于低涉入产品，消费者主要依赖高范围线索——商家信誉来做出诊断，低范围线索——产品呈现的作用被削弱。眼动数据的结果也进一步揭示了消费者的信息加工机制并辅助验证了问卷数据结果。对于低涉入产品，当商家信誉高时，产品呈现的丰富性的增加并没有吸引更多的注意（用总注视时间和总注视点数测量），当商家信誉低时，产品呈现的丰富性的增加会吸引更多的注意；而对于高涉入产品，无论商家信誉高低，丰富的产品呈现都会吸引更多的注意。过去基于线索诊断理论的研究存在结论的不一致性：一些研究发现不同范围线索之间相互增强的交互作用，而一些研究发现它们之间的削弱效应。该研究考虑了产品涉入度的作用，发现消费者在利用高范围和低范围线索进行判断和决策时会受到消费者产品涉入的影响，在一定程度上为过去研究结论的不一致提供了解释。

4. 声誉和价格的交互作用

正如我们前面所提到的，商家声誉和价格是消费者购买决策过程中两个非常关键的外部线索。姚倩（2015）采用行为实验、眼动实验等一系列实验对商家信誉和价格两个线索对消费者感知、注意和在线购买意愿的影响及其神经机制进行了研究。研究发现：价格及商家信誉线索会对感知价值产生影响，且涉入度这一变量起到调节作用，线索一致性理论得到了部分证实。对于低涉入的产品，当价格及信誉方向一致时，两者将会产生协同的交互作用，这与线索一致性的结论相吻合；对于高涉入产品，消费者会对线索信息进行更深入的信息加工，会将诊断性更强的、不易被操纵的线索即信誉线索作为决策主参考，分配更多的注意和权重，最大限度地影响感知价值并最终对购买决策产生影响；消费者面对不同的价格及商家信誉线索组合，其做出购买决策的大脑活动信息加工及相应认知加工的过程可分为不同的认知阶段，包括决策风险认知、决策冲突认知及决策效价评估分类等，在不同的认知阶段将诱发 N200、N400、LPP 等不同的关键脑电成分，不同涉入度产品的差异主要表现为激发相应脑电成分的信息线索的不同。

5. 声誉和评价的交互作用

有些商家会将积极的消费者评价摘出，融入产品的描述中，这也是商家或者产品声誉的一种表现方式，这类嵌入在产品描述中的在线评论（online reviews embedded in product descriptions，OED）也得到了研究人员的关注。Wang 等（2016c）研究发现，将消费者评价嵌入产品描述中对销量有积极影响。该研究在每个产品的网页上定义了六个兴趣区，包括 OED、在线评论、在线评论的数量、声誉、价格和历史销售。无论在线评论是否存在，每组的 OED 的兴趣区都有较长的固定时间。这一结果表明，顾客注意到了处于突出位置的 OED，并花了相当多的时间来阅读它。同时，研究发现商家声誉起到调节作用，相对于低声誉，在高声誉的情况下，更多的参与者选择了带有 OED 的产品。这表明当商家本身就有较高的声誉的时候，引用消费者的评价到产品描述中对销量有更好的提升作用。

6. 价格和销量的交互作用

有研究人员采用眼动实验研究了网络团购情景下两个重要信息线索——价格折扣与购买人数（即销量）如何通过影响消费者的情绪及感知风险，从而影响冲动购买意愿（王求真等，2014）。行为数据分析结果显示：价格折扣与购买人数对消费者唤起感均具有显著积极影响，但只有价格折扣对消费者感知风险具有消极影响；唤起感与感知风险都通过对愉悦感的积极/消极作用对消费者冲动购买意愿产生影响；购买人数与价格折扣对唤起感有相互促进的交互作用。眼动数据的分析结果显示：热区图直观反映了当价格折扣较高、购买人数较多时，消费者会花费较少的注视时间，关注较小的范围，利用关键性的信息线索迅速做出决策，符合冲动购买"决策过程短、认知评价少"的特征；价格折扣兴趣区的注视时间和注视点数显著高于购买人数兴趣区，说明价格折扣因素比购买人数受到了更多的关注，而另一眼动指标首次注视开始时间其实也证明了这一点，消费者在注视页面时会先关注到价格折扣因素，购买人数次之。眼动数据的分析结果为行为结果提供了一定的支持。

可以看到，近年来研究人员结合传统行为研究方法和认知神经科学方法对关键信息线索如评价、销量、声誉、价格等之间的联合效应进行了初步的探索，的确发现了一些线索之间存在交互作用，这些交互作用会受到线索本身的特征及认知相关的情境因素如产品涉入的影响，神经生理研究为其作用机理的揭示提供了一定的支撑，但多线索的交互作用过程还是比较复杂的，现有研究对于以往研究结论的不一致还未能很好地给出解释，需要进行更深入的探究。

3.6　本　章　小　结

　　本章主要对消费者、商家及平台生成的信息线索及其交互对消费者行为的影响进行了探讨（图 3.3）。虽然已有一些研究采用了神经生理和神经科学方法对这些方面进行了探究（见附表 2），并有了一些有趣的发现，但总体而言，这方面研究尚处于起步阶段，且以眼动研究为主。特别是，关于多线索研究，现有基于线索理论的消费者研究主要采用传统的行为研究方法从消费者主观的心理感知层面去研究。当消费者面对网店中呈现的多种一致或不一致的信息线索时，更多的是涉及较复杂的注意认知、冲突认知机制，而传统的行为研究方法对于这类问题是很难解决的，这也可能是现有研究存在分歧，却无法给出统一解释的原因。认知神经科学方法如 fMRI、眼动追踪技术、ERP 技术等突破了传统研究方法的局限性，能够更客观和准确地测量人的神经和生理数据，发掘难以自省的认知和消费决策发生过程。因此，未来可以更多地将认知神经科学方法引入多信息线索研究，为过去研究结论的不一致性提供可能的解释并拓展信息线索相关理论。

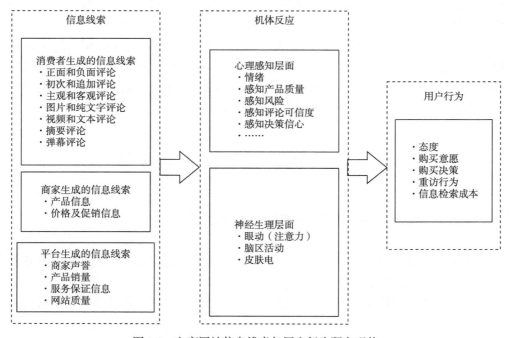

图 3.3　电商网站信息线索与用户行为研究现状

第4章　电商直播平台与用户行为

电商直播是近年来快速兴起的一种新型商业模式，随着短视频时代来临，电商直播行业迎来巨大机遇，各类电商直播平台快速发展，用户数量也不断增长。中国的直播电商元年是 2016 年，由蘑菇街率先将直播带货引入电子商务平台[①]，同年一些传统电商平台如淘宝、京东相继加入直播电商的行列，掀起中国"直播+电商"模式的热潮。2018 年后抖音、快手等短视频平台，以及微信、微博、小红书等主打社交内容的平台尝试注入社交属性到直播电商中，打造了"直播+社交+电商"的新商业模式，以社交平台的巨大流量优势撬动变现。5G 等先进通信传输技术的加持使得直播电商在电商购物行业异军突起，越来越多的用户开始使用电商直播平台，直播购物逐步成为电商领域的新趋势。

本章概述了电商直播平台与主播、社交、技术、信息等维度相关的基本特征，阐明这些特征对用户购买行为的影响，并从认知和情感角度分析平台特征对用户行为的作用机制，希望为以后有关电商直播的研究特别是从认知神经科学视角展开的电商直播用户行为研究提供指导和帮助。

4.1　电商直播平台界面布局和特征

4.1.1　电商直播平台界面布局的基本元素

常见的电商直播平台主要分为三种类型。第一类是嵌入直播的电子商务平台，代表平台有淘宝、京东、拼多多、亚马逊等，这类平台拥有完整成熟的电子商务模式和丰富的供应链资源，一般在传统电商基础上嵌入直播功能，作为商家

---

① 想要解析蘑菇街"吸睛"的根由，先从它率先将直播引入电商领域开始. https://hea.china.com/article/20210819/082021_855463.html。

的额外销售工具。第二类是包含直播功能的内容平台，代表平台有抖音、快手等，这类平台借助平台上活跃的流量优势，带动直播销售的发展，实现流量的快速变现。第三类是添加直播功能的社交平台，代表平台有微信、微博、小红书、Facebook 等，这类平台拥有强大的社交互动人群，为直播销售的实现贡献了广泛的用户基础。

　　虽然上述三类电商直播平台的侧重点不同，但是由于直播销售本质上是一种人机交互程度较高的购物模式，多数电商直播平台在界面布局上都倾向于添加便于消费者与平台间以及消费者之间多维交互的设计元素。除了用于销售的产品、进行推荐产品的主播外，直播界面一般还包括弹幕、聊天框、宝贝口袋、喜欢/点赞、转发/分享等基本元素（图 4.1）。

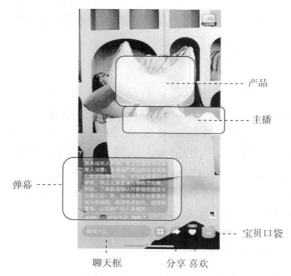

图 4.1　电商直播平台界面布局的基本元素
资料来源：某 App 直播截图

1. 主播

　　在电商直播平台上，主播往往占据着界面的中心位置，并且在直播中起到非常重要的作用。主播一般以单人或多人直播的形式为主，也有一些平台或商家引入了人工智能虚拟主播代替真人主播。相比于传统电商和社交电商，电商直播克服了消费者和产品的时空分离，将主播作为连接消费者和产品的桥梁。在此过程中，主播扮演着导购的角色，将线下导购的销售技巧带入直播中，通过语言、面孔表情和肢体动作等身体特征展示他们对产品的感受，以试穿或试用等方式替代消费者的真实使用效果，使消费者的购物体验更具真实性和互动性。可以说，一个专业性强、更具吸引力的主播是电商直播平台引流和促进销售的关键，也是整个直播流程中不可或缺的一环。

2. 产品

电商直播界面围绕着产品信息、产品展示、产品搜索等多方面提供了特别的功能。相比于传统在线购物以图片和文字的形式展示产品，直播采取了同步传输的方式，提供实时可见的视频，为消费者直观地呈现动态的产品信息。主播会根据消费者的需求试穿或试用产品，以模拟消费者亲身体验，通过主播对产品的介绍，消费者能迅速了解到产品的相关细节和特征，使得产品的展示更生动。

在产品搜索方面，电商直播也进一步减少了消费者搜索和购买的时间成本，直播间往往会提前放出有关产品和优惠的预告信息，优质主播会在直播准备阶段做好选品工作以确保产品质量，消费者可以在主播推荐的过程中下达订单，或者在宝贝口袋里寻找到心仪商品的实时链接。

3. 弹幕和聊天框

电商直播平台的弹幕一般出现在界面左下方，实时显示用户通知及评论。聊天框一般位于弹幕正下方，用户可在聊天框内发送信息，这些信息会显示在公共弹幕上。当消费者进入直播间或通过直播间链接查看商品时，弹幕会出现"××来了""××正在去买"的显示，以提示主播有关消费者的最新动态。消费者可以通过弹幕下方的聊天框发送弹幕，与主播及其他消费者互动，通过弹幕提问有关产品、卖家、交易相关的问题并及时获得反馈。例如，当消费者对直播间某个产品感兴趣时，可以通过弹幕要求主播讲解该产品，主播在看到弹幕后，会根据弹幕内容具体展示特定产品或进行个性化推荐，更好地指导和服务消费者。消费者可以以主播的反馈与其他共同观众的弹幕评论和回复作为参考依据，因此弹幕是一种帮助消费者做出直播购买决策的重要信息线索。

4. 宝贝口袋

宝贝口袋是用来显示商品列表、链接或讲解视频的模块，在不同平台的称呼不一，如在抖音直播平台上叫作"小黄车"。宝贝口袋帮助消费者在直播过程中及时获取产品的价格、优惠和购买链接，即使错过了实时直播，也可以通过宝贝口袋找到相应的商品并观看该部分的讲解。

5. 喜欢/点赞及转发/分享

在电商直播平台界面最下方往往设置了一些用于消费者互动的元素。喜欢/点赞表达消费者对直播间尤其是主播和产品的欣赏认可，喜欢/点赞人数代表了直播间的人气，决定了直播间在平台的直播排名位置。消费者可通过分享功能将直播间的内容转发到其他社交平台上，或发送给社交好友。

此外，一些平台还具备了与主播直播互动的功能，如参与问答、语音连麦、视频连麦、送礼物等。总的来说，在众多电商直播平台中淘宝直播具备了目前最丰富的功能要素，除了直播平台的基本元素外，还添加了抽奖活动、投票活动等促进消费者参与的元素（表4.1），在部分直播界面还添加了智能小助理，这是一种聊天机器人，以简单的人机交互形式帮助消费者了解产品和进行选择。

表 4.1　不同直播平台界面布局元素

平台	界面布局元素
淘宝直播	弹幕、宝贝口袋、喜欢、分享、聊天框、抽奖活动、投票活动、主播互动（连麦）、智能小助理
京东直播	弹幕、宝贝口袋、聊天框、点赞、热爱值
拼多多直播	弹幕、宝贝口袋、聊天框、礼物、拼单通知
抖音直播	弹幕、小黄车、聊天框、礼物
小红书直播	弹幕、宝贝口袋、聊天框、礼物
微信直播	弹幕、宝贝口袋、聊天框、点赞
微博直播	弹幕、宝贝口袋、聊天框、礼物、爆灯、直播互动（包括问答、语音连麦、视频连麦）

4.1.2　主播相关特征

与传统电商不同，主播的存在对电商直播的崛起起到了推动的作用。尽管直播门槛低，吸引了大批人涌入电商直播行业，但能成功壮大乃至出圈者不多。BOSS 直聘的数据显示，76.6%的"带货直播"主播收入低于万元，有 58.2%的相关主播正考虑转行[①]。从各类成功案例来看，一个优秀的主播能够凭借自身的个人魅力盘活直播间，乃至形成自己的个人形象知识产权（intellectual property，IP），可以说，主播的特征与直播间品牌紧密相关，主播的某些特质不仅与品牌内核相契合，甚至代表了企业的思想文化。例如，2022 年爆火出圈的"东方甄选"直播，是新东方转型直播电商行业的一次成功试水，这一定程度上与它的主播董宇辉的出圈相关。相比于其他"大嗓门""快餐式"的直播带货主播，董宇辉以"新东方名师"入行电商直播，在东方甄选的直播间中充分发挥了双语优势，结合历史、文化、地理等知识穿插介绍产品的背景和特点，让消费者感受到产品背后的知识和文化之美。在千篇一律的主播直播销售中，董宇辉凭借其"内容型直播"的直播氛围获得了大众的青睐。通过传递颇具悲悯性和同理心的价值

---

① 腾讯网. 带货主播们的名利江湖. https://new.qq.com/rain/a/20211023A01D4300。

观，董宇辉的个人特质成功吸引了大量粉丝，也使"东方甄选"在电商直播领域异军突起。

在电商直播平台上，与主播有关的特征一般包括主播的吸引力（attractiveness）、专业性（expertise）、可信度（trustworthiness）、直播风格（livestreaming style），以及与消费者的相似性（similarity between broadcasters and consumers）等特征。

1. 主播的吸引力

主播的吸引力是吸引消费者停留在直播间继续观看直播的首要特征，它不仅指主播外在的吸引力，还涵盖了其人际吸引力。外在吸引力是指主播的外表对观众的吸引程度（Guo et al., 2022b）。在进入直播间时，观众首先会被主播展示产品时的表情、身姿、手势和声音吸引，美丽、性感、有魅力的外在和动人的声音会让消费者有继续观看的欲望。

人际吸引力是指主播是否能让观众产生亲近或喜欢的感觉。直播创造了一种类似于准社会互动的关系，主播通过自己的表情、话语和肢体动作与观众进行着同步双向的互动，亲密温暖的人际接触使得观众感知到类似于真实人际关系中的亲密友谊，并对主播产生依赖和信任感。

2. 主播的专业性

主播的专业性是消费者对于产品信息可信度的重要决定特征，它主要是指主播在直播销售方面的知识、经验、资格、成就等专业能力（Guo et al., 2022b）。在销售产品前，主播要对产品进行深入测评，与其他竞品作横纵向分析，提前对商品有充分的了解，在销售产品时针对消费者的提问给出专业解答，塑造出专业能力强的形象。对消费者而言，主播被认为对产品的认知更为专业，因此当主播展现出良好的专业能力时，消费者会更容易选择听从和采纳主播的建议和推荐。

3. 主播的可信度

主播的可信度是指消费者认为主播真诚、称职和值得信赖的程度（Gao et al., 2021）。一是体现在主播对待直播工作的认真和负责上，能否按时开播、及时上产品链接。二是体现在主播对产品质量和服务的负责和把控上，由于直播中消费者主要依据主播对产品的描述和展示进行购买决策，因此主播是否做足产品背调、能否如实准确介绍产品信息，以及是否严格把控产品品质，是影响消费者对主播可信度的重要方面。主播的可信度与主播的受欢迎程度和声誉紧密挂钩，一个值得消费者信赖的主播会更受大众的欢迎，更容易带动直播销售。

4. 主播的直播风格

电商直播不仅是一个销售的过程，也具备着充分的社交属性，直播带货的同时也和消费者进行着双向互动。受欢迎的直播风格主要从以下几方面特征衡量。

主播的语言说服风格。主播的语言说服风格是指主播在直播带货过程中语言表达方面的技巧和策略，在电商直播中，主播常常使用诉诸人格、诉诸奖励、诉诸逻辑及诉诸情感的方式来说服观众。主播采用诉诸人格的风格不断地使用专业和富有经验的话语向消费者传达可靠的产品信息，从而获取消费者的信任以提升消费者购买意愿；主播诉诸奖励的说服方式则通过向消费者承诺应有的奖励，如发放优惠券或降价，这直接关系到直播间产品的销量；诉诸逻辑的表达主要体现在主播语言表达的逻辑感上，在推荐产品时，逻辑清晰、前后因果关系明确的表达能够降低消费者对产品的疑虑，增强对产品质量的信心；诉诸情感的风格融入了主播的情感信息，他们运用一些带有情感色彩的词来引起消费者的情绪反应，如反复强调"关注并转发直播间""手慢无""三二一上链接"等语言来塑造紧张和兴奋的气氛。

主播的幽默感。这是塑造与消费者良好的人际互动的重要特征。往往幽默的语言风格会使得直播间的氛围更融洽，产品的展示更加生动有趣。人们更喜欢以幽默见长的主播，在直播购物中释放快乐和笑声，无形中增强了主播和消费者的人际联系（Guo et al.，2022b）。

主播直播时的激情。激情的直播风格更易唤起观众的积极情绪（Guo et al.，2022b），这是由于主播将自己的热情完全投入工作中，而产生了积极强烈的情绪感受，从而带动了观看者，消费者被主播的激情所感染，从而获得共鸣。

主播的个性或特殊才能。千篇一律的直播风格缺乏记忆点，难以给人留下深刻印象，也难以挽留住消费者人群。主播依据自己的个性和特殊才能打造独特的直播风格，是在众多主播中脱颖而出的诀窍，从而能够吸引更多的流量促进带货。

5. 主播与消费者的相似性

主播和消费者的相似性体现在两个方面：物理特征相似性和价值观相似性（Lu and Chen，2021）。在直播过程中，主播常常要替代消费者进行试穿或试用产品，消费者倾向于搜索和自己具有相似身体特征的主播的试穿或试用效果来评估产品是否合适，而价值观相似性是指消费者对于主播传达出来的价值观理念是否认同，消费者对具有相似价值观的主播会产生更亲近的感觉。

4.1.3　社交相关特征

电商直播平台同时嵌入了社交属性和电商属性，使得它也具备着独特的社交相关的特征，其中最主要的特征有沟通实时性（communication immediacy）、准社会互动（para-social interaction）、享乐性（enjoyment）和社交线索（social cues）等。

1. 沟通实时性

传统的线上购物采用的是异步通信技术，而直播平台则依靠同步通信技术实时传输图像和声音数据，这样的实时沟通使得消费者无须离开直播页面联系卖家，而可以直接通过实况视频与卖家取得联系，并获得即时回复，这样的同步双向互动增加了消费者对于主播的信任和感知到的产品真实性（Wang and Wu，2019）。

2. 准社会互动

电商直播被认为是一种准社会关系，消费者在实时互动中与主播建立了虚拟的社交关系，从而产生对主播的亲密感和亲近感（Xu et al.，2020b）。准社会互动被定义为观众对人际参与和对直播亲密感的主观感受。这样亲密的关系和感受不是内生的，而是可以被外在环境的各项因素所培养的。例如，主播通过调整他们的面孔表情、肢体动作及沟通方式，与观看者产生近乎真实的直接的社交人际接触，因此在这种准社会互动的刺激下，消费者会认为直播间的一切似乎是真实存在的而不是虚拟的，甚至对主播产生依恋，建立更紧密的联系。因此准社会互动是电商直播平台的一种关键社交特征。

3. 享乐性

作为一种结合了社交属性和商务属性的新型购物模式，电商直播平台同样拥有类似社交平台的享乐性，给消费者带来娱乐化和生动有趣的购物体验。这样的享乐体验通常来源于人际关系对消费者的吸引力（Cao et al.，2022）。例如，网红主播的人设和造梗吸引大批量粉丝的关注，观众在观看直播的同时也疏解了压力，获得了心理上的享受，而明星入驻直播间极大程度上满足了粉丝们的追星需求，有一种与明星面对面近距离接触的错觉，热门互动话题使得整个直播间充满着轻松娱乐、生动有趣的氛围，可以说，电商直播平台同时满足了人们购物和享乐的需求，使单一的购物流程进一步泛娱乐化。

4. 社交线索

电商直播平台上的社交线索是一种实时、动态的信息线索，它被视为对消费者的一种刺激，并影响着消费者注意力的分配。群发消息和交互文本是电商直播平台独有的两个社交线索，群发消息偶尔会在屏幕上闪烁，它反映了直播间其他观众实时购买行为的信息；而交互文本则往往在屏幕左下角滚动，显示出其他观众的实时评论和问题。这些社交线索来自其他众多和消费者共同实时观看直播的参与者，他们通过发送弹幕、群发消息等方式在直播平台上留下丰富的线索，并被正在观看直播的消费者观察到。在这个过程中，消费者能够看到其他人生成的文本内容、订单和实时付款，触发着消费者的需求和偏好，影响决策，甚至产生冲动购买的欲望（Li et al.，2022b）。因此，这些独特的社交线索影响着消费者的购物体验和购买决策（Fei et al.，2021）。

4.1.4　技术相关特征

随着第三代互联网（Web 3.0）时代的来临和 5G 技术的普及，电商直播平台开始快速发展，现在的电商直播平台具备了不同于传统电商平台的独特技术特征，如 IT（information technology，信息技术）可供性、同步性、产品搜索的便利性等。

1. IT 可供性

IT 可供性是指技术对象为特定用户群体提供面向目标的行动的可能性（Strong et al.，2014）。在直播电商的背景下，一些研究将 IT 可供性主要分成以下几类：可视化可供性、元语音可供性及个性化可供性（Sun et al.，2019）。

可视化可供性是为消费者提供可见的产品信息的技术能力。由于直播购物是一种采用了实时视频的高度可视化方式，消费者可以通过直播视频了解产品，同时主播的实时互动展示了更为细节的产品信息，让消费者感知到主播和产品是一种类似于现实社交的真实存在。相较于一般在线购物，可视化可供性是直播购物在技术层面上最显著的特征，直播平台通过同步传输技术和相关基础设施将产品真实地呈现在消费者面前，它给消费者带来了更真实的购物体验，大大增加了消费者对平台的信任。

元语音可供性是为消费者提供能够发表评论的技术能力。在直播购物中，消费者可以通过发送弹幕或与主播连麦的方式进行互动交流，主播会根据消费者的评论回复他们希望了解的产品信息。元语音可供性创造了一个可供消费者和主播直接交流的多维互动的虚拟空间，它打破了在线购物交互的时空分离，增加了消费者感知到的社会存在。

个性化可供性是为消费者提供个性化、定制化的服务的技术能力。在直播购物中，不仅主播会根据消费者的需求做出个性化的引导，直播平台也开发了引导消费者需求的定制化服务方式。例如，直播平台提供了智能化的购物指导，可以根据消费者以往喜好智能推荐商品，并对直播购物的各种细节提供帮助，如了解直播间优惠、搜索心仪产品等。

2. 同步性

同步性是直播购物平台的一个关键技术特征，它是指用户在交流中同时输入信息和获得反馈的程度（Li et al.，2021）。电商直播平台采用了同步传输技术，帮助用户在直播过程中获得无延迟的互动交流和购物体验。为了使直播能够实时稳定，平台依托先进的通信技术和设备，实现多平台直播的超低延迟。当消费者发送消息时，主播和其他消费者可以在几乎同一时间看到此消息，并做出实时反馈，而当主播发布秒杀、速抢优惠券等活动时，消费者也能在第一时间做出反应，并参与活动。

3. 产品搜索的便利性

直播平台另一个重要的技术特征是它对于产品搜索的便利性（Chen et al.，2022a）。电商直播和传统电商购物不同的一点在于，直播渠道可以最大程度上减少因搜索产品而产生的时间成本。传统电商购物是一种目标导向型的购物方式，也就是"人找货"，消费者需要搜索自己想要的商品，并根据图文介绍和产品评价比较同类商品，最终挑选自己满意的商品下单，而直播购物则颠覆了原来的模式，为"货找人"，消费者进入直播间之前一般不具有目标性，而更多的是以随机的方式观看直播，根据主播的介绍和推荐，可以通过商品链接直接下单心仪的产品。

4.1.5　信息相关特征

由于电商直播主要采用视频的形式传输信息，相比传统电商，电商直播能让消费者感知到更加丰富多样的信息，这些信息的质量会在一定程度上影响消费者的购买决策。消费者在直播中感知到的信息质量是他们能够查看到的由直播商家提供的信息的程度，电商直播平台较为注重信息的完整性、准确性、流通性、可信度、有用性及生动性（Gao et al.，2021；Zhang et al.，2021）。

1. 信息的完整性

信息的完整性是指直播视频中提供的产品信息具有足够的深度和广度（Gao et al.，2021）。直播中应当提供非常完整的产品信息，包括与产品信息相关的所有要素，如产品细节（产品的大小、颜色、功能等）、产品状态、使用经验和优惠信息（优惠活动和折扣等）等。只有当产品信息足够完整时，才有助于消费者做出全面权衡后的决策。

2. 信息的准确性

信息的准确性是指直播可以向消费者提供正确、明确和可信的消息的程度，即呈现正确、清晰和客观的产品信息。例如，在直播过程中应当提供准确的产品价格和产品尺寸信息，描述产品的真实状态。准确的产品信息进一步减少了消费者感知到的产品风险，提高了他们的购买意愿。

3. 信息的流通性

信息的流通性是指直播中反映最新消息的程度。直播平台的信息的流通性主要体现在两个方面：一是直播视频提供了最新的产品信息，反映了最新的产品趋势；二是消费者可以通过弹幕互相交流信息并获得反馈。

4. 信息的可信度

信息的可信度是指直播中反映的消息值得消费者信任的程度。直播通过实时视频互动的方式为消费者展示真实的产品情况，这一定程度上保证了直播购物中大部分信息的可信度。信息的可信度在直播平台竞争中非常重要，它关系到直播平台持续的声誉和优质的顾客评价，一旦被证实提供伪造或虚假的产品信息，平台不仅损伤自身声誉，也面临着法律上的风险。

5. 信息的有用性

信息的有用性是指直播中反映的信息满足消费者实际需求的程度。消费者观看直播往往是随机的、没有目的的，直播视频中提供的产品信息恰巧是消费者所需时，他们会花更多时间停留在这个直播间，并做出购买决策。信息的有用性减少了消费者搜索产品所要花费的时间和精力，并吸引了对产品有购买欲望的消费者群体。

6. 信息的生动性

信息的生动性是指直播中的信息丰富、有趣和生动的程度。直播电商拥有大量的信息线索，如产品图文、动态产品展示及主播的视听介绍，并刺激着观看者的视觉、听觉等多种感官渠道，因而带来了更高的生动性。

4.2　直播平台特征对用户行为的影响

为了解电商直播平台特征对用户购买行为的影响，我们在 Web of Science 上以"live streaming" "live stream"等为主题词检索相关论文，并排除相关性较低的学科领域，初步获取这一研究主题的文献样本共 67 篇[①]，通过浏览标题及摘要进一步进行文献筛选，同时结合追溯法补充遗漏的重要文献，最终获得 16 篇与"电商直播平台用户购买行为"高度相关的文献（见附表 3），其中只有 1 篇采用了眼动追踪技术。这些研究主要从主播、社交、技术及信息等视角探究了直播电商情境下影响消费者意愿及行为的动因。我们将在这些研究的基础上来分析电商直播平台用户购买行为的影响因素及作用机制。

4.2.1　对消费者购买意愿的影响

1. 主播吸引力的影响

统计发现，有 25% 的消费者观看直播是为了追自己喜欢的明星和网红，并且有超过 30% 的人愿意购买主播或明星的同款产品[②]。主播的吸引力促进消费者对直播间产生良好的第一印象，鼓励了潜在观看者参与购物活动，如主播美丽的外表和温暖的人际接触提高了他们受欢迎的程度，使得观众愿意持续观看下去并购买产品（Guo et al.，2022b）。

2. 主播专业性的影响

直播中消费者常常依赖主播的专业知识和对产品的了解，根据主播的推荐，选择适合自己的产品。同时专业的主播会遵循完整的直播流程，为消费者试用和试穿产品，并争取最大优惠，这也使得消费者获得了极佳的购物体验。在直播购物中，相较于美丽的外表，主播的专业知识显得更重要，它是提升消费者购物意愿的关键因素（Guo et al.，2022b）。

3. 主播可信度的影响

对网红主播而言，他们的专业知识和能力比不上专业的主播，因此他们的可信度对于整个直播带货的成功尤为重要。对于这些网络名人，不需要以专家的方式去评估他们的可信度，而是通过持续的社交交互水平来评估他们的可信度。具有高可信度水平的名人被认为可以提高品牌的声誉和消费者购买意愿，而在直播中，主播的可信已被证实会促进消费者的购买意愿（Park and Lin，2020）。

---

① 检索词：TS=（"neurons" OR "neuroscience" OR "Neuro Information Systems" OR "Neural Information Systems" OR "neural science" OR "skin response" OR "Hormone" OR "eye movement" OR "eye track*" OR "pupillometry" OR "electroencephalography" OR "electrocardiogram" OR "electromyography" OR "EEG" OR "ECG" OR "EKG" OR "fMRI" OR "fNIRS" OR "ERPs"）AND TS=（"live streaming" OR "live stream"）。

② 澎湃新闻. 中消协：《直播电商购物消费者满意度在线调查报告》（全文）. https://www.thepaper.cn/newsDetail_forward_6799987.

4. 主播直播风格的影响

幽默的直播风格显著地提高消费者的观看意愿和购买意愿，但未必会增加主播的人气（Guo et al.，2022b）。这是由于幽默的信息具有更高的说服力，人们倾向于喜欢和相信那些令他们发笑的东西，这对产品评价和购物态度有着积极的影响。但幽默未必会增加主播的人气，这可能是由于人们对幽默的欣赏因人而异，只有当主播的幽默符合消费者的喜好并能提供享乐价值时，幽默才能有助于提高主播自身的人气。充满激情的主播善于创造热烈的直播氛围，他们时不时公布产品的实时购买人数和剩余数量，让消费者感受到产品的火爆程度，无形中诱发着消费者的购买欲望。

5. 主播与消费者相似性的影响

对衣服和美妆产品而言，是否适合自己是许多消费者最为关心的一点，因此他们在选择直播间时往往会倾向于和自己身材或肤质类似的主播。这些主播具有可比性，消费者通过观察他们试穿和试用的效果，减少了对产品的不确定性，从而最终确定是否购买产品。当消费者遇到主播积极与他们交流并分享和自己相似的价值观时，消费者容易激发起情感上的共鸣。因此，主播和消费者间，无论是身体上还是价值观上的相似性，都会增加消费者的购买意愿（Lu and Chen，2021），这对平台培养和选择主播是非常具有意义的。

6. 沟通实时性的影响

直播结合了灵活的文本和实时语音渠道，使观众沉浸在直播间内并提高用户的参与度，这也对消费者在直播平台上的购物态度和购买意愿产生了积极的影响（Wang and Wu，2019）。

7. 社交线索的影响

直播中实时发生着许多社交线索，这些线索往往以视觉线索的形式出现，影响着消费者的注意力分配及后续的购买意愿（Fei et al.，2021）。例如，群发消息正是一种典型的直播社交线索，它在屏幕上闪烁出现，反映了观众的即时购买情况，当群发消息不断闪烁吸引观众注意力时，会激发消费者的从众心理，使得他们对其他人正在购买的产品产生积极的购买意愿。

8. IT 可供性的影响

直播购物的 IT 可供性（可视化可供性、元语音可供性及指导购物）可以通过直播购物参与度影响消费者的购买意愿（Sun et al.，2019）。因此，对于想要入驻直播电商的新兴平台来说，他们应当考虑增强平台的 IT 可供性，尤其是最大化发挥可视化和元语音的优势，同时也要考虑如何指导消费者选择商品。

9. 产品搜索便利性的影响

直播平台支持了产品搜索的功能，这一特征恰好迎合了消费者对平台的需求，它进一步减少了消费者由于搜索产品造成的时间和精力的浪费，因此消费者更愿意选择直播平台来购物（Chen et al., 2022a）。

10. 信息质量的影响

实时直播帮助消费者全面了解展示的产品，当直播能够完整全面地介绍产品的功能和特点时，它更容易说服消费者在直播平台上购物。但是，却未发现信息的准确性对消费者的购买意愿有影响，这可能是由于消费者观看直播的目的和偏好不同。在观看直播时，消费者主要关注直播的娱乐性和熟悉的主播，不会仔细关注信息是否准确，即使他们发现提供的信息有误，也倾向于不计较这种失误，且不会将其纳入购买产品决策的标准之中（Gao et al., 2021）。

电子商务中具有可信度、有用性和生动性的信息被认为是高质量的信息。直播平台提供高质量的信息有助于和消费者建立良好的关系，增强他们对平台的信任，有助于提高消费者的购买意愿（Zhang et al., 2021）。

4.2.2 对消费者享乐型和冲动型消费的影响

1. 主播吸引力的影响

由于直播电商为消费者提供了社交、商务和享乐的混合场景，消费者的享乐消费和冲动消费更易被触发。直播购物活动的新奇、有趣，让消费者体验到与众不同的快乐和趣味，并享受着和主播及其他参与者共同创造直播内容的过程，他们被这样的快乐和享受所吸引而消费，也会因为直播途中的享乐福利而购买。

冲动型消费是直播购物区别于传统电商最大的特点。直播打破了消费者正常的购买模式，产品以一种新奇的购物方式出现在他们面前，新颖生动的产品展示刺激着消费者的感官，同时主播反复地推荐和强调优惠限制，如某某明星同款、限量前 1 000 名、秒杀拼手速等口号，使得消费者意识到对产品的需求紧急，有迫切地想要获得产品的冲动。这也导致消费者经常在直播中出现计划外的购买行为，也就是冲动消费。

有吸引力的主播更受到消费者的欢迎，能够激发消费者购物的热情和意愿，对享乐型消费和冲动型消费有着积极的影响（Gao et al., 2021；Xu et al., 2020b）。所以对直播平台来说，招募的主播应当有着高度的吸引力，在了解消费者喜好后对主播的外貌、气质、交际等方面进行专门培训，打造具有吸引力的主播形象。

2. 准社会互动的影响

准社会互动是直播环境中的重要刺激，对促进用户行为有关键作用。直播创造了一种社交友好的虚拟环境，在这种环境下消费者容易对直播间的产品及人产生可靠的感觉，唤起他们的兴奋感和热情，从而影响消费者对产品和服务的态度，有助于消费者感知购物体验中的享受（Lo et al.，2022）。这表明准社会互动是一种关键的氛围刺激，可以强烈影响观众的情绪状态，从而激发享乐型消费和冲动型消费行为（Xu et al.，2020b）。

4.2.3　对电商直播平台持续使用意愿的影响

电商直播平台的持续使用意愿是指用户持续观看直播并进行购物的意愿。电商直播平台的同步性为卖家和消费者提供了双向互动的功能，这种技术特征克服了由于时空分离而产生的消费者对卖家和产品的不信任，使得消费者愿意持续关注直播和使用直播平台购物（Zhang et al.，2022）。

4.3　直播平台特征对用户行为的作用机制

4.3.1　认知机制

在电商直播中，用户对于产品的认知会受到直播间内各方面的影响而发生变化。以往的研究表明，电商直播平台的特征可以通过影响用户对于直播间产品的认知过程，如注意机制（attention mechanism）、认知同化（cognitive assimilation）、感知说服力（perceived persuasiveness）和感知实用价值（perceived utilitarian value），从而影响他们的行为。

1. 注意机制

电商直播在其界面上呈现了多种社交线索以体现其实时互动的特点，那么这些社交线索究竟是如何影响消费者的注意从而影响他们的购买行为的呢？回答这一问题对于平台更好地设计这些社交线索有着重要的指导作用。

注意是心理活动对一定对象的指向和集中（James，1890）。选择性注意理论（Posner，1980）认为，由于认知资源的有限性，一个人不可能同时注意到所有呈现出的刺激，只能有选择地注意某部分的刺激而忽视其他的刺激，因此注意力可分为内源性注意力和外源性注意力。内源性注意力是一种个体主动，由目标驱动的自上而下的注意力，与焦点目标直接相关。外源性注意力则是一种非个体自愿，由外部环境刺激引起的自下而上的注意力，受到由分散注意力的线索触发的刺激驱动。

在直播间中，消费者观看直播的主要目的是购买产品或是观看主播，他们更愿意主动将自己的注意力放到主播和产品上，因此消费者对主播和产品的注意是他们在电商直播平台上的内源性注意力。以往研究表明，获得注意的产品被选择的可能性更大（Janiszewski et al.，2013）。因此，内源性注意力会正面影响消费者的购买意愿，而直播视频中实时呈现的社交线索（如群发消息、交互文本）因其伴随着滚动和闪烁突然出现在屏幕上，其显著性会刺激消费者的视觉注意，产生外源性注意力。然而社交线索所产生的这类外源性注意力对消费者行为的影响却是复杂的，一方面，由于人类认知资源的有限性，根据注意力竞争理论（Busse et al.，2008；Serences et al.，2005），这类外源性注意力的捕获会引发内源性注意力的转移，分散消费者对主播和产品的注意；另一方面，这些不同的社交线索由于其特性存在差异，它们对内源性注意可能会产生负面削弱或正面溢出的不同影响。同时，这些社交线索对注意分配的影响还会受到平台上其他线索的影响。

针对上述社交线索影响的不确定性，Fei 等（2021）利用眼动跟踪技术深入探究了电商直播平台上两类重要社交线索（即群发消息和交互文本）如何影响消费者的注意力分配机制及其后续对消费者行为意愿的影响。其中，群发消息反映的是实时的消息栏通知，显示了实时购买的其他共同参与者人数，在该研究中通过每个直播视频中弹出的群发消息总频率来衡量群发消息；交互文本是指直播间的评论区，消费者和主播可以在公共弹幕上发表自己的评论和回复，在该研究中交互文本通过每个直播视频中出现的滚动文本的总字数来衡量。该研究通过眼动实验追踪了社交线索对消费者的内源性注意力和外源性注意力的影响，主播吸引力和社交线索对内源性注意力的交互作用，以及内源性注意力和外源性注意力对消费者最终购买意愿的影响，具体研究模型见图 4.2。其中，内源性注意力集中在主播和产品上，外源性注意力集中在两种社交线索区域。

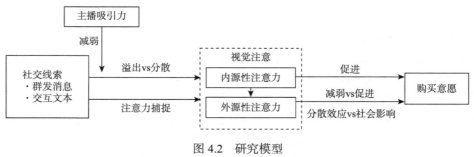

图 4.2　研究模型

资料来源：Fei 等（2021）

　　Fei 等（2021）的研究是目前仅有的一项将认知神经科学方法应用于电商直播的研究，其采用眼动追踪技术对直播观看者的注意机制进行了探究。对人类而言，大部分的信息认知处理都依靠视觉，由于眼球运动捕获了人类视觉信息的复杂过程，它被认为是视觉信息处理和认知处理中最重要的感官运动。眼动追踪技术常用来捕获个体的注意力，反映其眼球运动与接收信息时心理变化的关联性，通常用总注视时间、注视次数等作为研究变量。由于注意力是难以自我报告及主观观测到的，该研究通过眼动追踪技术捕获了内源性注意力和外源性注意力。该研究将直播界面划分为不同的兴趣区，内源性兴趣区包括主播面孔和产品，而外源性兴趣区则由两个子区域组成，一个是群发消息区域，一个是交互文本区域（图 4.3）。注意力数据通过眼动数据追踪得来，由于不同兴趣区的大小不同，以及不同被试眼动数据之间的差异，研究采用相对注意力数据作为测量指标。具体来说，将每个兴趣区的注视时间占总注视时间和注视点数占总注视点数的百分比在兴趣区面积大小层面和被试层面进行了标准化处理。相比于用户自我报告而言，实时客观的眼动数据从直观上加深了对直播中社交线索特征作用和潜在认知机制的理解。

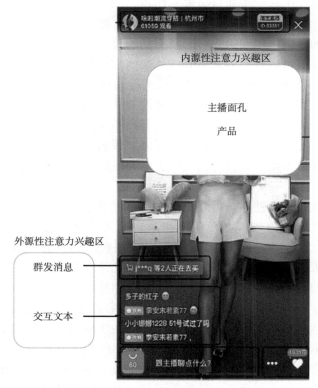

图 4.3　社交线索：群发消息和交互文本

资料来源：Fei 等（2021）

该研究认为当社交线索频繁地捕获更多注意力时，用户基于有限的注意力，不得不减少投入在产品和主播上的注意力，此时就发生了内源性注意力的转移。群发消息涉及其他人正在购买产品的提示性消息，对其余正在观看的用户具有积极的社会影响，其产生的从众效应导致他们的注意力进一步转移到产品和主播上，使他们迫切想要了解其他人正在疯狂购买的产品信息，此时群发消息的积极溢出效应超过了它对内源性注意力的分心效应。交互文本大多由没有积极和消极情绪的中性词组成，消费者面对与自己目标无关的交互文本很容易转移他们原本的内源性注意力。研究结果也证实，群发消息和交互文本都可以吸引消费者的外源性注意力，这两种社交线索的出现都会引起观看者对出现区域产生更多的关注。对于内源性注意力，群发消息和交互文本的作用不同。群发消息对内源性注意力具有正向溢出效应，群发消息的增加会使得消费者关注其他人正在抢购的商品，而交互文本的增加则捕获了消费者更多的注意力，使得人们对主播及产品的内源性注意力减少，成为直播购物的干扰。

在人机交互领域，人脸一直被认为是吸引视觉注意力的关键特征，由于主播在产品展示和推荐中起到了非常重要的作用，相对于社交线索而言，主播会吸引更多的注意力，因此主播的吸引力会一定程度上影响社交线索对注意力的分配。具有高吸引力的主播可以在第一时间吸引到消费者的注意力，使观众专注于倾听主播对产品信息的讲解，不必太多关注社交线索；具有低吸引力的主播则难以让观众保持专注，观众可能更加依赖社交线索帮助自己了解与产品有关的信息。Fei 等（2021）的研究也证实了主播吸引力会调节社交线索对注意力的影响，并且发现对于不同类型的社交线索，其影响也会有所不同。对群发消息而言，主播吸引力特征在直播时捕获了观众的大部分注意力，因而会减弱其对内源性注意力的积极效应，而交互文本则不太会受到主播吸引力的影响，它仍旧会干扰消费者的内源性注意力。

关于内源性和外源性注意力之间的关系，由于注意力资源的有限性，人们认为这两种注意力间存在着互相竞争的关系，也就是两者之间存在一种负相关关系。外源性注意力作为一种干扰因素，对内源性注意力具有负向竞争效应，它会抢夺人们对内源性注意力区域的关注，而内源性注意力也会自主控制注意来抑制外源性注意力的竞争。这意味着内源性注意力和外源性注意力影响消费者购买意愿的机制不同。Fei 等（2021）发现内源性注意力有助于促进消费者的购买意愿，内源性注意力越高，观众对产品和主播的关注越多，这增加了他们的购买意愿。但社交线索驱动的外源性注意力对购买意愿的影响则比较复杂，其影响与社交线索类型有关。群发消息的外源性注意力激发了观众的从众心理，使得他们更迫切地购买其他共同参与者正在抢购的产品，并且这种从众效应的积极影响超过了它对产品和主播注意力的分散作用，而交互文本产生的外源性注意力对购买意愿却没有影响，这可能是由于它与产品信息的相关性较低，交互文本的外源性注意力并不会影响到消费者对产品的认知。

关于社交线索的注意力机制的分析表明，直播平台上社交线索特征并不是越多越好，不同类型的社交线索所起的作用不同，有些社交线索的引入反而会起到负面效果。因此，平台管理者在设计平台特征时应谨慎考虑是否添加某些社交特征，如应减少交互文本，它会分散人们对产品和主播的注意力，而使用群发消息一定程度上能够增加人们对产品和主播的注意力，并提高消费者的购物意愿。在引入社交线索时，还要考虑到主播吸引力特征和社交线索间的负面相互作用，所以在主播吸引力低的情况下使用群发消息对促进用户购买行为似乎效果更佳。

除群发消息和交互文本两种社交线索外，电商直播平台还存在其他因素，如直播间跳出的折扣信息、抢购提醒、特写、单个或多个主播等，可能影响注意力机制，但现有研究还未曾探索过。未来的研究可以探讨更多可能影响用户注意力的平台特征，以丰富有关电商直播特征对用户行为的认知机制的研究。

2. 认知同化

认知同化是指人们在与外界刺激相互作用后调整自己的思想、信念或态度的心理过程（Ng et al.，2022）。在直播电商环境中，认知同化表示了观众现有的思想、信念或态度通过获得、同化和吸收直播影响而调整的程度（Xu et al.，2020b）。在电商直播平台上，观看者接触到大量的平台特征，获取到大量与产品有关的信息，对品牌或产品形成新的理解。直播平台提供了可供观众和主播之间进行准社会互动的环境，观众与主播间有着良好亲密的类似友谊的关系，使他们对主播充满信任，认为主播推荐的产品是可靠的、低风险的，因此他们的认知状态也会由于跟主播在屏幕前的互动趋于同化，而信息质量则与观众的认知状态改变有着直接的关系，来自直播平台上高质量的信息特征会提高产品的可信度，增强消费者对产品质量的信心，影响观众对产品的原有认知。

当受到上述这些特征刺激时，认知同化会诱发消费者的享乐型消费和冲动型消费行为。由于电商直播平台融入了娱乐性的特征，认知同化过程不断诱导着消费者相信购买主播推荐的产品可以使他们获得满足和快乐。同时，认知同化也使得消费者相信主播推荐的产品是符合自己的需求的，而直播的不断推荐提醒和时间优惠限制，使得观众认为产品是非常值得相信且有价值的，他们此时的认知急迫地令他们做出冲动购买的行为。

3. 感知说服力

感知说服力是指接收到的信息能够说服人们相信直播视频中提出的建议的程度，说服的成功能够使得观众对直播的态度发生改变。成功的电商直播多数情况下要通过严格的选品，为消费者提供有用的和高质量的产品信息，从而说服消费者进行购买。高质量的信息特征，如信息完整性和流通性，会使得消费者感觉到安心和信任，因此，他们对直播购物感知到更高的说服力。这是由于信息质量会影响到个体对信息的认知及处理，当直播提供的信息丰富且全面时，消费者会从潜意识里认为自己已经对产品有了非常全面充分的了解。信息质量特征对感知说服力的影响也被认为是电商直播平台独有的特征（Gao et al.，2021）。直播是以实时视频形式而非传统的文本形式，提供充足的动态产品信息，观众可以通过阅读主播和其他共同参与者的实时弹幕互动获取到更多和更新的相关信息，他们认为这样的消息更加具有说服力。因而信息完整性和流通性可以通过改变消费者的感知说服力来影响最终的购买意愿。除去高质量的信息特征，主播的相关特征，如主播的可信度和吸引力，也被认为会影响用户感知到的说服力。这是由于值得信赖和有吸引力的主播有着相当正面的形象，他们减少了用户因为不确定而产生的担忧，使得消费者对主播及产品有着更积极的态度，从而认为他们提供的产品信息更有说服力。具有说服力的产品信息减轻了消费者对直播购物过程的担忧，增强了他们购买的信心，降低了他们的决策成本，从而提高他们的购物意愿。

4. 感知实用价值

感知价值是指消费者对构成整个购物体验的主观和客观因素的总体评估（Wongkitrungrueng et al.，2020）。实用价值是感知价值的一部分，它是指人们在直播平台所获得的实用性和工具性收益，消费者往往通过感知到的产品的实用价值来评估产品并做出购买决策（Li et al.，2020）。除产品本身的特征外，与主播相关的其他特征也影响着消费者对产品实用价值的感知。例如，主播提供的人际温暖具备着利他的特质，让消费者认为该主播是值得信赖的，主播为直播购买决策提供了可靠的产品推荐和购买建议，帮助消费者找到更适合自己的商品，降低购物上的感知风险，因此具有人际吸引力的主播被认为是一种有价值的信息资源，他们能够为消费者带来实质上的好处。此外，直播间的消费者通常依赖主播的专业知识帮助决策，因为主播的专业性帮助消费者减少了在产品搜索和评估决策上花费的时间和精力，消费者得以充分了解产品和做出评估，按照推荐购买到最合适的产品。感知实用价值满足了消费者对于购物效率上的需求，帮助他们寻找到适合自己的产品，从而提高对产品的购买意愿（Guo et al.，2022b）。

4.3.2　情感机制

研究表明，在电商直播的过程中，一些平台特征会通过影响用户的情绪状态和购物体验从而影响用户的购买意愿和行为。其中，用户对环境的情绪反应可分为唤醒/困倦和愉悦/不愉悦两个维度（Mehrabian and Russell，1974），它决定着用户之后的购买行为。当用户处于愉悦状态时，唤醒会将用户更多的注意力集中到直播上，用户会倾向浏览更多直播间的产品，在这两种情绪状态下更容易产生冲动购买行为。电商直播平台的消费者情感反应的另一个重要方面是他们的直播购物体验及感觉。享乐价值反映出直播购物的潜在娱乐和情感价值，既包含直播浏览的乐趣，也涵盖了游戏化购物的娱乐。临场感和沉浸感则体现了用户参与直播购物情境时的心理状态，是用户在人机交互场景下的情感体验。电商直播平台通过影响用户的情绪状态和购物体验，改变着用户的购物行为和购买决策。

1. 唤醒和愉悦

唤醒是情绪状态的一个维度，它是一种从睡眠状态到兴奋状态的情感属性，它是决定着消费者是否会做出趋近行为的一种情绪状态，其中趋近行为包括探索环境、与他人交流或互动及停留在该环境中的意愿（Deng and Poole，2010）。个体的情绪水平将决定他的趋近行为，尤其在电商直播愉悦的环境下，观众愿意为他们的愉快体验做出享乐型消费行为（Xu et al.，2020b）。消费者倾向于花费更多的时间和注意力在浏览和选购商品中，电商直播平台的特征也使得他们对环境敏感度高，这样狂热的情绪引发他们进一步探索直播，也会进一步引发他们的冲动购买行为和享乐购买行为。在直播购物中，主播的吸引力、准社会互动等特征都会满足观众的实际需求或是娱乐体验，并使得他们感到兴奋。主播的高吸引力会激起观众的兴奋状态，唤醒他们的情绪，主播在直播中也担当着社交交互的发起者的角色，他们利用自己的社交能力和沟通技巧不断激发观众的社交需求，使观众逐渐参与到热烈的社交活动中，这样的准社会互动会唤起消费者的兴奋和情感上的满足，他们将在情感上投入更多。

愉悦/不愉悦是情绪状态的另一个维度，是指个人感到快乐（或不快乐）或满足（或不满足）的程度（Li et al.，2022b）。情绪状态常被用于研究在线购物环境中消费者行为的影响因素，是冲动购买行为的主要驱动力。在电商直播中，主播与观众通过实时聊天、点赞、打赏等方式互动，同时电商直播平台提供的各种信息技术功能更加人性化和个性化，将线下购物的互动体验带入电商环境中，使得观众产生与主播面对面交流的感觉。因此电商直播平台主播的社会存在和准社会互动特征增加了消费者直播购物过程中的愉悦感，从而对产品做出好的判断。在直播环境中，处于愉悦状态的消费者更加兴奋，对产品评价更为积极，并倾向于做出冲动购买的行为。

2. 感知享乐价值

在电商直播中，享乐价值是指人们在直播活动中感知到的娱乐和体验收益。

研究表明，主播的特征会积极影响消费者的感知享乐价值（Guo et al., 2022b；Park and Lin, 2020）。当直播中主播美丽且有吸引力时，观众在与主播互动过程中容易激发积极的情绪，为此着迷并认为这是一件愉快的事，尤其是性感的主播很有可能激发消费者的积极情绪，因此认为主播的外表吸引力特征会提升消费者的感知享乐价值。主播利用直播实时展示产品，在镜头前，他们往往会试穿（如服装类产品）和试用（如化妆品类），甚至利用他们的专业知识像模特一样走秀或传达化妆技巧，在介绍产品的过程中为消费者提供视听上的乐趣和享受。因此主播的专业性也具备着享乐价值。幽默风趣的主播以有趣的方式进行社交互动，消费者感到愉悦和情感上的释放，而热情的主播通过丰富的面部表情、语气和肢体动作，更容易感染消费者的情绪，使他们陷入兴奋。幽默、热情的直播风格能够强烈唤起人们积极的情绪，使直播氛围热烈且有趣味，为消费者带来享乐价值。消费者在电商直播平台上感受到的享乐价值越高，在电商直播平台上就会花费越多的时间以满足他们的情感需求，从而导致更强的购买意愿（Guo et al., 2022b）。

3. 沉浸感和临场感

沉浸感和临场感是用户高度参与直播过程中的心理状态。沉浸感是指消费者在直播中沉浸、参与和全神贯注的感觉，而临场感是指消费者感知到买卖双方之间的直接性（物理距离）和亲密性（心理距离）的程度（Sun et al., 2019）。电商直播平台的 IT 可供性为消费者参与直播购物活动提供了所需的技术能力，是保证观众产生深刻的沉浸感和临场感的关键。首先，直播的可视化特征帮助观众充分了解有关直播和产品的各种信息，观众在了解信息时会专注并沉浸于直播环境中。电商直播的实时性让观众感受到主播仿佛是一个真实显现在自己面前的人，而直播购物就和线下购物一样，主播就是正在给自己推荐产品的导购，这也使得消费者有种身临其境的感觉。元语音可供性实现了观众和主播以及其他参与者之间的直接同步交流，使消费者的注意力集中在直播活动上，从而产生直播环境中的沉浸感和临场感。同时，在互相交流的过程中，主播也会根据消费者的需求提供个性化帮助。例如，指导消费者购物，向他们提供一对一的实时回复，这样增强的互动也会为消费者创造沉浸感和临场感。在电商直播购物环境中，沉浸感和临场感是人机交互过程中非常容易产生的感知，也是电商直播用户参与的一个重要特点。用户感知到的沉浸感能够帮助用户从直播活动中感受到产品价值并且体验到愉悦感，使得他们对直播购物有着更积极的态度和更高的购物意愿。在直播环境中观众产生的强烈的临场感帮助他们感知到与主播的亲密关系，也有着身临其境购物的舒适愉悦，这都一定程度上降低了他们感知到的产品风险，增加了他们对主播和产品的信任感，激发了更高的购买意愿。

　　鉴于电商直播平台的 IT 可供性特征通过消费者直播购物参与的沉浸感和临场感的机制影响购物意愿，电商直播平台在实际中也应当最大限度利用可视化、元语音及购物指导的优势，让消费者在直播间有着更深的沉浸感和临场感，充分促进消费者的消费行为。

4.4　本章小结

　　受 5G 技术的影响，目前我国的电商直播行业处于快速发展的阶段，不仅传统的电商平台逐渐成为直播购物的主流平台，而且不少社交平台也添加了直播带货功能，向电商直播领域迈进。与传统线上购物相比，直播购物极大程度上降低了消费者在搜索产品上的时间成本和精力消耗，降低了消费者的决策成本，提升了他们的购物体验。电商直播平台融合了电商+社交的双重特征，包括了产品、主播、店铺、弹幕、聊天框、宝贝口袋、喜欢/点赞、转发/分享等基本元素，涵盖了与主播、社交、技术和信息等多方面相关的平台特征，这些特征分别通过认知和情感机制影响着消费者的购买决策和行为。对电商直播平台的管理者来说，如何最大限度地利用好平台特征，激发消费者的强信任和购物欲望是至关重要的。

　　本章在电商直播平台用户行为相关研究的基础上，对电商直播平台用户购买行为的影响因素及其作用机制进行了梳理和分析（附表 3 和图 4.4）。可以看到，关于电商直播平台特征，现有研究主要关注主播相关特征以及社交、技术、信息的个别特征，尚有其他一些特征的影响有待于未来研究；另外，现有研究大多采用在线问卷调查的方式进行，数据收集方法较为单一、主观，仅有一项研究采用眼动方法对电商直播中社交线索的注意机制进行了研究，研究方法的局限性限制了对电商直播平台用户行为背后的机制进行深入探究。认知神经科学方法因其相较于传统方法的优势，可以提供更为广泛的测量工具来探究电商直播情境下消费者行为的认知和情感机制，有助于更好地理解用户行为以优化电商直播平台的设计。例如，在认知机制方面，除了采用眼动追踪技术，还可以用 fMRI 等测量注意力；可以用事件相关电位技术测量用户从刺激呈现到做出反应连续时间段的脑电图，便于识别消费者的认知过程变化；在情感机制方面，可以用脑电技术结合光电容积脉搏波描记法（photoplethysmographic，PPG）测量个体的沉浸心流，其中脑电技术采集个体过程中的脑电指标，PPG 光敏传感器测量个体的心率指标；可以用脑电技术结合心电图、皮肤电反应等测量个体的情绪唤醒以及识别出情感变化的过程。总体而言，认知神经科学方法在电商直播领域的研究具有广阔的研究空间。

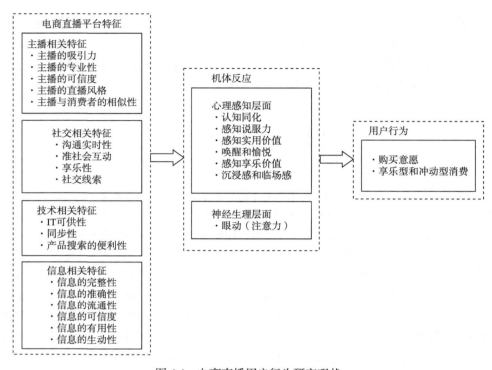

图 4.4　电商直播用户行为研究现状

第5章 虚拟现实环境下的用户行为

　　VR 作为新型媒体，其利用传感器、多媒体、计算机仿真、计算机图形学等技术，能够使人以沉浸的方式进入和体验人为创造的虚拟世界，具有沉浸性、交互性、想象性技术特征。自 2014 年以来，VR 开始进入消费级市场，各大国际科技巨头纷纷布局，引发全球范围内发展热潮。我国 VR 产业迅速跟进，科技创新活跃，硬件制造、内容应用开发及业务体验推广等产业链各环节快速发展，使得我国正在成为全球 VR 产业最具创新活力和发展潜力的地区之一。2018 年 12 月，工业和信息化部发布《关于加快推进虚拟现实产业发展的指导意见》，从核心技术、产品供给、行业应用、平台建设、标准构建等方面提出了发展 VR 产业的重点任务。同时，"十四五"规划也指出，要将 VR 及 AR 产业列为未来五年数字经济重点产业之一。元宇宙概念的兴起进一步驱动着 VR 技术的快速发展，VR 生态即将进入爆发期。VR 的飞速发展，吸引了国内外学者对这一新兴领域进行研究。本章在现有研究的基础上，对 VR 技术的发展、特征、应用场景等进行系统性梳理，从技术采纳行为、人机交互行为、消费者行为、消极行为等多方面对 VR 环境下的用户行为进行分析，探究临场感、心流、情感反应、心理所有权等潜在机制的作用，并为神经科学方法在其中的应用前景提供可能的见解。

5.1　VR 概述

5.1.1　VR 发展历程

　　VR 理论与实践经过了一代代人的完善与发展，回顾其发展历程，大体上可以分为以下四个阶段。

1. 第一阶段（1963 年以前）：VR 的前身

早在 20 世纪上半叶，人们对于视觉、听觉、动作等的探索性模拟已经蕴含着 VR 的思想。

1929 年发明家 Edward Link 研制了一种简单的机械飞行模拟器，能够模拟出俯仰、滚转与偏航等飞行动作，使乘坐者感觉像坐在真的飞机上一样，从而帮助飞行员进行模拟训练。

1935 年，科幻小说作家 Stanley G. Weinbaum 以更为具象和现代的方式进一步拓展了 VR 的构想。在名为"皮格马利翁的眼镜"的故事中，他提出了一个"魔法眼镜"的概念，这个眼镜能够模拟视觉、触觉、嗅觉、味觉等体验。这副"皮格马利翁的眼镜"被认为是世界上最早的 VR 眼镜雏形。

1956 年，美国摄影师 Morton Heiling 开发出多通道仿真体验系 Sensorama。这款设备通过三面显示屏来实现空间感，具有 3D 显示、3D 立体声音、振动座椅、模拟风和气味等功能，是现代 VR 设备的先驱，代表着创建多传感 VR 环境的第一次尝试。

2. 第二阶段（1963~1972 年）：VR 的萌芽

20 世纪六七十年代是 VR 思想萌芽阶段，随着技术的发展，特别是计算机的出现，VR 技术的实现具备了可能性。1965 年，计算机图形学之父、著名计算机科学家 Ivan Sutherland 发表论文"Ultimate display"（《终极的显示》）提出了感觉真实、交互真实的人机协作新理论，这篇论文也被视为 VR 的奠基之作。1968 年，他研制成功了带跟踪器的头盔式显示器——Sutherland，当用户转动头部的时候，计算机会实时计算出新的图形并显示出来。Sutherland 的出现，标志着头戴式 VR 设备与头部位置追踪系统的问世，为现代 VR 系统奠定了基础，Ivan Sutherland 也因此被称为"虚拟现实之父"。

3. 第三阶段（1973~1989 年）：VR 的产生和初步形成

20 世纪 70 年代，美国国家航空航天局开始了在 VR 领域的研发，开发出用于火星探测的 VR 视觉显示器。1984 年，Jaron Lanier 创办了 VPL 公司，提出并普及了 VR 这个术语。1989 年，VPL 公司推出了一套商业化的 VR 产品——eyephone。然而，由于计算机技术的不完善和不成熟，用户体验和沉浸感都相对较差。

4. 第四阶段（1990 年至今）：VR 的完善和应用

到了 20 世纪 90 年代，VR 迎来第一次热潮，在当时市场上出现很多与现在产品外观类似的产品。日本游戏产业飞速发展，各大游戏公司把 VR 视为游戏业的一次改革创新的机会，争相推出自己的产品。

21 世纪以来，随着计算机技术、图形处理技术、动作捕捉技术的进步，VR 技术高速发展，软件开发系统不断完善，硬件设备也不断迭代，VR 系统不断完善，其应用场景也在不断拓展。

2012 年，Palmer Luckey 制作出开发者版本的 Rift 头戴式显示器，随后，Palmer Luckey 成立了自己的公司 Oculus，2014 年被 Facebook 收购。2016 年，Facebook 正式发售 Oculus Rift 消费者版本，这是一款真正 PC 专用 VR 头戴式显示器。2020 年，Meta（前身 Facebook）推出的 VR 一体机 Oculus Quest 2 是首款搭载高通骁龙 XR2 平台的 VR 设备，号称能提供目前最先进、最具沉浸感的 VR 游戏体验。Oculus Quest 2 在 2021 年的销量已经超过 1 000 万台，远远超越其他 VR 设备，成为当下受欢迎的 VR 头戴式显示器之一[①]。

2021 年，元宇宙概念引爆互联网。元宇宙是指利用科技手段进行链接与创造的、与现实世界映射与交互的虚拟世界，其是具备新型社会体系的数字生活空间。元宇宙的核心是互联网体验的升级，VR 环境是实现元宇宙的基石。

VR 从其萌芽到今天的日渐成熟已经走过了相当长的一段风雨历程。随着计算机、几何建模、3D 等技术的飞速发展，VR 在生产生活中的应用日益广泛。在未来，随着现代技术的发展，VR 将有更大的发展应用空间，元宇宙的构想或许可以成为现实。

5.1.2　VR 系统

VR 的含义有广义和狭义之分。狭义的 VR 是指利用计算机生成虚拟世界，该虚拟世界具有沉浸性、交互性、想象性。广义的 VR 系统还包括 AR 和 MR（mixed reality，混合现实）。

增强现实是一种实时地计算摄影机影像的位置及角度并加上相应图像、视频、3D 模型的技术，这种技术的目标是在屏幕上把虚拟世界合成到现实世界并进行互动。与在 VR 环境下看到的场景和人物全是虚拟的不同，增强现实看到的场景和人物一部分是真实的，一部分是虚拟的，是把虚拟的信息带入现实世界中，增强现实是利用虚拟手段对现实世界的一种补充。日本任天堂公司推出的 Pokemon Go 就是运用增强现实技术，玩家可以通过手机屏幕在现实环境里发现精灵，然后进行捕捉或者战斗。

混合现实是 VR 技术的进一步发展，该技术包括了增强现实和增强虚拟，是指介于真实世界和虚拟环境之间的一种新的可视化环境，是 VR 技术的升级，将虚拟世界和真实世界合成一个无缝衔接的虚实融合世界，其中的物理实体和数字

---

① 资料来源：https://www.idc.com/getdoc.jsp?containerId=prUS48969722。

对象满足真实的三维投影关系。在理想的混合现实环境中，用户难以分辨真实世界与虚拟世界的边界。例如，医生戴着混合现实眼镜做手术，将患者患病部位的3D全息影像模型在眼前缩放、旋转、改变透明度，还可把其与现实的病灶叠加重合，也可根据需要选择想看的部位，去掉不想看的部位，以更好地了解病灶或模拟切除后缺损的立体构象。

　　广义的 VR 中不同概念总结如图 5.1 所示，本章仅讨论创造虚拟世界的 VR，即狭义的 VR。

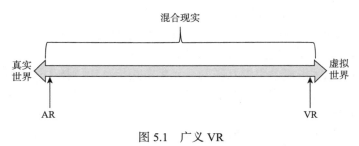

图 5.1　广义 VR

1. VR 系统的构成

　　VR 系统主要由 5 个部分组成：专业图形处理计算机；输入输出设备；应用软件系统；数据库；VR 开发平台（图 5.2）。专业图形处理计算机和 VR 输入输出设备是系统的硬件保障。VR 开发平台用于三维图形驱动的建立和应用功能的二次开发，同时是连接 VR 外设、建立数学模型和应用数据库的基础平台，负责整个 VR 场景的开发、运算、生成，连接和协调各子系统的工作和运转。应用软件系统建立输入输出设备到仿真场景的映射，利用专业工具和场景图来完成几何建模、运动建模、物理建模、行为建模和声音建模等，数据库完成对场景中数据的管理与保存。

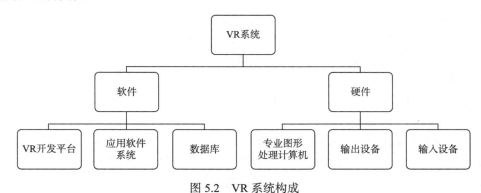

图 5.2　VR 系统构成

　　与 VR 用户联系最密切的是 VR 系统中的输入输出设备，在虚拟世界中，设备需要识别用户输入的信息，并将信息及时反馈，以实现人机互动。用户可以通过指向、单击、旋转头部等涉及人类触觉和视觉系统之间协调的动作与三维虚拟世界进行交互。目前，随着功能丰富的 VR 可穿戴设备的出现，用户可以通过更多方式与虚拟环境进行交互，触觉反馈、动作捕捉、视觉交互、表情追踪等成为人机交互方式的新趋势。例如，触觉手套可以通过机械控制的外骨骼模拟重量和力的感觉，并且可以用传感器来捕捉动作，包括手指的弯曲。Meta 在 2021 年公开的触觉手套原型可以在手上的不同部位产生不同的压力，当用指尖触摸一个虚拟物体，会感到物体压迫手部皮肤，而握着一个虚拟物体，手指的驱动器就会变硬，产生一种阻力感，这些感觉与视觉和听觉感知共同作用，从而产生身体与虚拟物体接触的错觉。

2. VR 系统技术特征

VR 不仅能产生视觉、听觉刺激，还能产生一个独立于现实世界的三维虚拟世界，以提供更多的感官输入和输出。VR 环境下的感官输入和输出包括三维空间中的运动、触觉（即接触或触摸感）反馈和模拟真实感觉的声音等，VR 环境中的用户能够直接与虚拟空间中的虚拟对象交互，并在空间环境中导航，从而体验更高级别的交互性。

美国科学家 G. Burdea 和 P. Coiffet 在 1994 年出版的 *Virtual Reality Technology* 一书中总结了 VR 技术的三要素：沉浸性（immersion）、交互性（interactivity）、想象性（imagination）（Burdea and Coiffet，1994；邹湘军等，2004）。

1）沉浸性

沉浸性是 VR 技术最主要的特征，是指用户感受到被虚拟世界所包围，好像完全置身于虚拟世界之中一样。VR 技术最主要的技术特征是让用户觉得自己是计算机系统所创建的虚拟世界中的一部分，使用户由观察者变成参与者，沉浸其中并参与虚拟世界的活动。这种沉浸性的实现主要来源于对虚拟世界的多感知性，多感知性是指除了一般计算机技术所具有的视觉感知之外，还有听觉感知、力觉感知、触觉感知、运动感知，甚至包括味觉感知、嗅觉感知等。理想的 VR 技术应该具有一切人所具有的感知功能。但鉴于目前技术的局限性，在现在的 VR 系统的研究与应用中，较为成熟或相对成熟的主要是视觉沉浸、听觉沉浸、触觉沉浸技术，而有关味觉与嗅觉的感知技术正在研究之中，目前还不太成熟。

2）交互性

交互性是指用户对虚拟环境内物体的可操作程度和从环境中得到反馈的自然程度。交互性的产生主要借助于 VR 系统中的特殊硬件设备（如数据手套、力反馈装置等），使用户能通过自然的方式交互，产生如同真实世界中一样的感觉。

交互性主要由以下三个维度构成。

（1）用户输入后影响虚拟环境所需要的时间。时间越短，交互性越强。

（2）虚拟环境交互方式与真实环境的相似性。例如，在 VR 游戏中转动方向盘可能会使虚拟汽车相应地移动，或者在佩戴手套控制器时模拟投掷棒球的动作可能会启动投掷虚拟棒球。相似性越高，交互性也越强。

（3）可修改的参数包括时间顺序、空间组织（物体出现的地方）、强度（声音的响度、图像的亮度、气味的强度）和频率特征（音色、颜色）等。可修改的参数越多，交互性就越强。

3）想象性

想象性是指虚拟的环境是通过人想象产生的，是设计者借助 VR 技术，发挥其想象力和创造性而设计的。VR 技术不仅仅是一个媒体或一个高级用户界面，同时它还是为解决工程、医学、军事等方面的问题而由开发者设计出来的应用软件。VR 技术的应用，为人类认识世界提供了一种全新的方法和手段。采用 VR 技术可以重新创建现实中的场景，从而减少通常需要大量时间、精力或财政资源的活动的资源成本。例如，虚拟化汽车能够很容易地以低成本复制并呈现给客户，而无须客户花费时间和精力现场查看。类似地，学生们可以在虚拟教室中进行合作，更加方便且效率得到提高。同时，在 VR 环境中可以创建物理世界中不存在的对象或环境，此外，还可以克服时空线性的限制。一般来说，我们只能观察当前存在的世界，但虚拟化提供了查看以前存在的地方、对象或它们将来如何存在的功能。

3. VR 系统分类

在实际应用中，根据沉浸性程度和交互程度的不同，VR 系统可以被分为低沉浸式和高沉浸式两类。

1）低沉浸式 VR 系统

低沉浸式 VR 系统通常使用电脑屏幕展示模拟的环境，用户可以使用键盘、鼠标与虚拟环境进行交互。低沉浸式 VR 技术可以增进产品展示的效果且具有较强的灵活性，因此低沉浸式 VR 技术目前已经被应用于广泛的商业领域，如在线广告、电子商务平台、旅游产业等。

2）高沉浸式 VR 系统

高沉浸式 VR 系统通常利用头戴式显示器（图 5.3）或洞穴状自动 VR 系统（图 5.4）体验模拟环境。使用者获得视觉、听觉、触觉、嗅觉等多个感官的刺激，如同身历其境一般，可以及时、没有限制地观察三维空间内的事物。例如，在 VR 购物环境中，佩戴头戴式显示器的消费者可以进入一个类似现实世界的虚拟商店，在商店中自然地走动，并使用导航设备抓取产品，并且从不同角度查看产品，消费者甚至可以与作为化身出现的销售人员或朋友进行交流。随着技术的发展，高沉浸式 VR 硬件与辅助设备价格在不断下降，各大公司逐步推出商用产品，因此高沉浸式 VR 具有广阔的应用前景与商用价值。

图 5.3　头戴式显示器

图 5.4　洞穴状自动 VR 系统

5.1.3　VR 应用场景

随着 VR 技术和产业链逐渐成熟，VR 应用场景也逐步落地，其中购物、娱乐、医疗、教育等是最主要的应用领域。

1. VR 购物

目前，VR 技术在互联网购物中的应用越来越广泛，通过 VR 技术可以将网页中平面的产品立体化，也可以搭建虚拟超市情景，消费者通过穿戴 VR 设备就能实现足不出户的沉浸式购物体验，即使在虚拟环境中，也可以对产品有较好的了解（图 5.5）。VR 商店不仅可以提供在线商店中提供的所有服务，而且利用 VR 功能，虚拟商店可以采用若干实体商店属性，采用实体店的外部和内部装饰、店面、布局和产品展示方式等。此外，与在线商店相比，消费者能与 VR 商店进行更高层次的互动。除了结合实体店和在线商店的功能外，导航和布局线索使得 VR 商店具有更加丰富的维度和更加奇妙的体验，用户可以通过化身的移动查看商店的内部和外部，并更快地移动到商店内的特定位置。这意味着零售商可以选择开发多个虚拟商店，从而通过引导化身到与其偏好匹配的虚拟商店来控制人流量或者进行定制服务。此外，VR 环境中的用户之间的社会关系也会影响购物行为。

图 5.5　虚拟超市购物

　　VR 技术在互联网购物中的应用是各大企业正在积极研发和部署的新型购物实践，国内电子商务巨头阿里巴巴、腾讯，美国的百货公司梅西百货，瑞典汽车制造商沃尔沃、瑞典家具制造商宜家，法国大型超市家乐福、旅游业巨头万豪国际等众多企业都推出了 VR 购物项目。

　　VR 购物不仅可以增加销售额，还可以为企业创造竞争优势。例如，耐用品的市场成功与否在很大程度上取决于消费者的体验，VR 可以更加生动地展示新产品的特征，更好地模拟和捕捉这些消费者体验，从而能够激发更加真实的消费者行为，促进消费者信息搜索、偏好和购买之间的行为一致性，能够对新产品的销量等数据进行有效预测（Harz et al.，2022）。因此，理解 VR 购物环境中的消费者行为以更好地设计 VR 购物环境，对于研究人员和零售商都非常重要。

2. VR 娱乐

1）VR 游戏

　　VR 游戏是让体验者进入可交互的虚拟场景进行互动的游戏，通过电子技术模拟出虚拟的游戏世界，以及视觉、听觉、触觉等，使用者可以身临其境地自由地与游戏世界内的事物进行互动。

　　VR 技术对电子游戏而言是一场革命。过去的电子游戏无论画质多么逼真，都不能使玩家有身临其境的感受，而 VR 技术能够弥补这一缺陷。VR 技术与电子游戏、互联网结合的结果，是在以往电子游戏的平面人机互动基础上变革为三维沉浸人机、人人互动的虚拟世界娱乐。

　　从某种程度上讲，从虚拟世界中脱离变得更困难。游戏者的注意力被完全投射在 VR 游戏世界中。传统的电子游戏是面对屏幕，操纵游戏手柄或电脑键盘，只有屏幕这块小小的空间属于游戏世界，人的视觉、听觉都受到客观环境的干扰；而在 VR 带来的与现实完全隔绝的游戏环境里，游戏者完全投入，注意力完全沉浸在其中。

2）VR 社交

　　随着元宇宙概念的兴起，社交 VR 引起了更多的关注。网络虚拟游戏《第二人生》（Second life）在通常的元宇宙的基础上提供了社交网络服务，居民们可以四处逛逛，会碰到其他的居民，参加个人或集体活动，制造物品和交易虚拟财产和服务。《第二人生》对流行文化、商业和教育领域产生了影响。例如，日产、喜达屋酒店、丰田等商业组织在《第二人生》中拥有或曾经拥有建筑物，许多大学如爱丁堡大学都在那里设立了分校。

　　除了《第二人生》外，越来越多的社交 VR 产品进入了大众的视野。例如，成立于 2014 年，以"VR+社交"为定位的平台 VRChat，它目前是 Steam 和 Oculus Rift 商店中排名第一的免费 VR 应用程序，拥有超过 40 000 名同时在线玩家、数十万个世界和超过一千万个独特的头像。VRChat 允许玩家个性化定制他们的 VR 体验，包括自定义头像、场景/世界、游戏、活动等，玩家可以凭借 3D 角色模块与来自世界各地的其他玩家一起探索、社交和创造。由于 VRChat 拥有自由的社区环境，它不仅成为玩家在线活动与虚拟聚会的场所，也成了一种与目前元宇宙等概念密切相关的社会文化现象。

3. VR 医疗

VR 在医疗领域的应用主要如下：虚拟手术、数字医院、医学模拟演示、实训模拟演示、实训教学演示、医院虚拟仿真系统、虚拟医学仿真等。通过 VR 技术模拟，指导医学手术从术前、术中到术后所涉及的各种过程，如手术计划制订、手术排练演习、手术教学、手术技能训练、术中引导手术、术后康复等。此外，VR 也被积极应用到心理健康领域，进行心理干预。

4. VR 教育

利用 VR 技术创设虚拟实验室，是当今教育领域中比较常见的一种方式。由于很多的实验教学存在实验器材昂贵、实验过程比较长、实验过程存在危险等问题，采用传统的方法往往不能有效地开展。但是，利用 VR 技术，就能够构建一个与实物等同的三维物体，如虚拟的医学教学场景、物理实验室、化学实验室、驾驶实验室、摄影实验室、虚拟演播厅等，在这样一个虚拟实验室中，学生可以使用虚拟的仪器进行操作，从而获得与现实中等同的效果，教师也可以对学生给予及时的实验指导。这种虚拟实验室可以有效地解决传统实验教学中受到空间、时间等客观因素影响的不足，学生只要登录虚拟实验室，就可以进行操作训练。这样不但可以提高教学的效果，节约教学成本，也可以激发学生学习的热情与主动性，此外，也可以避免一些实验带来的安全问题。

一些学者也研究了 VR 教育环境应用的有效性。Chau 等（2013）评估了 VR 环境如何帮助学生取得学习成果，发现 VR 环境确实可以帮助学生通过建构主义学习获得学习成果，使用 VR 环境作为教育平台具有应用价值。Sung 等（2021）发现与视频条件相比，VR 模拟提高了沉浸性感知，从而对学习态度和学习兴趣产生了积极影响。

5.2　VR 环境下的用户行为研究

VR 的应用场景越来越广泛，在这样的虚拟场景下，用户的体验如何，以及用户的行为与现实环境相比发生哪些变化？这些问题吸引了众多国内外学者进行研究。我们将在现有研究的基础上，对 VR 环境下的用户行为进行梳理和探讨。同时，为了解认知神经科学方法应用于 VR 环境下用户行为研究的现状，我们在 Web of Science 上检索以"virtual reality""VR""fMRI""EEG"等神经科学方法术语为主题的论文，排除相关性较低的学科领域，初步获取该领域文献样本 80 篇[①]。通过浏览标题及摘要进一步进行文献筛选，同时结合追溯法补充遗漏的重要文献，最终获得 12 篇与 VR 环境下的用户行为相关的文献（见附表 4）。综合这些研究，我们将探讨在购物、娱乐、医疗、教育等 VR 应用场景中的技术采纳行为、人机交互行为、消费者行为等。

5.2.1　技术采纳行为

用户采纳行为是用户使用、持续使用、转移等行为的基础环节。目前，VR 环境下用户采纳行为研究主要集中在不同场景下用户对 VR 技术的接受行为上（王晰巍等，2020）。研究表明，虽然使用 VR 技术的场景不同，消费者使用目的和潜在机制存在差异，但是 VR 与传统应用环境的结合具有可行性，与传统媒体环境相比，VR 环境对用户满意度、态度、行为意愿等有着积极的影响。

在旅游行业，相关研究表明，利用 VR 技术进行虚拟游览可以提高用户临场感，提高用户对于酒店的使用意愿，从而促进用户使用行为，提高用户对于目的地的旅游意愿（Bogicevic et al.，2019）。

对于 VR 在体育行业的技术接受行为研究，Kim 和 Ko（2019）在被试间进行了一项 2（媒体类型：VR 与二维屏幕）×2（竞争：高与低）的组间对照实验研究，探究影响观众心流体验的因素，考察心流体验对观众满意度的影响从而分析用户技术接受的影响因素，结果表明，与传统媒体相比，VR 通过提高生动性、交互性和临场感，在更大程度上放大了观众心流体验。

对于虚拟购物的技术接受行为，Peukert 等（2019）开发并实验验证了一个解释了沉浸性如何影响采纳行为的理论模型，解释了用户是否以及为什么会采用 VR 环境进行购物。研究发现，沉浸感对用户重新使用购物环境的意图没有影响，因为存在着相互抵消两条路径。一方面，高度沉浸式购物环境通过临场感在享乐路径上产生积极影响；另一方面，高度沉浸式购物环境通过产品诊断性消极影响了实用路径，因为通过 VR 环境进行购物，产品信息的可读性较低。该研究

---

① 检索词：TS=（"neurons" OR "neuroscience" OR "Neuro Information Systems" OR "Neural Information Systems" OR "neural science" OR "skin response" OR "Hormone" OR "eye movement" OR "eye track*" OR "pupillometry" OR "electroencephalography" OR "electrocardiogram" OR "electromyography" OR "EEG" OR "ECG" OR "EKG" OR "fMRI" OR "fNIRS" OR "ERPs"）AND TS=（"virtual reality" OR "VR"）。

指出，当技术进一步发展时，VR 的全部潜力将得到进一步开发。

对于社交 VR，Lee 等（2019）在技术接受模型（technology acceptance model，TAM）的基础上，加入感知享受、社会互动对模型进行拓展来分析社交 VR 的可接受性，对用户采用行为进行了分析，探究社交 VR 如何影响消费者的使用意愿。研究表明社会互动和社会联系的强度增加了感知的享受从而显著影响使用意图。此外，经济因素、社会因素和诸如逃避现实、娱乐、幻想、享受等体验因素对社交 VR 的接受度及使用满意度起着重要作用（Jung and Pawlowski，2014）。

从现有的 VR 技术采纳行为研究来看，学者们多采用访谈、问卷调查、实验设计等实证研究方法，对神经工具的应用较为匮乏。教育领域学者尝试利用面部肌电图探究 VR 教育的有效性，发现与视频条件相比，VR 环境的沉浸性更高，从而对学习态度和学习乐趣产生了积极影响（Sung et al.，2021）。这说明利用神经工具探究技术采纳行为具有可行性。同时，由于 VR 技术强调其独具的沉浸性体验，在生理层面进行相关研究有着重要意义，通过收集用户在 VR 环境中生理数据（皮肤电信号、心电信号、体表温度、呼吸频率、脑电信号等），与心理层面、行为层面相结合，进行多方法、多指标的集成，有助于从不同层面对 VR 技术采纳行为进行更全面的分析和研究。

5.2.2　人机交互行为

VR 环境下人机交互行为研究主要集中于交互界面设计、交互方式优化、多感官线索及化身体验等方面。

1. 交互界面设计研究

VR 环境下的用户交互界面主要关注用户界面友好性、可用性及有效性设计。Bruno 和 Muzzupappa（2010）通过比较"用户—真实产品"交互和"用户—虚拟产品"交互，对 VR 交互界面可用性进行评估，结果表明 VR 是产品界面可用性评估传统方法的有效替代方法，与虚拟界面的交互不会使可用性评估方法本身失效。

2. 交互方式优化研究

在用户交互方式的优化环节，手势交互设备的出现开创了多模态人机交互研究，改善了人机交互体验。Erra 等（2019）利用 VR 环境中的自然用户界面设计了几个界面，并将它们与传统的鼠标键盘和游戏手柄配置进行了比较。结果表明，尽管这些 VR 技术比传统技术更具挑战性，但它们在完成可视化任务及构建三维图形过程中促进了用户参与。Liu 等（2019）调查了基于手势的交互模式，即空中手势和触摸屏手势，与基于鼠标的交互相比，是如何通过激发心理意象（即触觉意象和空间意象）从而影响消费者的虚拟产品体验的。此外，还探讨了如何设计视觉产品展示来促进不同类型的交互模式。研究发现触摸屏手势在引发触觉意象方面优于空中手势和基于鼠标的交互，在使用 3D 演示时，空中手势在引发空间意象方面优于触摸屏手势和基于鼠标的交互。

3. 多感官线索研究

在用户人机交互体验中，多感官线索是重要的影响因素。在视觉交互方面，Luangrath 等（2022）探讨了替代触摸，即在数字环境中观察手与产品的物理接触。该研究将神经技术与 VR 技术相结合，要求全程测量心率的被试进入 Oculus Rift VR 头戴式显示器的虚拟商店后接近一件衬衫，通过不同的方式与衬衫进行交互。在触摸条件下，参与者看到一只手伸出并触摸一件衬衫。在光标条件下，光标位于产品上方，并且没有手。在非接触条件下，参与者看到一只手，但它没有触摸产品，而是伸出手抓住附近货架上的一根杆子。结果表明，与非触摸相比，在 VR 零售店观看触摸的消费者表示愿意为该产品多付 32.5%。此外，对 VR 环境反应较大的人来说，即对心率较高的人来说，替代触摸对产品估价的影响更大。

在视觉听觉跨感官交互方面，Vinnikov 等（2017）假设视觉注意力可以作为一种工具来调节来自多个声音源的声音的质量和强度，从而有效和自然地选择空间声音源。因此，该研究引入"用户注意力驱动的注视—音频增强技术"，允许实时跟踪用户的注视并根据当前明显关注的区域修改说话者的音量。在该研究中，被试佩戴 EyeLink 1000 眼动仪在六种不同的视觉听觉跨感官交互技术情景下完成演讲者识别任务。具体地，用户被要求想象他们正在参加一个讨论小组，小组成员都是虚拟人物。在讨论环节中，每个虚拟人物都谈论了随机选择的话题。每个演讲片段都是一段大约一分钟长的重复独白。在每次试验开始时，被试都会得到一个关键词并要求确定哪个虚拟人物正在谈论所指示的主题。引入"用户注意力驱动的注视—音频增强技术"组，用户注视目标人物的时间越长，目标人物的声音就越大，而其他目标则变得更安静。该研究发现，引入"用户注意力驱动的注视—音频增强技术"能够增加虚拟环境逼真感，从而促进有效交互。

另外，有研究对比听觉、触觉和视觉线索对用户体验的影响，发现听觉和触觉线索对任务绩效和用户体验有显著影响，尽管增加多模态信息内容可能会破坏虚拟环境保真度，但会提高使用性能和用户的整体体验（Cooper et al., 2018）。

4. 化身体验研究

在人机交互中，术语化身（avatar）被定义为在线或虚拟环境中人类数字表示的标签。尽管在 VR 环境下可以不使用化身，但人们非常重视提高用户与虚拟角色之间的互动。通常，化身是具有真实面孔的虚拟人类。无论是用于工作、学习，还是用于娱乐（如虚拟会议、在线学习、虚拟商场购物、即时通信），化身越来越多地被用于人与人之间的交互。随着不同功能的传感器技术的更新迭代，VR 环境中的化身不仅可以实现动作捕捉，也可以进行眼动交互及面部表情追踪。因此，真实的动作、眼神、面部表情可以被传输到虚拟世界，模糊了现实世界和虚拟世界之间的界限。VR 人机交互体验的核心是化身问题，用户可能将化身视为自我的直接延伸，或视为与自我分离的不同的实体，对人机交互行为有着重要影响。开发人员长期以来一直致力于创建更真实的虚拟化身，因为更加真实的化身被认为比不太真实的化身更受欢迎。Wrzesien 等（2015）评估了化身与用户的身体相似性的作用，结果同样表明，观察与被试相似的化身对被试的情绪效价和唤醒有着显著更大的影响。同样地，Suh 等（2011）提出了一个基于双重一致性视角（自我一致性和功能一致性）的概念框架，发现虚拟化身与其用户的相似程度越高，用户对虚拟化身的积极态度（如情感、联系和热情）就越高，并且能够更好地评估产品的质量和性能。最终，这些对化身及其有用性的积极态度会积极影响用户使用化身的意图。

然而，在化身领域存在着恐怖谷效应，该理论认为，当化身接近真实但未完全达到时，用户的亲和力会急剧下降，因为逼真但不完全真实的体验可能引发不适情绪（Mori，2012）。Seymour 等（2021）通过实地研究来调查用户是否对具有两种真实感水平的化身有不同的亲和力、可信度和偏好，其中一种接近人类，另一种是卡通漫画。研究表明，被试对两个化身都有着积极的评价，同时认为他们的真实感水平不同。然而，被试认为真实的人类头像更值得信赖，对它有更多的亲和力，并且更喜欢它作为虚拟代理。通过 VR 途径参与的被试对逼真的人形头像有着更强的亲和力和更强烈的偏好。该研究表明，随着技术的发展，目前实时渲染的人类真实化身技术已经可以穿越恐怖谷，避免恐怖谷效应。

因此，代表用户实际外表的化身可能有助于体验和评估与用户在现实世界中的生活相关的一些业务领域，如虚拟服装购物、配对、整形手术、健身俱乐部等，如何利用这些化身是学术界和业界共同面临的问题。

5.2.3 消费者行为

VR 技术在互联网购物中的应用也越来越广泛，一些学者对 VR 环境中的消费者行为进行了研究。

1. VR 购物环境设计对消费者的影响

　　VR 商店特征包括产品的多样性、产品陈列方式、能否快速访问和轻松浏览商店、产品价格和商店氛围，对访问 VR 环境下商店的购物者和非购物者都发挥着重要作用（Krasonikolakis et al., 2014）。此外，对于从未在 VR 环境中进行过购买行为的用户，VR 商店的安全和隐私问题也会对消费者行为产生影响（Krasonikolakis et al., 2014）。另外，访问 VR 环境商店的频率和在商店中花费的平均时间直接预测了在虚拟环境中花费的金额，而虚拟世界和物理世界之间的感知相似性无法预测花费的金额，这与传统零售渠道和虚拟零售渠道在消费者的感知上存在很大差异的观点是一致的。

　　在 VR 世界中，模拟真实的步行并追踪具有空间上的限制。因此，瞬间传送成为代替直接移动的可行方案，从而使沉浸式 VR 购物能够在更小的空间内进行（图 5.6）。

图 5.6　使用点击式瞬间传送在虚拟商店移动

　　结合神经科学工具，Schnack 等（2021）通过脑电图对比了瞬间传送与运动跟踪两种不同 VR 商店设计对消费者情绪或购物结果的影响。脑电设备通过使用头戴式传感器来测量大脑产生的电活动，并提供个人认知过程的见解。脑电图可以提供购物者情绪的客观表征。在该研究中，71 名佩戴无线 EPOC+脑电设备的被试被分为两组。一组在实验室中实际行走，通过运动跟踪技术捕捉他们在两个跟踪传感器之间的物理运动，并将位置变化转化为虚拟商店中的类似运动。另一组被试在物理空间中保持静止，并通过即时传送的方式在虚拟商店中移动，他们使用手持控制器来激活虚拟指针，将其指向所需位置，然后单击以激活到该位置的远程传送。该研究通过脑电图收集被试参与度、兴奋度和压力的指标，研究结果表明，尽管被试总体上体验到的兴奋程度相对较低，压力水平较高，但是无论是总体水平还是在单个购物阶段，移动技术都不会导致参与度、兴奋或压力的变化。这表明基于控制器的瞬间传送技术在虚拟模拟商店环境中的移动是物理步行的合适替代方案。

2. VR 环境下的消费者信息搜索行为

信息搜索是消费者做出最终购买决策的重要前提。过去已经有不少研究对传统购物环境和网络购物环境的消费者搜索行为进行研究，那么在 VR 购物环境下消费者会有不一样的信息搜寻行为吗？

对于虚拟购物环境的消费者信息搜索行为，眼动数据可以提供消费者在 VR 购物环境中进行信息搜寻的认知加工处理的详细反映，如观察虚拟场景中的产品包装、商品的货架陈列等。通过眼动追踪技术追踪虚拟购物环境下消费者购买行为，有学者发现消费者的购买选择与他们对商品的注视持续时间存在着紧密的联系（Bigne et al., 2016; Melendrez-Ruiz et al., 2022）。Bigne 等（2016）在快消产品虚拟商店背景下，研究了注视行为对预算内购买决策的影响。该研究通过洞穴状自动 VR 系统设计了一个虚拟超市的沉浸式环境，该环境通过三面墙和一个能够显示立体图像的地板进行投影，并且进行位置追踪。被试佩戴无线眼动追踪眼镜，配备基于视频的瞳孔和角膜反射系统及头部追踪洞穴状自动 VR 系统，该系统以 50 赫兹的频率记录数据，以 25 赫兹的频率记录场景视频。两台摄像机记录了参与者的眼球运动和参与者观看的虚拟场景。被试在该环境中按照他们的常规购物模式购买总价格不超过 15 欧元的啤酒。结果表明，对某个具体品牌的高度关注和不同品牌之间缓慢的眼球运动会导致同一产品类别中的额外品牌购买行为，消费者会追求品牌多样性，即购买不同的品牌。类似地，Melendrez-Ruiz 等（2022）探索了虚拟超市中注视行为与食物选择之间的联系，再现了现实的选择情境。被试佩戴具有眼动追踪技术的 Gear VR 头戴式显示器，根据四种不同动机的情景（健康、环境、享乐和日常）进行食物选择。被试必须从虚拟超市的 48 种产品中选择三种来制作一道主菜。其中，肉类、豆制品、主食和蔬菜四个食物类型各有 12 种产品。结果表明，产品选择与注视时间具有显著的正相关关系。

Pfeiffer 等（2020）利用眼动追踪技术分析了消费者在 VR 购物与实体店购物中的信息搜索行为。该研究收集了 VR 购物和实体商店购物的眼动数据，分别采用三种机器学习的分类算法（二元逻辑回归、随机森林、支持向量机）构建预测模型，预测消费者的购物动机。其中，消费者购物动机可以分为目标导向搜索和探索导向搜索。进行目标导向搜索的消费者在浏览商品时更加关注产品的细节，针对目标商品特征进行了有效的信息搜索；而探索导向搜索的消费者最初并不清楚个人需求，更加享受购物的过程，往往对全部商品进行了大致浏览后才会明确购物目标。在 VR 超市中，每位被试需要完成两个实验任务，两个任务的区别在于商品在货架上的摆放位置有所不同。被试被随机分配到目标导向搜索组和探索导向搜索组，两组实验任务都要求被试从 24 种牛奶什锦早餐中选择一种购买。目标导向搜索组的实验任务要求被试为好友选择一份含葡萄干、不含巧克力、低卡的牛奶什锦早餐，探索导向搜索组的实验任务不做特定要求。实验结果表明，支持向量机的预测效果最好，在 VR 中的准确率为 80%，在现实中的准确率为 85%。通过分析眼动数据，在搜索过程中较早时期就可以识别出购物动机，其中在 VR 中只需 15 秒，随机森林对被试购物动机的预测精度已经达到 80%，在现实中仅需 75 秒即可实现 70% 的预测准确率。应用集成方法可大幅提高预测精度，约为 90%。研究表明，在 VR 环境中，信息搜索行为可能与真实世界中表现相似。

3. 社交虚拟世界的消费者行为研究

社交虚拟世界的消费者行为也引起了学术界和业界的关注。随着元宇宙概念的兴起，了解虚拟消费的消费者目标与行为越来越重要。娱乐、装饰、自我表达和社会化是社交虚拟世界中虚拟消费的主要目标（Jung and Pawlowski，2014）。装饰性活动是实现娱乐和自我表达这两个虚拟消费中心目标的主要手段。用于装饰活动的虚拟商品使用户能够以特定方式展示化身，而用户的化身在社交虚拟世界中被视为显现的虚拟自我，虚拟消费可以为自我表达提供资源。了解用户虚拟物品购买行为的目的与影响因素，对 VR 平台的设计具有理论指导意义。

5.2.4　消极行为

在 VR 环境尤其是社交 VR 环境中同时存在着一些消极行为，这是一种故意的、不可接受的行为，它会破坏居民享受 VR 环境的能力，并可能对居民的 VR 体验和现实生活产生负面影响。Chesney 等（2009）指出，发生消极行为的动机有以下两点。

（1）对 VR 环境更加了解的用户向新用户展示能力。VR 环境资深用户通过知识维护权利，这种优越的知识导致了关系失衡，可能出现对新用户不友好的行为。

（2）不和谐的网络文化侵入。不同 VR 环境具有不同的文化，例如，将其他 VR 环境中的战斗等文化带入社交 VR 环境，这种情景下就对出于社交目的的用户产生了不良的影响。

5.3　VR 环境对用户行为的作用机制

5.3.1　沉浸感、临场感与心流

沉浸感反映了用户感知到的由感官输入集合产生的 VR 环境的逼真程度，描述了 VR 环境的技术特征在多大程度上能够为参与者的感官传递一种具有包容性（inclusive）、广泛性（extensive）、环绕性（surrounding）、生动性（vivid）的现实错觉。

沉浸感主要包含以下四个维度。

（1）包容性：与真实世界隔离的程度。通常情况下，高沉浸式 VR 的包容性可以通过头盔显示器实现，用户只能看到虚拟世界而非真实世界。在使用桌面屏幕的系统中，用户能够看到电脑屏幕及其他事物，没有与真实世界完全隔离。

（2）广泛性：多感官输入的程度。在五种基本人类感官中，视觉、听觉和触觉是虚拟环境中模拟的主要感官输入。

（3）环绕性：VR 的全景范围，而不是局限于狭窄的领域。视野和视觉显示的分辨率是两个关键元素，分别指观察虚拟环境的有效水平和垂直角度，即像素密度。高沉浸式 VR 可以提供 360 度视野，符合现实生活中的观看习惯。

（4）生动性：一种技术创造一个丰富的感官中介环境的能力，由感官广度（即特定介质所需的传感器数量）和感官深度（即每个感官通道内的分辨率）决定。例如，收音机需要听觉通道，而电视需要听觉和视觉通道。在这种情况下，相较于广播，电视增加了感官广度。同样，高清电视比标准清晰度电视的分辨率高，因此，相较于普通电视，它提高了感官深度。

沉浸感与两种错觉有关。

（1）位置错觉（the place illusion, pi），即用户认为自己身处在虚拟环境中，即使他们知道这些并非真实。例如，在玩僵尸游戏时，玩家由于音效、黑暗等环境线索认为自己处于恐怖环境中，产生位置错觉。

（2）合理性错觉（the plausibility illusion, psi），即用户即使知道虚拟环境中正在发生的事情并没有真实地发生，但仍能感觉到这件事情正在发生。在僵尸游戏中，这些可能包括感知到的看似合理的动作，如僵尸靠近。例如，玩家的身体和大脑在 VR 恐怖游戏中对僵尸做出反应，就好像僵尸是真实的，并且真的围绕着他们，即使玩家意识到这不是客观发生的。

这里要注意区分沉浸性和沉浸感。沉浸性作为 VR 系统的一大特性，是一种客观存在的、可以测量的属性（Peukert et al.，2019；Wedel et al.，2020）。沉浸感是一种心理状态，其特征在于感知自己被提供连续刺激和体验的环境所包围，并与之相互作用。随着虚拟环境变得更具沉浸性，它们会引发与相应真实环境相似的主观和生理反应（Harz et al.，2022），能够产生更高水平的沉浸感（Witmer and Singer，1998）。

临场感（telepresence）指用户在虚拟环境中感觉到存在的一种心理状态，一种"在场"的感觉。在某种程度上，当真实感觉输入被虚拟感觉输入所取代时，用户对虚拟感觉输入的反应也会与对真实感觉输入的反应类似，如果用户能够采取影响虚拟环境的行动时，就会出现临场感。除了临场感外，部分学者将这种现象描述为存在感（presence）、空间存在感（spatial presence）或 VR 存在感（VR presence）。沉浸感是体验临场感的必要先决条件，也就是说临场感是人类对沉浸感的一种反应。以往研究认为，临场感是沉浸感的结果或直接函数（Slater and Wilbur，1997）。VR 环境的沉浸感越高，用户体验的临场感越高。因此，VR 的主要功能是通过增强沉浸感，为用户提供临场感体验。一些学者认为沉浸感对临场感的作用受到两个因素调节。

（1）任务情景。例如，涉及听觉质量表现的应用程序必须具有高质量的听觉渲染才能有意义，而视觉表现则不那么重要。

（2）个人的感知需求。每个人对各种形式的信息的偏好有所不同，对有些人来说，听觉信息的缺失可能是一个关键的障碍，而对于另一些人来说，声音可能没有那么重要。

大量实证研究表明，临场感随着这些元素的水平的增加而增加。沉浸感是临场感的一个必要且非常重要的条件，尽管还不够充分，如果环境具有高度沉浸感，但不允许用户交互，则可能不会使用户产生临场感。有学者发现虚拟社区中的生动性和互动性是临场感的重要预测因子（Steuer，2006）。关于媒体结构对临场感影响的现有文献表明，VR 技术提供的临场感水平显著高于传统媒体，高沉浸式系统临场感水平显著高于低沉浸式桌面 VR 系统（Kim and Ko，2019）。

临场感与心流概念密切相关，心流是一种体验的最佳状态，是当人们全神贯注地行动时所感受到的整体感觉。心流体验的特点包括需要技能的挑战性活动、行动和意识的融合、明确的目标和即时反馈、专注于手头的任务、控制感、失去自我意识、扭曲的时间感、自我奖励或自我体验。但目前学者对这一概念的认识还没有达成统一。认知吸收（cognitive absorption）是解释心流体验常用的方法之一。认知吸收是指持续努力理解一些信息可能会导致一个人因失去时间而陷入深度参与状态。一旦这些信息被赋予了意义，就会产生与信息意义相关的积极体验。

　　一些学者认为临场感是心流体验的前提。Animesh 等（2011）采用 S-O-R（stimuli-organism-response）框架，研究了虚拟世界中的技术（交互性和社交性）和空间（密度和稳定性）环境如何影响参与者的虚拟体验（临场感、社交存在和心流），以及体验如何影响他们的反应（购买虚拟商品的意图）。对 354 名《第二人生》用户的调查结果表明，交互性对临场感和心流有显著的积极影响。社交性促进与其他参与者的互动，与社交存在显著相关。密度和稳定性对参与者的虚拟体验有着显著影响。心流中介了技术和空间环境对虚拟产品购买意愿的影响。然而，另一些学者认为临场感是心流体验的关键要素。例如，Nah 等（2011）关注了心流体验中的临场感和享受，对比了 2D 和 3D 虚拟世界环境对品牌资产和行为意图的影响。研究结果表明，与 2D 环境相比，3D 虚拟世界环境对品牌资产产生了影响。其中，3D 虚拟世界环境对品牌资产的积极影响是通过临场感及享受来实现的，对品牌资产的负面影响则是因为使用高度互动和丰富媒体的用户所面临的注意力冲突导致注意力分散，无法关注品牌。因此，尽管 3D 虚拟世界环境有可能通过提供沉浸式和愉快的虚拟产品体验来增加品牌资产，但丰富的环境也可能会分散注意力。3D 虚拟世界环境的设计需要考虑用户信息处理能力和注意力广度的限制，以避免认知过载，影响心流体验。

　　心流对学习、态度、意图和行为产生积极的影响。对于社交 VR，Goel 等（2013）发现心流体验与认知吸收是个人决定是否返回虚拟世界的一个重要因素。Yang 等（2019）调查研究了基于脑电信号设计的反馈是否有助于个人在沉浸式 VR 环境中的创造性表现，使用了两种具体形式的反馈：一种是提醒反馈，当脑波表明参与者的注意力没有集中时给出；另一种是鼓励性反馈，当脑波表明参与者的注意力非常集中时给出。研究结果表明，收到脑电提醒反馈的被试比没有反馈或有鼓励性反馈的被试有更高质量的创意产品。同时，脑电反馈也对被试的注意力和心流状态产生了影响。收到提醒反馈的被试的心流状态水平显著高于没有反馈的被试或有鼓励性反馈的被试。

5.3.2　情感反应

1. VR 诱导情绪

　　情感（affect）是个人体验和感知环境的重要组成部分。以往有研究表明，当用户使用 VR 技术时，受到外部刺激的影响，会产生不同的情感，从而会做出不同的行为反应。例如，Banos 等（2012）开发了两种 VR 情景，对老年用户的积极情绪进行诱导。结果表明，两种 VR 情景都增强了快乐、放松情感，说明 VR 在诱导积极情绪状态和情感反应方面具有可行性。

此外，VR 也会引发诸如焦虑、恐惧等消极情绪。一种非常常见的 VR 体验是焦虑诱导的"恐高症"场景。研究人员现在已经开始探索 VR 中的恐怖体验是否会引起足够的焦虑、恐惧情绪，从而可以模拟创伤体验。例如，研究表明，虚拟公众演讲任务中的虚拟观众可能会引发相当程度的压力和焦虑（Kothgassner et al.，2016）。通过考察自我报告、自主神经和内分泌应激对 5 分钟公开演讲任务的反应，针对被试对真实演讲厅中的真实观众、虚拟演讲厅中的虚拟观众和空的虚拟演讲厅的压力反应进行比较，分析自我报告的焦虑状态、心率、心率变异性及唾液皮质醇分泌数据，研究发现，被试面对真实或者虚拟公众进行演讲时的压力反应都有相当程度的增加，这说明了 VR 能有效引发用户消极情绪并使用户出现认知、生理或内分泌反应。

也有学者研究虚拟环境中的社会支持是否可以缓解压力等消极情感反应。Felnhofer 等（2019）评估了虚拟化身或者虚拟代理在进行压力诱导实验前阶段中的专注行为和非言语情感反应（如微笑等）的影响，发现虚拟环境中虚拟角色的社会支持对他人具有压力缓冲效应。特别是，人类控制的化身的存在减少了被试的紧张感，同时提升了他们在压力诱导实验期间的注意力集中。因此，在线压力预防和治疗可以有目的地插入虚拟角色作为用户的支持者和激励者，缓解用户的压力。类似地，Wrzesien 等（2015）利用脑电实验探究化身与用户的身体相似性对情绪调节策略训练的影响。在这项研究中，24 名青少年观察到一个化身（化身与被试具有相同的面部或者化身不同于参与者），在相同的虚拟环境（青少年的房间）进行诱导沮丧实验并展示如何通过将注意力集中在呼吸上来调节负向情绪。实验过程中，通过问卷调查和脑电数据测量了沮丧情绪诱导和情绪调节过程的强度。结果表明，观察一个面部与被试相似的化身对被试的情绪效价和唤醒有着更为显著的影响，诱发的情绪状态比观察一个面部不一样的化身时要强烈得多。同时，在主观和客观测量方面，被试在身体相似性，以及态度、行为和情感相似性方面对化身的认同程度也更高。另外，脑电数据表明，与人类的情绪处理的相关脑区，如扣带回（边缘叶）、中央后回区域和岛叶区域，会伴随沮丧情绪的诱导而显著激活。这些区域的激活与人类的情绪处理有关，而这种激活可能与消极情绪（如沮丧）相对应，因为扣带回会导致消极情绪。此外，中央后回激活与面部表情的情绪识别、自我产生的情绪和存在感有关。因此，结果表明，当观察到面部与被试相似的化身受到挫折时，被试产生了消极情绪。在调节阶段，被试消极情绪减少会伴随脑岛区域的激活。脑岛参与人类情绪处理和调节，与自我反思、自我识别和自我评价及身体识别直接相关。因此，脑岛被激活是因为观察到面部相似的化身的被试感觉与他们的化身在物理上是一致的。这一结果证实了与自身相似的化身对行为影响的重要性和实用性。

然而，与现实相比，VR 对情绪的诱导依然存在着一定的限制。Syrjamaki 等（2020）研究了化身在 VR 中对情感的影响，探究与化身的眼神接触是否会引起与面对面互动类似的注意力和情绪相关的皮肤电反应。结果表明，相对于斜视，反映注意力的心率反应在直接注视时变化更大。此外，在真实情景中，反映唤醒的皮肤电反应在直接注视时变化更大；而在 VR 中，眼神接触的生理效应会减弱。

2. 沉浸感、临场感与情感反应相关

事实上，在不同的 VR 环境中，沉浸感和临场感通常与积极和消极的情感反应高度相关；也就是说，沉浸感和临场感可能会导致更强的情绪激发，反之亦反。

有学者通过操纵公园的 VR 模拟来诱导焦虑（如模拟夜景中的照明）和放松（如明亮的日光），表明 VR 是唤起各自情感反应的有效媒介（Riva et al.，2007）。情感反应也可能导致在 VR 环境中更强烈的沉浸感和临场感。有研究通过比较有或没有情感叙事的公园虚拟环境的用户体验，证明了悲伤状况不仅引发了更多的情感参与，而且在虚拟环境中产生了更强的沉浸感和临场感（Banos et al.，2004）。

Bender 和 Sung（2021）对 VR 游戏进行研究，将沉浸感存在差异的游戏场景作为刺激材料，测量被试面部肌电图和皮肤电反应。在设置好所有心理生理设备后，要求每位被试坐在椅子上放松 3 分钟。然后记录不戴 VR 耳机的基线测量。之后，研究人员协助被试戴上并调整 HTC Vive 头戴式显示器和两个手持式遥控器。被试进入不同的游戏场景，体验每种游戏模式 6~8 分钟。在完成自我报告问卷后，再次打开头戴式显示器以进入下一个游戏模式。通过面部肌电图和皮肤电导反应测量，该研究发现，VR 游戏可以增强情感反应，如恐惧和唤醒；在不同的游戏模式下，不同程度的沉浸感可能会引起不同的情感反应；情感反应增强与用户的享受体验显著相关。该研究证明了沉浸感、情感反应与对恐怖 VR 游戏的积极用户体验之间存在着紧密联系。

3. VR 增强共情反应

共情（empathy）是指人们感受到他人的痛苦并为他人的利益行事。作为一种亲社会行为，共情受到多种情境因素影响。最近，VR 对共情的促进作用引起了学者们的兴趣。由于 VR 使观看者以更深刻的方式体验、联系和理解他人的痛苦，它甚至被称作终极共情机器。

VR 会增强与共情相关的情感反应：共情痛苦（empathetic distress）和共情关心（empathetic care）。前者是共情的感觉部分，是体会到他人痛苦而产生的一种负面情感，它属于自动的情感共鸣，主要与大脑的边缘结构、体感和岛状皮层的激活相关；后者也被称为同理心，是对他人福利的关注，其特征是温柔、关怀和与他人的联系感，它由减轻他人痛苦的动机所驱动，主要与多巴胺奖赏回路的激活相关。以往相关研究对共情的测量过分依赖主观的自我报告，人与人之间的生理同步性也可以作为共情和社会联系的客观生理标记。具体而言，人与人之间的生理同步性，即自主同步（autonomic synchrony）的指标主要通过心率和皮肤电活动测量。此外，面部同步活动通过面部肌电图在皱眉肌区域和颧骨肌区域进行收集，皱眉同步（corrugator synchrony）与负面的情绪体验相关，指双方同时做出皱眉表情；而颧骨同步（zygomatic synchrony）与双方的微笑和回馈微笑相关，因此被视为亲密社会联系的指标。

Cohen 等（2021）使用 360 度 3D 摄像装置录制一位女性（后文均称目标）讲述她过去痛苦的经历，同时连接了生理传感器，以记录目标的自主反应和面部反应数据。视频以 VR 形式或 2D 形式呈现。70 名女学生在完成了特质共情问卷后，被随机分配到 2D 条件或 VR 条件。在观看视频之前，被试被要求对他们当前的积极情绪、消极情绪和唤醒程度进行评分。然后，被试观看视频，同时连接生理传感器以记录自主反应和面部反应数据。观看结束后，被试被要求对他们当前的情感强度、与目标之间的亲密感和感知社会存在感进行评分。随后，被试再次观看视频，同时需要连续对所产生的痛苦情绪和关心情绪进行评分。与 2D 条件相比，处于 VR 条件下的被试的亲密感和共情关心显著更高。此外，目标与被试在颧骨肌反应和皮肤电反应上显著同步；但与 2D 条件相比，VR 条件下的被试仅在颧骨肌反应上表现出与目标显著更高的同步性。尽管目标是分享一个痛苦的故事，但她经常表达微笑，其时间与其颧骨肌活动的高峰对应。VR 条件下较高的颧骨同步表明，在 VR 条件下观看视频的被试不断模仿或回馈微笑，且表示出与目标的亲密社会联系。该结果表明被试在 VR 条件下更能感受到目标的情绪，因此被试表现出更高的共情关心，并回馈他们的微笑，这表明了 VR 在激发社会联系和帮助他人的动机方面的潜力。

5.3.3　心理所有权

心理所有权（psychological ownership）是指某种东西是"我的"的感觉，其关键是对一个物体的占有感和心理依恋，无论是物理实体还是非物理实体。心理所有权的前因可以总结为以下几点。

（1）感知控制（perceived control）：对目标对象实际控制的主观感受。感知控制包括直接的物理控制，如触摸。人们发现，仅仅触摸就可以增加拥有感，闭上眼睛想象触摸产品会产生生动的图像和对物体的模拟控制，这会影响消费者对产品的心理所有权。因此，有学者发现在 VR 环境下，如果用户感觉虚拟的手是他们的手，那么替代触摸应该会影响产品的心理所有权，就像实际触摸一样。

（2）自我投资（self-investment）：将个人的精力、时间和注意力投入对象。如果一个人对一个对象（如社区）投入时间和精力，那么他会认为自己对该对象有重大影响，因此对该对象产生了更高水平的心理所有权。

（3）认知评估（cognitive appraisals）：对目标对象基于信念和知识结构的评估。对目标的了解程度越高、认知评估越高，个人对该目标的心理所有权越高。

（4）情感评估（affective appraisals）：对目标对象基于情感、感觉和直觉反应的评估。对目标的情感评估越高，如更加喜欢该目标，个人对该目标的心理所有权越高。

虚拟世界的心理所有权可以定义为个体从虚拟世界中获得占有感的心理体验现象。通过拥有个人空间（如虚拟岛），在虚拟世界环境中创建和装饰化身及其他物体（如建筑物、花园），似乎满足了他们的高效需求，如探索他们的环境，在其中产生理想的结果，并表达自己，在虚拟世界中，他们构建和扩展了自己的身份。也就是说，这些活动是个人了解和连接 VR 环境（认知评估）的方式，也是情感上沉浸于 VR 环境的方式（情感评估）（Lee and Chen，2011）。

心理所有权受到心理学和管理学的关注，它与更高的产品价值相关。有充分的证据表明，具有心理所有权的消费者对产品表现出更大的支付意愿及购买意愿（Lee and Chen，2011；Luangrath et al.，2022）。当用户感觉到他们可以控制 VR 环境，在 VR 环境中花费大量时间，并发现 VR 环境的有效性和吸引力时，他们对虚拟世界的心理所有权会增强，从而会激发出使用 VR 环境的意愿，如参加 VR 环境下的活动、装饰他们的化身等。因此，VR 环境设计者和所有者通过开发各种导航方式、位置感知、与他人的灵活互动等功能，为用户提供增强控制。此外，VR 环境运营方如 VR 游戏厂商应积极举办各种活动等，以吸引用户投入精力和时间，提高用户的认知评估和情感评估。

5.4　本章小结

本章首先梳理了 VR 发展历程，总结了 VR 系统的构成、技术特征、分类并对比了广义与狭义的 VR 系统的区别，归纳了包括购物、娱乐、医疗、教育等 VR 的常见应用场景。接着，本章聚焦于狭义 VR 环境，从技术采纳行为、人机交互行为、消费者行为及消极行为四个方面归纳了目前学术领域在 VR 环境下用户行为的主要研究场景。在此基础上，本章进一步分析了 VR 环境下的常见作用机制，可以看到沉浸感、临场感、心流体验、情绪、共情、心理所有权等认知和情感反应是影响用户行为的主要因素（图 5.7）。因认知神经科学方法相较于传统方法在这些情感和认知过程测量上存在优势，已有一些研究从神经科学的角度对 VR 环境的用户行为进行了研究（见附表 4），主要用到脑电、眼动和其他一些生理测量方法，但总体而言这方面的研究还非常少，处于起步阶段。将认知神经科学方法应用于 VR 环境在技术上还存在诸多挑战，如眼动追踪 VR 头盔的出现可以帮助研究者收集用户在 VR 环境下的眼动数据，但是在眼动数据的精准性、丰富性及数据分析能力上还有待改进。

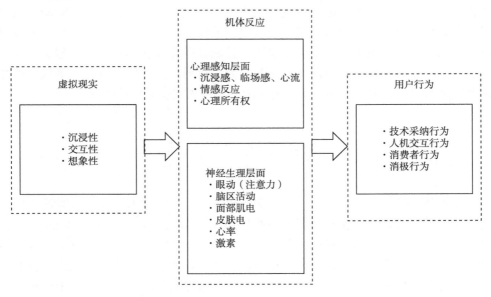

图 5.7　VR 环境下用户行为研究现状

目前，VR 已经进入消费者级别，深入理解 VR 环境下的用户行为对于研究人员和业界具有重要的作用。随着 VR 技术本身的发展及其与神经科学工具联动技术的发展，在 VR 环境中进行眼动追踪、脑电、皮肤电心率测量等神经科学实验具有可行性和创新性，学者应积极将 VR 场景与神经科学方法相结合，从多种研究场景出发，分析用户行为，探索背后的机制。

第6章　智能会话代理与用户行为

随着机器学习、自然语言处理和语音识别等技术的快速发展，智能会话代理已经在电子商务、电信、金融、智能家居等行业得到广泛应用，为企业创造巨大商业价值的同时也极大地提高了人们的生活工作效率。本章首先介绍智能会话代理的发展与应用场景，然后从智能会话代理的界面设计和在医疗健康领域的应用两大方面，系统梳理神经科学工具应用于智能会话代理和用户行为的相关研究，为进一步探究用户与智能会话代理交互行为的影响因素和作用机理提供认知神经科学视角的启发，为设计用户友好的智能会话代理提供有价值的参考。

6.1　智能会话代理的发展与应用场景

智能会话代理是使用自然语言（文本或语音）或图像的在线人机对话系统，也被称为聊天机器人、交互式代理或数字助手（Adamopoulou and Moussiades，2020）。智能会话代理能够借助自然语言处理（如文本分析、语义分析）和机器学习等人工智能技术来理解上下文和用户意图，并通过知识图谱寻找答案以响应用户的请求（Huang and Rust，2022）。早期的智能会话代理主要用于满足用户实用性的任务需求，如回答问题、资讯获取等。随着用户需求呈现多样化，智能会话代理也在不断扩展功能和服务目标，从实现任务要求到满足用户的情感需求，已经在电信、金融、电子商务、家居等领域得到广泛应用。

智能会话代理的概念起源于人工智能之父阿兰·图灵在1950年提出的图灵测试（Turing test）（Weizenbaum，1966）。在这个测试中，一位测试人员对一个正常思维的人和一台计算机提问，并判断哪一个是人类的回答，经过多轮对话测试后，如果测试人员不能合理分辨二者的不同，该台计算机就被证明具有人类智能。1966年，系统工程师约瑟夫和精神病学家肯尼斯共同创造了第一个用于模拟心理治疗师的智能会话机器人ELIZA（Weizenbaum，1966）。ELIZA被视为智能会话代理发展过程中的重要里程碑，自其问世以来，越来越智能的会话代理相继被设计出来。20 世纪 90 年代，人工智能标记语言（artificial intelligence markup language，AIML）的开发和应用极大地推动了智能会话代理技术的进步。AIML是一种创建自然语言软件代理的可扩展标记语言（extensible markup language，XML），采用这种语言开发的智能会话代理能够识别输入语句的模式并使用模板中的句子进行模式匹配来生成合适的响应。爱丽丝（Alice）和埃尔伯特（Elbot）都是这个时期智能会话代理的典型代表（Neff，2016）。

经过半个多世纪的发展，智能会话代理技术随着云计算、自然语言处理、语音识别和机器学习的发展而不断进步。智能会话代理在很长一段时间的主要应用场景为智能客服。客服类智能会话代理允许企业通过缩短响应时间来降低传统人工客服的服务成本，鉴于客服日常大部分时间都在回答常规问题，智能会话代理的应用有助于让人类代理专注于处理更复杂的用户请求。国内三大运营商（移动、电信、联通）均安装了智能客服系统，为用户提供 24 小时的便捷客服支持，提高呼叫中心的服务效率。电商平台的智能客服（如淘宝"阿里小蜜"、京东"JIMI"等）不仅能即时全天候响应顾客请求，还能根据顾客的历史数据和偏好提供个性化的产品推荐服务。Facebook、微信等社交平台上智能对话机器人的推出降低了相关技术的应用门槛，使得中小型企业甚至个体商户都能自定义创建聊天机器人，用对话的形式推广营销活动，大大丰富了智能会话代理的应用场景。截至 2018 年 5 月，Facebook Messenger 平台上有 30 万个智能对话机器人和 20 万名开发者（Tananuraksakul，2018），企业与用户交互产生了 80 亿条会话信息（Nguyen et al.，2020）。此外，语音相关技术的快速发展激发了人们对基于语音的智能代理的兴趣，由此诞生了诸如苹果 Siri、微软小娜（Cortana）、小爱同学等智能语音助手自动化执行用户的日常任务，如播放音乐、查看天气、控制家居产品等。2022 年 11 月 30 日，由人工智能实验室 OpenAI 研发的聊天机器人 ChatGPT 一经推出便引起了从用户到投资者各界的关注。ChatGPT 所搭建的自然语言处理模型同时使用监督学习和强化学习技术，连接海量来自真实世界的语料库来训练模型，使得 ChatGPT 拥有强大的语言理解和文本生成能力以及根据对话上下文跟用户进行实时互动的能力。ChatGPT 不单是聊天机器人，还能撰写邮件、视频脚本、文书、代码等。ChatGPT 发布 5 天就达成注册用户超过 100 万人的里程碑，截至 2023 年 1 月末，成为史上月活用户最快破亿的消费者应用[①]。ChatGPT 无疑是人工智能领域的重大突破，而这一突破并不显著体现在技术的进步上，而在于它正以前所未有的速度让人工智能的产品"飞入寻常百姓家"。艾

---

① 澎湃新闻. 史上增速最快消费级应用，ChatGPT 月活用户突破 1 亿. https://www.thepaper.cn/newsDetail_forward_21787375，2023-02-03.

瑞咨询的一项调查显示，中国的智能对话机器人行业受益于人工智能的技术突破和产品落地，自 2015 年以来呈现爆发式增长，于 2018 年达到顶峰后进入平稳发展阶段，在 2019 年和 2020 年的市场规模分别为 14 亿元和 27.1 亿元，预计到 2025 年将达到 98.5 亿元，未来智能会话代理的中国市场发展潜力巨大①。

　　智能会话代理产品是一种创新性很强的产品，从新产品研发、制造到销售会产生巨额的投入成本。智能会话代理的设计和开发只有准确地把握用户需求，提供友好用户体验的产品功能和服务，才能提高产品的使用率和转化率，形成健康的产业发展态势。了解用户与智能会话代理交互行为的影响因素和作用机理是非常必要的。首先，从理论角度出发，更好地理解用户对智能会话代理的感知和行为反应，将有助于评估当前理论框架的适用性，推动相关理论框架的改进和完善。从实践的角度出发，更好地理解用户对智能代理的感知和行为反应，将有利于开发者和企业确保部署的智能会话代理能够满足用户需求，从而设计出有助于增强用户体验的智能会话代理。因此，不少学者将目光聚焦于智能会话代理的用户行为研究并开展了大量的有益探索。近年来，研究人员开始尝试使用认知神经科学方法深入了解用户与智能会话代理的交互行为，旨在通过洞察用户的认知心理过程（注意、思维、记忆等）理解用户对智能会话代理的感知、评估和行为反应，发现用户的认知特性，为改进智能会话代理的使用体验提供理论参考。

　　为了解认知神经科学领域用户与智能代理的交互行为的研究现状，我们在 Web of Science 上检索以 "digital assistant" "intelligent agent" "chatbot" 及其同义词拓展 "eye-tracking" "fMRI" "ERPs" 等神经科学方法术语为主题的论文，排除相关性较低的学科领域，初步获取该领域文献样本 170 篇②。通过通读标题及摘要进行文献筛选，并在阅读已检索文献的基础上通过不断挖掘相关关键词进行二次检索，以及借鉴参考文献引用情况补充遗漏文献来丰富文献样本库，最终获得 20 篇与 "用户与智能代理的交互行为" 高相关性的文献（见附表 5）。我们将在这些研究的基础上从两大方面探讨智能会话代理与用户行为的认知神经研究进展：①与智能会话代理界面设计相关的研究；②智能代理应用于医疗健康领域的相关研究。

---

① 艾瑞咨询《中国对话机器人 chatbot 行业发展研究报告 2021 年》。

② 检索词：TS=（"neurons" OR "neuroscience" OR "Neuro Information Systems" OR "Neural Information Systems" OR "neural science" OR "skin response" OR "hormone" OR "eye movement" OR "eye track*" OR "pupillometry" OR "electroencephalography" OR "electrocardiogram" OR "electromyography" OR "EEG" OR "ECG" OR "EKG" OR "fMRI" OR "fNIRS" OR "ERPs"）AND TS=（"digital assistant" OR "intelligent agent" OR "conversational agent" OR "chatbot" OR "virtual agent"）。

6.2　智能会话代理的界面设计

用户通过会话式用户界面与智能会话代理进行信息交互，如何以用户认知需求为导向设计用户友好的交互界面是业界和学术界重点关注的问题。在用户与智能会话代理的交互过程中，用户通过视觉和听觉获取信息形成感知，进而对输入的信息进行处理和加工，形成思考和决策。现有研究就智能会话代理的消息推送设计和外观设计展开了讨论，其中，前者探讨了智能会话代理的消息推送方式和语言风格如何影响人机交互的有效性，后者探讨了智能会话代理的拟人化、面部线索、面孔真实性和性别如何影响用户感知和行为反应。

6.2.1　智能会话代理的消息推送设计

1. 智能会话代理的消息推送方式

智能会话代理最常见的应用是基于文本信息的聊天机器人。这些文本信息通过不同的排列、布局、颜色等设计影响用户的视觉注意，继而影响用户在与智能会话代理对话过程中的交互体验。

早期的个人数字助理产品对话界面狭窄且局促，而高信息密度的计算机屏幕往往会导致不友好的用户使用体验。如何在小屏幕上显示和在大屏幕上同样多的内容，以及如何在极其有限的界面上设计信息的排布以提高用户的信息检索效率，是早期个人数字助理开发商不得不面对的问题。Krull 等（2004）研究了会话界面消息密度、颜色复杂度、布局复杂度及消息推送呈现方式对用户注意力的影响，认为用户往往需要花费很多时间在高信息密度的消息界面上，因此高信息密度的对话会导致用户更长的反应时间和更频繁的眼动；消息界面的颜色复杂度和布局复杂度越高，用户的信息检索效率越低。然而，该研究的眼动实验结果并未证明上述观点，虽然布局复杂度高会导致用户更多的扫视和回看，但较高的信息密度和布局复杂度并没有影响用户的信息检索效率。

电子商务网站情境中，智能客服通常与产品列表、促销信息等内容整合在一起，由于智能客服周围充斥着推送的营销活动，智能客服所发送的消息很可能不会被用户注意到。Fornalczyk 等（2021）提出人机交互过程中的消息盲区现象，即用户对智能会话代理的消息视若无睹。这有可能是智能会话代理不断尝试联系用户，导致用户将消息视为营销推送，从而忽视智能会话代理推送的消息。智能会话代理消息推送无效背后的主要影响因素是习惯化，即对重复且单一推送的有限反应。鉴于用户对场景中动态事件的感知需要聚焦且用户的注意力是有限的，研究人员应考虑如何通过改进消息推送方式来吸引用户注意力。行为紧迫性假说认为突然出现的并需要立即关注的刺激会吸引用户更多的视觉注意力，因为其往往代表着潜在的威胁（Fornalczyk et al.，2021）。基于此，Fornalczyk 等（2021）通过对比渐进式消息推送方式和高强度变化的消息推送方式，发现采用一次性推送的高强度消息推送方式比渐进式能够更好地吸引用户注意力；此外，研究还建议当智能会话代理有推送重要信息的需求时，最好能采取清空聊天界面后一次性推送的方式，以最优化消息通知的效果。

2. 智能会话代理的语言风格

用户在与智能会话代理的交互过程中，除了对消息推送界面的视觉感知，消息本身的语言风格也会影响用户对信息的认知加工处理。智能会话代理的语言风格是指智能代理在与用户交互过程中所采取的某种特定语言模式，其是影响用户感知和行为的重要信息线索（Feine et al.，2019）。智能会话代理的语言风格主要可分为两类：任务导向型语言风格和社交导向型语言风格。任务导向型语言风格具有高度的目标导向性，旨在通过明确高效的方式传递任务所需要的信息，通常以使用正式、专业的语言为特征；而社交导向型语言风格在保证实现任务目标的基础上，通过个性化互动的方式建立与用户之间的社交关系及满足用户的情感需求，通常以非正式和以促进关系为导向的语言风格为特征，如问候、闲聊等社交互动（王海忠等，2021）。在交互过程中，用户会对智能会话代理的语言风格做出快速的反应和判断。

关于智能会话代理的对话风格对消费者感知和行为的作用效果，以往研究得出了不一致的结论。有研究认为，在网络环境中，用户感知智能会话代理既是互动中介又是社会行动者，计算机作为社会行动者（computers are social actors，CASA）范式假设人们将社会属性赋予计算机，特别是当它被感知到具有与人类行为典型相关的特征时（Nass and Moon，2000）。根据这一理论，智能会话代理越多地传递情绪，表达同理心和同情，用户就会越多地积极评价它们，并与其建立社会和情感纽带。社交导向型语言风格通过强调个性和友好的对话线索建立情感联结，而任务导向型语言风格是正式的，只涉及实现功能目标的任务对话。因此，从理论上讲，用户应该更喜欢表达情感、同情和同理心的社交导向型智能会话代理，而不是只以任务为导向的智能会话代理。以往的实证研究从行为层面为这一观点提供了支持，研究发现，与任务导向型语言风格相比，社交导向型语言风格有助于增强智能会话代理与用户之间的心理联结，提高用户对智能会话代理的信任感知和使用意愿（de Cicco et al.，2020；Foster et al.，2021）。Wang 等（2020a）的眼动研究也支持上述观点，该研究发现：社交导向型语言风格比任务导向型语言风格更能提高司机对智能驾驶助理的拟人化、生命性、喜爱度、社会存在、温暖的感知；虽然智能驾驶助理的语言风格对司机的视觉注意力没有影响，但瞳孔测量的结果表明，司机在与社交导向型智能驾驶助理的交流过程中更加投入。

然而，也有研究从认知视角进行研究，发现与任务无关的社交信息会分散消费者在与智能会话代理交互过程中的认知资源，甚至社会导向型语言风格所彰显的情感智能（emotional intelligence）会引发消费者对智能会话代理的不切实际的期望，从而导致负面效应（Gretry et al.，2017）。Köhler 等（2011）发现任务导向型语言风格会帮助用户建立更强的自我效能感，帮助新用户快速适应公司系统，而社交导向型语言风格对新用户适应的影响呈倒 U 形，过分的社交互动反而会削弱新用户对公司系统的积极使用。Wright 等（2022）研究了人机合作中沟通风格对人类任务表现、认知负荷、情境意识和对智能会话代理信任感知的影响，眼动实验的结果表明，非指令性有沟通反馈的人机交流风格会导致被试更高的认知负荷（眨眼时长更长），指令性无反馈的人机交流风格更有助于提高被试与机器人合作的任务表现。还有研究指出语言风格的作用效果高度依赖于语境线索（Abubshait et al.，2021）、任务负荷（Wright et al.，2022）和情绪状态（Crolic et al.，2021），因此，应该结合应用场景和消费者特质等因素综合考虑智能会话代理语言风格的作用机制。

6.2.2　智能会话代理的外观设计

1. 智能会话代理的拟人化

拟人化的本质是指在真实的或想象的非人类代理身上感知到人类的特征。这些特征可能包括人类的外表、人类独有的情绪状态或动机（Epley et al.，2007）。

真实或想象的非人类代理可以是（或被认为是）任何具有明显独立行为的非人类动物、IT（internet technology，互联网技术）工件或机械设备等。智能会话代理的拟人化表征是决定用户如何对待该代理的重要因素。在营销学和信息系统学领域，拟人化相关的研究主要基于社会存在理论。该理论是指一个社会实体在与他人互动时被视为"真实的人"的程度（Cui et al.，2013）。社会存在的早期研究主要关注以技术为媒介的人与人之间的互动问题。随着技术的发展，人们开始运用社会存在理论探究用户在人机交互过程中对非人类实体（如计算机、会话代理）的社会反应，社会存在被解释为非人类实体在与他人互动时在多大程度上被认为是善于交际、热情、敏感和人性化的（Gefen and Straub，2003）。基于计算机作为社会行动者范式，用户会有一种将智能会话代理视为生命体的认知倾向，因此当用户与拟人化程度更高的智能会话代理进行交互时，会不自觉地将智能会话代理当成人类伙伴，并与其进行交流互动，以满足自身的社交需求（Nass and Moon，2000）。研究普遍认为智能会话代理的拟人化设计与积极的用户感知有关。例如，拟人化可以通过增加感知能力来增加用户对技术的信任，抵抗用户的信任崩溃（de Visser et al.，2016）。社会存在理论常作为中介解释理论解释智能会话代理拟人化对消费者感知和行为的影响机制。例如，拟人化的聊天机器人与积极的社交存在感、购物体验和信任感知有关，从而提高了消费者的满意度和购买意愿（Han，2021；Yen and Chiang，2021）。

智能会话代理的拟人化外观设计是一把双刃剑，既有可能增加人们对技术的信任，也有可能引起人们的反感和恐惧。恐怖谷理论指出，当机器人的外表类人度逐渐提高时，人们对其的喜好度也逐渐上升；但当其外表类人度达到一定程度（接近人类但未达到完全相似）时，便会导致喜好度骤降，严重时甚至会引发人们的不安感和恐惧感；之后，随着仿生机器人的外表进一步逼近人类，喜好度又会再度回升（图6.1）。Lu等（2019）发现，高度拟人化会使用户对服务机器人的接受程度产生负面影响。Følstad和Brandtzæg（2017）研究发现用户对于高度拟人化智能会话代理的互动期望更高，当高度拟人化的智能会话代理随后未能达到用户期望时，用户使用意愿骤降。Crolic等（2021）研究发现，当用户处于愤怒的情绪状态时，用户会因聊天机器人的拟人化设计而对其产生过高的预期，从而导致预期违背反而会降低用户满意度、对公司的整体评价和购买意愿。Reuten等（2018）通过眼动实验研究被试对不同类人程度的虚拟面孔的外观偏好决策，发现近似人类面孔的虚拟面孔会导致较高的恐怖谷感知，诱发较弱的瞳孔放大反应，从生理层面为恐怖谷效应的存在提供了证据。因此，智能会话代理的拟人化程度并不是越高越好，一味提高智能会话代理外观的类人程度甚至会产生不利的影响。

神经科学领域研究就智能会话代理的拟人化对用户认知行为的影响进行了一些有益的探索与讨论。一项fMRI研究探讨了智能会话代理的拟人化和个性化推荐对消费者购买决策的影响，研究发现虽然拟人化和个性化推荐都会增强被试的社会亲密感，并且社会亲密感与购买意愿积极相关，但购买意愿主要是由个性化推荐诱导的，而不是拟人化的作用；拟人化卡通头像的存在会刺激额下回和皮质中线结构（特别是楔前叶内）脑区的神经激活，个性化推荐会刺激额下回、皮质中线结构（后扣带皮层和额内侧回）和壳核脑区的神经激活（Liang et al.，2021）。该研究的神经数据很好地解释和补充了行为数据的结果，大脑对拟人化和个性化推荐的处理和反应都通过激活与社会处理和自我参照相关脑区来培养社

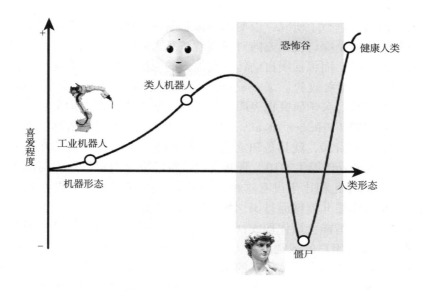

图 6.1　外表类人度与喜好度关系曲线

会亲密感，但个性化额外涉及的奖励处理相关脑区的认知处理才是提高购买意愿的关键。Ciechanowski 等（2019）对比了被试在与拟人化程度更高的类人聊天机器人和简单文本聊天机器人交互过程中的面部肌电图、呼吸、心电图和皮肤电活动，发现类人聊天机器人会导致更高的恐怖谷感知（怪异感和不适感）和负面情绪、更低的能力感知和更高的生理唤醒（肌电反应、心率、皮肤电反应）水平，且表征情绪唤醒、恐惧的皮肤电反应与聊天机器人的能力评价负相关、与恐怖谷感知正相关。虽然拟人化设计在一定程度上能促进用户对智能会话代理的积极感知，但当拟人化程度过高时，用户会在心里给智能会话代理设定更高的人机交互期望（例如，期望智能代理能够提供类似人类代理的灵活对话服务），当用户发现智能会话代理的交互能力与其预期不符时，反而会导致用户更糟糕的生理反应和心理感知。因此，智能会话代理的开发要重视拟人化外观设计的适度性。

2. 智能会话代理的面部线索

智能会话代理的面部线索被视为非语言交流的关键因素，视线方向和面部表情是最重要的两种面部线索（Engell and Haxby，2007）。个体的面部表情可以有效地传递情绪状态（Ekman and Rosenberg，2005）。个体的视线方向能够反映其当前的注意焦点，指示目标物的重要性及其对目标物的兴趣和意图（Frischen et al.，2007）。

视线方向已被认为是面部加工的关键（Bindemann et al.，2008）。已有大量研究对眼睛的视线进行了研究，以期探索被观察者不同的视线方向对观察者的影响。现有研究主要是探讨视线方向对观察者注意力的影响。观察者会受到他人眼睛注视方向的诱导，而将视线自动转移到他人的视线所指向的方向。这种现象被称为"眼睛注视线索效应"（eye gaze cueing effect）（赵亚军和张智君，2007）。以往的神经科学研究也表明，人类的大脑右半球颞上沟负责他人眼睛注视线索的信息编码（Frischen et al.，2007）。正是因为此神经机制的存在，人类在个体发育的早期阶段，就具备知觉他人眼睛的能力，而这种能力在类人智能体上同样适用。Meltzoff 等（2010）研究发现，曾经有过观察机器人与成年人进行社会互动经历的婴儿相比于没有这种经历的婴儿更有可能跟随机器人的视线方向，这一结果表明婴儿能够通过识别智能体的"眼睛"将机器人视为生命体。在人机交互过程中，智能会话代理的视线方向作为一种社会线索能够以类似人类视线的作用方式吸引用户的视觉注意力。Marschner 等（2015）研究了智能会话代理身体方向、视线方向和面部表情的交互作用，眼动数据表明，当智能会话代理的身体方向和视线方向一致指向被试或两者方向不一致时，都会增加被试的注意力资源分配；面部肌电图表明，当智能会话代理展现微笑且身体方向指向观察者时，直视相比斜视更能激发被试的生理肌电反应；智能会话代理的直视增强了被试对微笑、中性和愤怒表情的情绪感知唤醒。Fradrich 等（2018）设计了一款能够自动识别人类演讲者视线并注视跟随的智能会话代理，发现当人类演讲者察觉到智能会话代理的视线会跟随自己的视线时，会认为智能会话代理正在注意自己并且能够理解自己所描述的物品，因此他们会减少描述物品时的用词数量并且降低语速，同时他们对目标物品的注视时间也会下降，对智能会话代理和空白背景的注视时间会增加，这也表明人类演讲者采用了一种更贴近与人类同伴互动的注视方式与智能会话代理进行视线互动。

面部表情是指通过各种面部肌肉的变化来传递各种情绪信息。神经科学研究显示，在人类大脑中，杏仁核在表达情绪的面部表情加工中起着非常关键的作用（Ahs et al.，2014）。情绪传染理论（或面部反馈理论）认为观察者会自动模仿面部表情，这种行为的本体反馈会影响观察者自身的情绪体验（Dimberg and Thunberg，1998）。以往研究已证实个体会不自觉地模仿静态图片中的面部表情并体验随后发生的情绪传染，甚至是无意识地看到这些面部表情（Dimberg et al.，2000）。基于情绪传染理论，已有少数研究开始关注面部表情在人-智能代理交互中的效应。Philip 等（2018）在给 30 名被试呈现动态或静态、虚拟或真实的智能会话代理面孔时记录了他们的面部肌电图（上皱眉肌、颧大肌和降口角肌），发现智能会话代理面部表情会影响被试的快速面部反应。具体而言，智能会话代理愤怒的面部表情能增强被试上皱眉肌的神经激活，喜悦的面孔表情能增强被试颧大肌的神经激活，悲伤的面部表情能增强被试降口角肌的神经激活；在观看喜悦的静态面孔或愤怒的动态面孔时，被试对于真人会话代理的快速面部反应比智能会话代理更强。智能会话代理通过呈现微笑表情能够向被试传达积极情绪，从而吸引被试注意力（Matsui and Yamada，2017）。一项 fMRI 研究表明，只有虚拟代理和被试同样表现微笑表情，被试才会产生积极情绪，与被试认为代理是人类还是计算机无关，且代理对被试微笑表情的模仿增强了内侧前额叶皮质和楔前叶脑区的神经激活（Numata et al.，2020）。因此虚拟代理和用户积极一致的面部表情有助于促进人-虚拟代理的情感交流。Saberi 等（2015）利用面部肌电图确定被试表现出微笑表情后，使得虚拟代理模仿被试微笑，以研究人类与虚拟代理互动时，虚拟代理的微笑是否会影响用户对虚拟代理社会地位的感知。Aranyi 等（2016）对 18 名被试进行了 fNIRS 实验，通过测量背外侧前额叶皮层不对称活动，映射到虚拟代理面部表情的控制机制上，实现了控制虚拟代理与被试相匹配的积极情绪交流。

3. 智能会话代理的面孔真实性和性别

在人机交互过程中，智能会话代理虚拟形象的面孔真实性和性别会影响用户对智能会话代理的心理感知。事实上，有研究发现仅仅呈现一张聊天机器人的虚拟形象图片就足以让被试产生信任，被试更愿意在有聊天机器人虚拟形象的购物页面上购买商品，且用户对聊天机器人的信任与大脑背外侧前额叶皮层和颞上回的高神经激活有关（Yen and Chiang，2021）。在以计算机为媒介的线上交互过程中，虚拟形象的使用可能会对交互双方的信任感知产生积极影响，从而减轻网络匿名性带来的不确定性感知（Todorov et al.，2008）。以往研究发现基于虚拟形象的在线交流增加了感知人际信任，即使虚拟形象采用的不是真实的人类面孔（Bente et al.，2008）。因此智能会话代理常被赋予虚拟面孔以增加用户的信任感知。然而人类对虚拟面孔的可信度判断真的能够达到和对人类真实面孔可信度判断的一致水平吗？有研究基于达尔文的进化论提出了质疑。在人类的漫漫历史长河中，人类在面对面交流中基于面孔信息的可信度辨别能力随着时间的推移不断进化；相比之下，电子通信的发展历程只有短短不到 300 年，人类对虚拟面孔的信息处理能力还没有得到充分的训练，因此不太可能发展出和对人类真实面孔一样优秀的可信度辨别能力（Riedl et al.，2014）。Rauchbauer 等（2019）通过 fMRI 实验发现，相比于人类同伴对话，被试在与智能会话代理进行对话时，梭状回、顶内沟和前颞中回等与视觉感知相关脑区的神经激活显著增强，这很有可能是因为人们在感知机器人面部时增加了对不熟悉面孔额外的视觉处理过程。Riedl 等（2014）通过一项基于多轮信任博弈的 fMRI 实验对比了人类与具有虚拟面孔的代理进行互动和与具有人类真实面孔的代理互动时的神经行为差异，研究验证了被试对人类真实面孔的可信度预测能力强于对虚拟面孔可信度的预测能力这一假设；此外，相较于与具有虚拟面孔的代理互动，与具有人类真实面孔的代理互动增强了大脑在处理信任决策时内侧额叶皮层的神经激活，表明人类真实面孔会增强大脑推断他人想法和意图（心智化）的能力。Wiese 等（2018）的 fMRI 实验同样发现虚拟面孔的类人程度越高，被感知的心智知觉程度越高；腹内侧前额叶皮层的神经激活参与到了人类大脑对虚拟面孔的心智推断过程和社会认知过程。也有研究基于传播适应性理论等理论视角提出智能会话代理虚拟形象的性别对用户感知的重要作用。传播适应理论（communication accommodation theory）认为对话双方会通过语境和对方特征来调整自身的沟通方式向对方靠拢或者远离（Giles et al.，1991）。该理论区分了人际交互过程中的两种现象：同化现象和异化现象。同化现象是指个体在交互过程中倾向于调整自己以适应对方的沟通行为，而异化现象是指个体在谈话中着重强调与交谈对象的差异化特征。基于传播适应理论，研究发现女性相比于男性更有礼貌和合作性，更倾向于采取同化策略与互动对象建立联系。智能会话代理也常被设定为女性角色，如苹果的 Siri、微软的 Cortana。因此人们对性别的固有印象很可能会导致用户对智能代理的性别感知差异。Jones 等（2022）采用脑电实验发现相比于男性角色，女性角色会话代理的感知真实性会得到增强，且当智能会话代理穿着职业装或者与消费者种族不同时，这种效果会被放大；感知真实性继而通过积极影响用户的参与度提高用户的忠诚度和满意度。

6.3　智能会话代理在医疗健康领域的应用

　　智能会话代理在医疗健康领域的应用是近年来方兴未艾的研究方向（Rajabion et al.，2019）。智能会话代理可以内嵌于穿戴设备，借助传感器持续监控用户的身体状况，为私人健康助理提供了低成本的解决方案；智能会话代理也可以"学习"专家医生的医疗知识，模拟医生的思维和诊断推理提供诊疗服务，节省患者的排队时间和治疗成本，提高医疗效率。在某些情况下，智能会话代理提供的医疗服务甚至超过了人类。例如，当对比 IBM 的 Watson 和人类医生在 1 000 个癌症病例中的诊断表现时，研究人员发现 30% 的病例中人类医生遗漏了治疗方案；当对比人类医生和人工智能的诊断准确性时，研究人员发现医生的正确率为 77.5%，而人工智能的正确率为 90.2%。医疗智能会话代理现已应用于健康教育、医疗诊断和心理健康领域，改善医生与患者之间的沟通，为用户日益增长的健康需求提供医疗服务。然而，用户对智能会话代理的主要批评之一是缺乏同理心，尤其是无法识别用户的情绪状态并即时调整响应，因此人们对医疗智能会话代理的使用仍然犹豫不决。有研究从生理层面为用户抵制或采纳医疗智能会话代理的行为提供了解释（Nadarzynski et al.，2019）。

6.3.1　用户对于医疗智能代理的抵制

患者是医疗智能代理的最终消费者，并将直接或间接地决定医疗智能代理的技术采纳（Mateo et al.，2020）。虽然基于人工智能的自动化解决方案能为医疗健康领域带来诸多好处，但现实生活中患者仍对虚拟代理胜任医疗工作保持怀疑态度（Hengstler et al.，2016）。Promberger 和 Baron（2006）发现人们更可能信任和遵循人类医生的医疗建议，而不是计算机的医疗建议，可能原因是用户对计算机和医生的诊断性能感知存在差异。然而，一项研究发现，即便告诉用户人工医疗服务和智能医疗服务的性能相同，用户仍然不太愿意使用人工智能提供的医疗服务（Longoni et al.，2019）。Gaczek 等（2022）的眼动实验对比虚拟代理相较于人类专家从事医疗诊断工作的认知反应差异也发现了类似的结果：相较于人类专家出示的医疗诊断，被试在阅读虚拟代理出示的医疗诊断时会更多地关注"联系医生"按钮，说明被试更加依赖人类专家的诊断结果而不是虚拟代理的诊断结果。独特性忽视（uniqueness neglect）可以作为用户不愿意采纳智能医疗服务的潜在解释机制，即用户认为智能会话代理不能根据个人的独特性特征提供具有针对性的医疗诊断，因此抵制智能会话代理提供的医疗服务（Longoni et al.，2019）。例如，患者可能会认为智能会话代理在诊断皮肤病时不能像人类医生那样考察自己独特的皮肤特征，因此更不愿意采纳智能会话代理提供的诊断建议。研究也证明能够通过增强个性化服务来削弱用户对智能医疗服务独特性忽视的担忧，让患者更容易接受智能会话代理承担医疗诊断工作（Longoni et al.，2019）。

6.3.2　智能会话代理应用于心理健康访谈的优势

尽管智能会话代理应用于医疗诊断领域仍存在一定的局限性，但研究普遍认为智能会话代理应用于心理健康访谈有着区别于人类代理的独特性优势。根据社会影响的阈值模型，用户的代理信念和智能会话代理的行为现实主义激发了用户对智能会话代理的社会反应（Blascovich，2002）。用户的代理信念是指用户相信智能会话代理是真实人类的程度（Lucas et al.，2014）。例如，即使被试使用同一台电脑玩纸牌游戏，认为自己在与真人互动的被试会比认为自己在与电脑互动的被试持有更高的代理信念，且更频繁地遵守社会规范（Blascovich et al.，

2002）。智能会话代理的行为现实主义是指智能会话代理表现得像真实人类的程度。例如，有面部运动的智能会话代理比没有面部运动的智能会话代理具有更高的行为真实感（von der Pütten et al.，2010）。智能会话代理相对于人类具有较低的行为现实性，能唤起用户较低的代理信念，而低行为现实主义和低代理信念与自我披露呈正相关关系（Lucas et al.，2014）。Yokotani 等（2018）对比了智能会话代理和人类代理在心理健康访谈中的表现，发现受访者对人类代理比对智能会话代理的关系感知更为融洽，当面对人类代理时，受访者会更频繁地移动他们的右眼，并透露更多焦虑抑郁相关的心理症状；相比于人类代理，受访者向智能会话代理透露了更多性相关的心理健康症状。Zhou 等（2018）发现用户对智能会话代理面部的视觉关注与使用酗酒干预软件和遵循智能会话代理提供的建议积极相关。这些研究在一定程度上暗示了智能会话代理和人类代理用于心理诊疗时，受访者的自我披露行为与问题敏感性密切相关。当问题很敏感且涉及污名化时，人们越倾向于给出符合社会期望的回答。在与智能会话代理的交互过程中，匿名性很可能降低了用户对不符合社会期望的个人行为的担忧和尴尬心理，从而促进受访者对于诸如进食障碍、酗酒、性行为等敏感问题的真实披露（Sah and Peng，2015）。因此，智能会话代理相比于人类专家担任心理咨询师的优势在于促进受访者高度敏感信息的自我披露（Yokotani et al.，2018）。

6.4　本章小结

通过上述对神经影像学和神经生理学工具在智能会话代理和用户行为研究中应用的梳理，我们发现现有研究不仅探究了界面设计的相关因素（消息推送方式、语言风格、拟人化、面部线索、面孔真实性和性别）如何影响用户的认知生理及行为反应，也对用户对智能会话代理担任医生角色的抵制行为和自我披露行为开展了有益的尝试与探索（图 6.2）。这些研究从更为客观的神经和生理层面洞察了用户在人机交互过程中大脑的加工机制，有助于深入理解用户与智能会话代理交互行为的影响因素和作用机理，为智能会话代理的优化设计提供了有价值的参考。然而从整体来看，神经认知工具应用于智能会话代理与用户行为的研究尚处于起步阶段，相关文献还比较匮乏，亟待学者们开展更为系统和广泛的探索和研究。

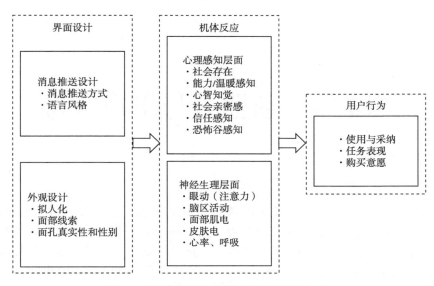

图 6.2 智能会话代理与用户行为研究现状

第 7 章　机器人与用户行为

机器人广义上可以被定义为能够执行一系列复杂动作的机器（Singer，2009）。根据其应用场景主要可以分为两大类——工业机器人及服务机器人。工业机器人为各行业生产力和技术突破带来了重大的改变。根据国际机器人联合会（International Federation of Robotics，IFR）2022 年发布的全球工业机器人统计数据[①]，2021 年，全球工业机器人的运营库存近 348 万套，增长了 15%。其中，亚洲是工业机器人最强劲的市场，中国的运营库存增长了 27%。与此同时，服务机器人的应用也渗入我们生活的方方面面，从酒店入住招待机器人，到教育助手机器人，到心理治疗机器人，再到家用智能机器人，机器人在我们生活中扮演着不可缺少的角色。根据 Fortune 发布的行业报告数据，全球服务机器人市场在 2022 年达到 163.5 亿美元，并且预计市场规模的复合年比率为 18.4%，在 2030 年有望达到 623.5 亿美元[②]。

机器人在各行各业的高速发展，吸引了众多国内外学者对这一新兴领域的研究，一些学者通过访谈、实验及利用各种神经生理学工具对用户与机器人交互这一领域进行了探索。本章主要聚焦于拥有实体形态的机器人，通过整理分析现有的研究，为读者全面介绍机器人技术及人们面对机器人时的生理、心理和行为上的反应，以帮助相关从业者优化机器人设计。另外，机器人与脑认知的交叉融合创新也使得脑机接口技术得到迅速发展，脑机接口使得人脑可以和机器人进行直接通信，是一种全新的控制方法，但是脑机接口作为新兴技术在实现过程中遇到了各类技术及伦理问题，引发学界及业界的广泛关注。本章在对脑机接口技术发展进行梳理的基础上，总结了其主要的研究范式，并对脑机接口技术产生的安全和伦理问题进行了讨论。

---

① https://ifr.org/free-downloads/。

② https://www.fortunebusinessinsights.com/。

7.1　机器人及其应用场景

7.1.1　工业机器人

工业机器人主要应用于工业场景（如自动化制造），随着工业 4.0 时代的到来，制造过程中对于重复工作的环节需要减少人类参与，而加大工业机器人的参与程度，并且通过人机合作，满足短时间大量的生产需求以及产品的多样化要求（Inkulu et al.，2022）。工业机器人在组装、焊接、检验、喷漆、制造等各个环节中都扮演着重要的角色。其中，机械臂、辅助上肢等都是典型的工业机器人。

尽管工业机器人相比人工有高精确度和稳定性的特点，但工业机器人欠缺创新能力，对新环境、新工艺的适应能力较弱，需要人类的监管和辅助，因而在生产的各个环节加强工业机器人和人类员工的协作是至关重要的。目前，工业机器人与员工有着多种协作通信方式。员工可以通过语音、手势、触摸等方法对机器人进行单向的控制（Inkulu et al.，2022）。语音和手势控制的原理是使用传感器识别人类的声音和手势，然后转化为计算机命令来控制机器人，其中，手势控制系统基于手势信号，较为简单而且不受限于用户使用的语言，交互性更强。两种控制方式都能达到远程的单向控制，能够减少人机之间由于接触过于紧密而产生的安全隐患。触摸的交互方式中，高响应的触觉传感器更适合控制低载荷容量的机器人。在关节的各个位置适当放置多个触觉传感器，能够确保在接触机器人任何位置时机器人都能快速响应，避免了高冲击碰撞，大大降低了风险。

随着 AR 技术的兴起，工人还可以和机器人建立双向的通信渠道。视觉传感器将人的信息传递给机器人，机器人通过控制器根据资源之间的距离进行速度控制。同时，机器人的信息会传递给 AR 设备。这样，人类就可以看到机器人周围不同的颜色区域，并且在安全区域工作以免和机器人发生意外碰撞。

7.1.2　服务机器人

服务机器人基于系统的自治和适应性接口，能够与组织的客户进行交互、通信并提供服务（Wirtz et al.，2018）。与工业机器人相比，服务机器人主要应用于服务前线，适用的场景更加广泛，并且作为和客户交互的另一方也能被视为社交机器人（social robot），提供社会交互，在服务过程中让客户感受到社会存在感，也就是让客户感觉他们得到另一个社会个体的陪伴。

Wirtz 等（2018）基于服务的分类，根据服务对象是人还是人的所有物，以及服务本质是有形还是无形两方面将服务机器人分为四类。有形服务主要由实体机器人来提供，一类机器人可以通过触摸、移动等为人提供服务（如理发、提供客运或提供理疗按摩），另一类则为人的所有物提供服务（如清洁汽车、递送包裹或修理手提箱）。无形服务主要由虚拟机器人提供，服务人的一类机器人包括基于文本的虚拟机器人（如聊天机器人）、基于语音的虚拟机器人（如 Siri 和 Alexa）、基于 2D 或 3D 成像的虚拟机器人（如全息投影机器人），另一类服务于人的所有物的机器人为软件集成机器人（如审计机器人），这类机器人不与用户有物理上的接触，主要提供信息支持方面的服务。实体/虚拟机器人形态示例如图 7.1 所示。

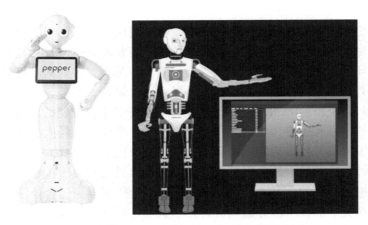

图 7.1 实体（左）/虚拟（右）机器人形态示例
资料来源：Softbank. https://www.softbank.jp/en/robot/。
Engineered Arts. https://www.engineeredarts.co.uk/software/virtual-robot/

服务机器人应用的场景十分广泛，根据已有的文献研究及中国《机器人分类》（GB/T 39405-2020），医疗、教育、家用服务及公共服务是最常见及重要的场景。我们将对这四种场景下的服务机器人应用进行梳理。

1. 医疗

医疗场景中机器人主要应用于手术辅助及康复治疗两方面，分别称为手术机器人和康复机器人。手术机器人广泛应用于腹腔镜外科、泌尿外科、妇科、眼科和骨科等专科。在美国，机器人辅助根治性前列腺切除术的比例从 2000 年的 0 增长到 2006 年的 40%，到 2008 年达到 80%以上，并且术后引发并发症的可能性相比传统手术模式更低（Orvieto and Patel，2009）。机器人辅助手术的优点主要是能够减少人类操作中固有的失误，提高操作的精度，以及在有限空间内保障操作的灵活性，也能让患者更容易获得个性化的治疗。并且，通过机器人辅助，外科医生能够远程操作，避免了潜在的有害职业暴露，但同时，手术机器人也存在诸如设备费用高、医生学习成本高、手术时间长的缺陷（Johanson et al.，2021）。

达芬奇手术系统是最常用的手术机器人。外科医生坐在控制台前，对手术区域进行立体视觉观察，通过机械手和脚踏板控制仪器和内窥镜摄像机。医生的操作由计算机转换成比例运动，并实时过滤或消除震颤。该手术机器人有多达 4 个机械臂，还有一个 12 毫米内窥镜摄像头提供三维视图，模块化手术器械可用于各种各样的应用（Fine et al.，2010）。

相比手术机器人往往在医院中使用，用于康复治疗的机器人使用的场景更加广泛，既能在医院中使用，也能在家中使用。康复机器人能够克服人工康复的一些限制，如训练缺乏重复性，患者高度依赖有经验的康复人员等，康复机器人能在受控的条件下为患者提供高强度的训练（Frisoli et al.，2012）。康复机器人主要用于那些患有神经类型疾病的患者（如中风、自闭症等），它能够从物理和心理两方面为患者提供帮助。

物理上，康复机器人能够引导患者对受损的肢体进行恢复训练，进行重复性的运动，如手腕训练，并且过程可控，能够保证患者康复过程的安全，同时，康复机器人能够利用患者的神经信号，帮助没有行动能力的患者进行运动想象，并进行客观评估反馈，利于患者自我调整，达到更好的康复效果，包括提高行走障碍患者的腿部肌肉力量（Beer et al.，2008）、提升步长和保持步态对称（Berger et al.，2019）等。心理上，一些有着社会交互能力的医疗机器人具有和患者沟通的能力，它通过幽默、表情、注视、手势等方式表达情感，与患者共情（Johanson et al.，2021），它能够被患者视为同伴，为用户提供心理治疗、陪伴等服务，常见于对老年人的陪伴、对自闭症儿童的治疗（Chung，2021）。

2. 教育

由于教室学生数量的增加、学校预算的缩减及机器人表现出的有益于儿童学习的社会行为，人们开始关注机器人在教育场景中的应用。教育机器人适用的人群全面覆盖了学前儿童、学校学生及成年人（van den Berghe et al.，2019）。

这些能够和学生交互及沟通的机器人在教学中担任着辅助教学的角色，机器人和学生能够拥抱、唱歌、玩游戏，并在交互的过程中传授知识（Leyzberg et al.，2012；van den Berghe et al.，2019）等，通过与教育机器人交互，学生能够提高社交能力，当从机器人再换成人类老师时，学生也能与人类老师更好地相处，有更多的视线接触和沟通意愿（Chung，2021）。

机器人应用于教育的优势在于能够让学生和真实的物理环境交互，具有物理形态的社交机器人能够指示、抓取、控制生活中的物体，对学生学习大有裨益。另外，机器人往往有着类人的形态或者动物的外形及表情等，能够提升其可信度和友好度。成人和孩子往往倾向于拟人化机器人，赋予机器人人的特征和行为属性（Duffy，2003），对学生来说，机器人能够同时扮演老师和同伴的角色，相比其他形式的技术（如电脑、平板、智能手机），其在教育中展示出更强的社会交互性。

3. 家用服务

应用于日常家庭场景的家用机器人的目的是提高人类的生活质量，为人类提供一个便利、安全和温暖的生活环境。相比工业机器人更加结构化的工作环境及更加精确和高效地移动，家用机器人需要面对非结构化的家庭环境，家用机器人往往借助大量的传感器去获得环境信息及丰富的计算资源和图像处理能力，能够自动规避障碍，避免撞到家具和人类，完成各种任务，包括巡视监控、做家务等。同时家用机器人着重于交互和娱乐的特性，设计时也会更加关注于人性化、可操纵及安全性。家用机器人也常和物联网技术相联系，用户可以进行远程控制（Song and Li，2021）。Yang 和 Zhang（2022）介绍了一个较为典型的家用机器人系统，其中包含以下几方面。

环境感知系统：包括了多个传感器，如利用摄像头获得环境的图像，利用红外距离传感器和超声波距离传感器对地面和障碍物进行探测。

语音识别系统：麦克风能够获得用户的声音并进行识别，用户就可以与机器人进行对话、对机器人发布指令等。

运动控制系统：主要由复杂的可编程逻辑器件和驱动电路组成，它接受来自信息集成处理系统的控制命令，并将控制信号传递给电机驱动电路。驱动电路部分包括驱动晶体和控制机器人运动所需的直流无刷电机。

信息整合和处理系统：这个系统就是将传感器获得的信息通过人工智能进行整合处理，然后控制机器人的反应或者通过人机接口系统接受用户的控制命令。

电源管理系统：通过信号采集实时监测电源状态，及时告知用户功耗状态。

4. 公共服务

公共服务机器人在酒店、商场等公共场所较为常见，有餐饮机器人、讲解引导机器人、多媒体机器人、公共游乐机器人等。将机器人引入像酒店这样的服务场所，能够为产业带来积极的经济效益，如能够提高服务的效率、减少运营成本。同时，也能照顾到客人的隐私安全。在疫情期间，人与人需要保持距离避免潜在疾病传染和扩散，而使用机器人服务能够在保障服务质量的同时保持人与人之间的社交距离，提高顾客满意度，顾客为了自身的健康考虑也对服务机器人表现出高于人类员工的偏爱（Kim et al.，2021b）。

7.2　用户与机器人的交互行为及生理反应研究

随着人工智能和工程技术的持续发展，更多有着复杂的功能、拟人化外观和个性化表达的机器人不断涌现。可以预见，在未来我们的工作和生活中都会充满机器人的身影，然而人们对于在不同情境下，人类是如何感知这些机器人以及和它们进行交互还所知甚少（Wykowska et al.，2016），这便推动了用户与机器人交互方向的研究。

通过研究用户与机器人的交互，除了理解两者交互过程本身，还可以通过人类的生理心理反应来帮助设计各类用户友好型机器人。并且，在社会认知研究中机器人代理在自然互动场景中能够作为动态且可控的"社会刺激"，相对于基于屏幕的任务形式，能够提供更多的生态有效性，同时相比人与人的社会交互更容易控制（Chevalier et al.，2020）。因此，研究用户与机器人的交互行为能从另一个角度揭示人类的社会认知过程。

在用户与机器人的研究中常用的客观的测量主要是行为测量，如反应时间、任务完成时间和事后视频编码等，主观上则侧重于用户的体验，通过调查和访谈来收集被试对机器人的感知和态度。引入神经科学的方法及工具，如fMRI、心电图、脑电技术、皮肤电反应和眼动追踪技术能够获得用户在各种环境中的认知和情绪状态，对传统的方法加以补充（Baig and Kavakli，2019）。目前，许多研究者也将这种方法运用在用户与机器人交互的研究中。

为了解认知神经科学领域用户与机器人的交互行为研究现状，我们在 Web of Science 上检索以"robot""eye track""fMRI""ERPs"等神经科学方法术语为主题的论文，排除相关性较低的学科领域，初步获取该领域文献样本 300 余篇[①]。通过通读标题及摘要进行文献筛选，并在阅读已检索文献的基础上通过不断挖掘相关关键词进行二次检索及借鉴参考文献引用情况补充遗漏文献来丰富文献样本库，最终获得57篇与"用户与机器人的交互行为"相关性较高的文献（见

---

① 检索词：（TS=（"NeuroIS" OR "neuroscience" OR "Neuro Information Systems" OR "Neural Information Systems" OR "neural science" OR "skin response" OR "hormone" OR "eye movement" OR "eye track*" OR "pupillometry" OR "electroencephalography" OR "electrocardiogram" OR "electromyography" OR "EEG" OR "ECG" OR "EKG" OR "fMRI" OR "fNIRS" OR "ERPs"））AND TS=（"robot"）。

附表6）。这些研究主要从机器人设计因素及用户方因素两方面讨论不同情境下（如竞争/合作社会情境、医疗康复情境等）人机交互过程与结果，并且应用神经科学的工具，真实记录用户在人机交互过程中的心理生理反应，对机器人的设计、人机交互、合作模式做出客观评价，同时能够和人脑活动相联系，揭示人机交互过程中认知决策的底层过程，更深入地理解人机交互的神经机制及人类的社会认知。

7.2.1　机器人自身设计因素

1. 语言线索

解释自身的行为是人类日常生活的自然组成部分，缺乏解释会让人不安，对于机器人来说也是如此。在设计机器人时，可以通过设定机器人语言内容、说话方式这类语言线索传递信息，如机器人行为的目的、机器人自身的个性等，并与其他非语言线索（交互时机器人的行为动作）相互配合互补（Ohshima et al.，2015；van Dijk et al.，2013），最终增加用户对机器人的理解和信任（Desai et al.，2013）。现有研究表明机器人对自身行为解释的时机、与人类语言的相似性、声音类型等都会在人机交互过程中产生影响（Han et al.，2021）。

学者使用 fMRI 深入研究了人对人和机器人声音的反应（Di Cesare et al.，2016，2017），发现被试在听到由人类声音或机器人声音发出的动作动词时，大脑的激活模式是类似的。相比于加工抽象动词，加工动作动词会激活额顶叶回路（包括左下顶叶、左运动前皮质），说明人类听到动词时会联系到动作表征和动作模拟，帮助理解他人的动作以及为可能要做的动作做准备。另外，细分粗鲁（温柔）的人（机器人）的声音，发现不同的声音会激活不同的脑岛中枢部位，如与机器人声音相比，粗鲁的人声会激活左侧颞中回、左侧中央后回和中央前回，以及脑岛的左侧中央部分。

另外，也有学者考虑一些具体的语音特征和过程设计，如机器人沟通的整体风格（Wright et al.，2022b）、语音生成机制（Ohshima et al.，2015）、声音同步性（Nishimura et al.，2021）等。Chen 等（2014）研究了护理机器人服务时语言解释时机的重要性，发现机器人触摸被试时对触摸行为意图的解释会影响被试的反应，当触摸被解释为情感性触摸而不是功能性触摸时被试反应更好，并且触摸前就进行语言解释作为提醒，相比触摸后再解释，被试对机器人的态度回应更好。皮肤电在该研究中作为生理测量指标，发现在警告时信号没有上升，而在机器人开始接触人类时才会有显著上升，反映被试当时具有较高的唤醒水平。

并且研究发现，语言和非语言两种线索的结合使用能够促进人机交互。

Sawabe 等（2022）借助肌电图和皮肤电导发现，与单独触摸相比，触摸与言语结合会产生更高的主观情感效价和唤醒评分、更强的颧肌主肌电图和皮肤电活动。Li 等（2022d）在教育场景下也发现教育机器人同时有动作和声音能在交互时让人减少疲惫和压力，提高自我效能。这可能是由于多种类型的线索（如面部表情、身体动作、声音语言等）能够更好地传递机器人当下的情感心理状态，而精准识别情绪能够提高社会交互的质量（Hess et al.，2016），甚至能够类似人类让人产生共情反应。Rosenthal-von der Pütten 等（2014）通过声音和动作来模拟机器人被人友爱或暴力对待后的反应（如放置在封闭空间中会发出类似哭泣的声音，被击打会减缓移动速度等），通过 fMRI 实验发现被试对于机器人和人类被友好处理的共情在神经激活模式上没有差异，都会有情绪上的反应，而在负面情绪上，被试对人类对象的情绪会更强烈。Chang 等（2021）也有类似的发现，对于痛苦，人类能够对机器人产生共情，但是与对象为人类时存在一定差异，脑电数据显示，当对象为人类时 P300 信号振幅更大。

2. 非语言线索

1）眼神注视

人们常说眼睛是心灵的窗户，一个人的情绪及精神状态可以通过眼睛反映，对机器人来说也是如此。眼神注视通常有以下几种类型。

相互注视（mutual gaze）：通常被通俗地称为眼神交流，这是一种眼神注视，从一个主体直接到另一个主体的眼睛或脸，反之亦然。

指示注视（referential gaze）：是指对空间中某一物体或地点的注视。这种注视有时出现在对一个物体的言语提及时，尽管它不是必须伴随言语的。

共同注意（joint attention）：分享对一个共同物体的注意力（Moore and Dunham，2014）。共同注意有几个阶段，首先是相互注视来建立注意力，其次是参照注视来吸引注意力到感兴趣的对象上，最后再循环回到相互注视以确保体验是共享的。

注视转移（gaze aversion）：是指从注视的主要方向（通常是同伴的脸）转移注视。注视转移可以发生在任何方向，一些证据表明，转移的目的影响了转移的方向（Andrist et al.，2014）。

20 世纪 90 年代末，机器人专家开始在他们的机器人系统中引入有意义的眼神注视，如机器人 Kismet 和 Infanoid。

眼神注视可以揭示机器人的个性、情绪状态（如高水平的注视能够反映信任和外向个性）（Andrist et al.，2015），反映机器人的知识和目标（Fong et al.，2003），促进与用户的互动和表达对用户的关注（Tapus et al.，2007）等。眼神注视在人机交互中可以增加人机对话的流畅性或引导用户注意到相关信息

（Johnson et al., 2000）。

目前，注视方面的人机交互研究主要有三方面，第一类是交互过程中用户对机器人注视的反应，第二类是机器人注视行为的特征，第三类则是支持机器人注视行为的技术研究（Admoni and Scassellati, 2017）。学者主要在第一类研究中使用各类神经科学工具揭示用户对机器人眼神注视的反应，包括共同注意、注视跟随、互相注视等。

研究机器人的注视线索时，学者常借用心理学中一个研究共同注意的经典研究范式（Friesen and Kingstone, 1998a），在这个范式中，一个抽象的面孔刺激（如人类面孔、机器人面孔）呈现在屏幕中央，该面孔刺激首先与被试达成互相注视，然后该面孔的注视方向转向屏幕的左边或右边（即注视线索），随后呈现一个目标，或呈现在注视位置（即有效注视，表示注视反应的线索和目标结果一致），或呈现在注视位置的相反位置（即无效注视，表示注视反应的线索和目标结果不一致）（图 7.2）。相比无效注视的情况，被试会对呈现在注视位置的目标（此时，面孔刺激表现出有效注视）做出更快的反应，即注视线索效应。

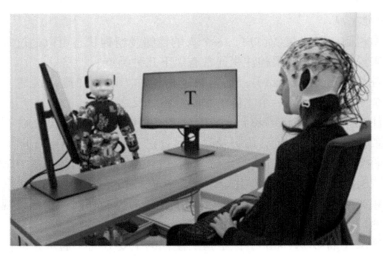

图 7.2　人机共同注意
资料来源：Chevalier 等（2020）

多项研究基于共同注意的实验范式发现，在人机交互过程中存在和人际交互中类似的注视线索效应，证明了机器人的视线是人机交互中的重要线索（Cao et al., 2019；Kompatsiari et al., 2021；Staudte and Crocker, 2011）。当机器人有类人的眼神行为时，人类可能会依赖于机器人的视线来理解机器人的语言或意图。Staudte 和 Crocker（2011）发现，当机器人通过语言介绍物体及看向眼前的物体时，人类会首先看向机器人的面孔，当机器人开始转移视线到物体及开始讲述时，人类会随即依赖于机器人的指示注视而不是话语描述调整注意力，在最后阶段才会看向描述的正确的物体，当机器人的视线所指与话语描述不一致时，人类会用更长的时间验证它的语言。Ghiglino 等（2021）设计了一款具有类人眼神注视行为的机器人，并且通过眼动实验探究被试对机器人的注视行为的注意力反应。在实验中，机器人会有两类注视行为，一类是有意图的注视行为（如阅读，具有可变性特点），另一类是机械化的注视行为（如配置眼动仪时看向几个固定位置的点，具有重复性特点），结果发现，当面对机器人对象及机械化的注视行为时，被试会将更多的注视时间放在对象的眼神移动上，而不是背景或者面孔上。说明相比同类（人类面孔）和阅读这种常见对象及行为，人类面对不熟悉的对象（机器人）和行为（机械化行为）时需要更多的注意力去推测对象行为的意图。

由于自闭症儿童缺乏社会交互的能力，而眼神注视线索则能够帮助理解他人意图，是社会交互中重要的一环，因此学者对儿童–机器人的眼神交流进行了研究，并且大都基于共同注意的范式。一方面是研究自闭症儿童和正常儿童在面对机器人时在共同注意任务中的差异，由于自闭症儿童会在共同注意中表现出和正常儿童不一样的认知模式，因而通过孩子与机器人的共同注意实验中的眼动活动的差异能够识别自闭症儿童（Lohan et al.，2018）。另一方面则是研究机器人和正常人类视线对自闭症儿童的影响差异。Cao 等（2019）研究了自闭症儿童在共同注意的范式下面对人类对象及机器人对象的不同表现。该研究使用眼动追踪技术记录了儿童的注视时间以及在对象和目标之间的注视转移，结果发现相比机器人对象，儿童面对人类对象时会更多地看面孔而不是目标，以及注视身体的时间点会更早。Mehmood 等（2019）使用脑电图给出了脑区的生理证据，他们通过测量大脑半球的支配性，并找到它与被试的视觉空间支配性的联系，发现大多数自闭症儿童的共同注意的视觉空间是从右到左的，自闭症儿童对右侧视觉空间的机器人会进行更多的模仿和聚焦。这些发现也得到了大脑支配性和目光接触次数的结果的支持。

当机器人的视线对人类视线主动做出反应时，研究人员发现人类会更喜爱那些跟随自己视线的机器人，更早地将视线转移到机器人面孔上，反映了对机器人的关注（Willemse and Wykowska，2019）。当面对和自己注视行为不一致的机器人，人类的行为及决策会受到干扰（Belkaid et al.，2021）。Perez-Osorio 等（2021）在研究中使用眼动追踪技术和 ERP 技术发现，与任务不相关的机器人的注视信号会使用户产生认知冲突。在他们的研究中，用户需要完成一项物体颜色分类的任务，而物体会由 iCub 机器人模拟递给用户，在递给用户的同时，机器人会有一个注视行为，看向正确的颜色或是不正确的颜色。结果发现当机器人看向不正确的选项时用户会产生认知冲突，会花更多的时间完成任务且错误率更高。

眼动数据分析发现，当机器人看向不正确的选项时，用户看向不正确选项的眼跳反应更慢，并且会更多注视到错误的位置，曲线轨迹的注视路径分析的曲率更大，表示用户更多地看向机器人看向的方向。ERP 分析发现，在机器人注视方向错误时，FCz 处 N200 的振幅更小，以及事件相关谱扰动分析发现，θ 频段振荡更强，反映了存在认知冲突（Cavanagh and Frank，2014），这种冲突同时也受到人类对机器人态度的影响。

当人与机器人双方互相注视，达到眼神交汇时，人类也会有神经生理反应。在 Belkaid 等（2021）的研究中，用户与 iCub 机器人进行社会决策游戏。在机器人注视下（相比注视回避），人类用户有更多认知活动，可能会推理机器人的策略或者抑制机器人注视的干扰，结果导致决策回应更慢。大脑活动也给出了证据，发现与注视转移相比，参与者在相互注视时在顶叶区域的 α 波同步反应更高，表示用户可能在抑制机器人注视的干扰（Ward，2003），并且被试在注视转移时决策结果相关 ERP 振幅更大，反映了对结果更敏感。但与和人类的眼神接触相比，人机眼神接触导致的生理反应较小。Kelley 等（2021）通过近红外光谱技术进行神经成像，发现人与人之间的眼神接触会增加人类社会系统包括右侧颞顶叶交界处和背外侧前额叶皮层的神经活动，但人与机器人的眼神接触不足以引发这些脑区的神经活动增加。Kiilavuori 等（2021）通过皮肤电和心电图等数据发现，相比机器人眼神回避，机器人和被试眼神接触时会引发被试更大的皮肤电反应（说明眼神接触能诱发被试更高的唤醒水平）、更大的面部颧肌反应（和被试积极情绪相关），以及心跳加速后的快速减速反应（说明和机器人视线接触时会进行注意力分配）。

2）手势和躯体动作

手势和躯体动作也是交流中重要的非语言线索，机器人可以通过手势和躯体动作来表达自身的情绪，帮助解释语言信息。以往研究也发现它们在机器人与用户交互过程中扮演着重要角色，如机器人在说话的同时展示手势和手臂动作，会得到人类更积极的评价（Salem et al.，2011）；标志性动作、手势能够帮助用户回忆人机交互中的信息（van Dijk et al.，2013）。

手势、动作刺激时间过短，常用的问卷测量不能准确地捕捉被试的真实反应，而神经科学方法的应用能够帮助测量一些细微手势、动作带来的人机交互的影响。一些研究应用神经科学方法发现手势动作能够传递机器人的情绪给用户。例如，Li 等（2022a）对用于教育的机器人和用户交互研究发现，有动作的机器人更受被试喜爱，被试的自我效能得到提升并且心跳和脑波数据反映被试和这类机器人交互时不容易感到沮丧和压力（图 7.3）。

默认动作

积极动作

图 7.3　研究中默认动作和积极动作的机器人

Guo 等（2019）也针对机器人的动作使用被试的眼动和脑电数据进行研究，他们通过设计 Alpha 2 机器人的头部、手臂、腿部动作来模拟机器人情绪，发现机器人表达快乐、悲伤情绪的动作能够引发被试相对应的积极、消极的情绪反应，同时引发被试的生理反应，相比中性动作，快乐和悲伤的动作会使被试瞳孔直径变大，说明唤醒增加，同时，快乐动作会增加额叶中部相对 θ 波能量和额叶 α 不对称得分，反映了被试即时的积极情绪感受。

由于实体机器人能够和用户进行物理接触，有相当一部分研究聚焦于机器人触摸对人机交互的影响。机器人触摸会降低人类的疼痛评分，降低唾液中的催产素水平，降低血压和心率，减轻被抚摸者的压力（Robinson et al., 2015；Geva et al., 2020）。对儿童来说，触摸行为（如手拉手）能让儿童感觉到轻松，有安全感（Hieida et al., 2020）。

但研究还发现机器人触摸并不完全等同于人类触摸。人类动作会诱发观察者的神经元系统活动，观察者进而会进行动作模拟，以帮助自己理解对方的动作意图，但是有关机器人动作是否也会引起人类神经上的动作模拟反应的结论尚不统一。一部分研究认为机器人动作可以引发镜像神经元的活动（Gazzola et al., 2007），甚至不需要动作有目标物体（Oberman et al., 2007），也有一些研究否认这一说法，如观察人类的抓取动作时能看到腹前运动皮层区域左前运动皮层的激活，而观察机器人的抓取动作时不会引起激活（Tai et al., 2004）；观察人类的动作激活了脑岛的背中央区，而观察机器人的动作并没有引起脑岛活动（Di Cesare et al., 2020），说明人类的镜像神经系统可能只在观察生物动作时得到激活。

3）面部表情

人们对于识别面部表情几乎是无意识，不需要努力的。在人机交互中，机器人也会展示各种面部表情来反映自身的情绪或个性（图 7.4），并能引发人们的情绪反应及行为变化（Takagi and Terada，2021）。

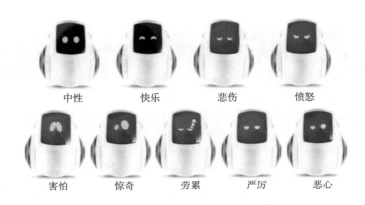

图 7.4　研究中的机器人表情
资料来源：Wairagkar 等（2022）

学者在研究中首先关注于人类是否能够识别机器人的面部表情所表达的各类情绪。研究发现，人类能够识别机器人表情，但是表情类型可能影响识别率，当机器人表达出喜悦、幸福、惊讶和悲伤时，人们会很容易识别，其次是愤怒，而厌恶和恐惧则更难识别（Gobbini et al.，2011）。在神经表现上，Wairagkar 等（2022）发现机器人 80%的表情可以被识别，并且通过脑电数据发现，人类在识别机器人的表情时，面孔敏感的事件相关电位，如 N170 和顶点正电位会被激活，这与人类在识别人类表情时的反应相似。但也有研究发现，在观察 BERT2 的人形机器人表达的几种典型情绪（如厌恶、惊讶和悲伤）时，N170 振幅没有明显差异（Craig et al.，2010）。

同时，学者还比较了人类在识别机器人表情和人类表情时的差异。Nadel 等（2006）调查了成人和 3 岁儿童对机器人面部表情的识别准确性。参与者被要求识别由非人形机器人头部或人类代理做出的静态或动态的面部表情。这些表情几乎涵盖了所有基本或典型的情绪——高兴、幸福、悲伤、恐惧、惊讶和愤怒。结果表明，对于成人和儿童来说，人类的表情比机器人的表情更容易被识别。Lazzeri 等（2015）通过心电图提取的心率变异性和皮肤电反应测试受试者的自动神经系统活动和心理生理状态，研究发现识别机器人表情时积极表情的识别率相对于消极表情更高，但是速度和神经生理反应上没有显著差异，因而人对人类和机器人的表情识别还是存在细微差异的。

一些学者使用神经科学工具更深入地探究了人对人类和机器人表情识别上的认知加工差异。Dubal 等（2011）使用 ERP 记录了被试面对机器人表情的生理反应，涉及两个与面孔加工有关的 ERP 成分：P100 和 N170（Itier and Taylor，2004）。该研究发现面对人类和机器人的表情刺激，早期 P100 成分对积极表情的反应相比中性表情更强，反映了早期加工中注意力增加，而面对机器人刺激时 N170 成分更低且延迟，作者解释其原因可能是机器人面部相比人类缺乏细节，如没有鼻子、没有脸颊等。该小组还研究了机器人悲伤的表情，同样发现人类在处理消极表情时不存在系统性的偏见，能够处理非人面孔所表现的情绪（Chammat et al.，2010）。具体而言，被试面对消极表情的反应相比中性表情，早期 P100 成分增强，并且虽然 P100 和 N170 在观察机器人的面部表情时反应延迟，但这些成分的振幅没有差异。

另外，fMRI 也能够识别与情绪面孔处理相关的核心网络，包括杏仁核、梭状回、颞上回和内侧前额叶皮层（Schirmer and Adolphs，2017）。相关研究发现，与人类代理相比，当被试看到机器人代理的面部表情时，杏仁核活动减少（Gobbini et al.，2011），但颞上回活动没有发现差异（Gobbini et al.，2011）。学者使用了各种神经工具对关于机器人和人类感知面部表情的神经过程进行研究，发现了表情识别中潜在的相似性及差异性。

除了识别表情本身，研究还发现人类能根据不同的情境理解并回应机器人表情。例如，Hofree 等（2018）使用肌电图记录了被试在不同社会情境下（合作/对抗）对机器人微笑和皱眉的面部表情反应。研究发现，被试对机器人表情的面部反应反映了其信息价值，而不是直接匹配。具体来说，在合作的情境下对方微笑，以及竞争情境下对方皱眉都能够引发被试相似数量的微笑，类似地，合作型机器人的"皱眉"和竞争型机器人的"微笑"都会引起相当数量的被试皱眉。

4）外观的拟人化

外观包括面部和身体的特征及一些姿势（Cross et al.，2016）。当机器人拥有拟人化的外观时，用户更容易将机器人视为人（拟人化机器人），这能够让用户使用与人类相关的知识经验来理解所观察到的机器人的行为，弥补用户现实中可能缺乏的社会联系（Epley et al.，2007）。现在的研究主要聚焦在机器人外观的拟人化程度对用户感知和偏好的影响，但结论并不统一，拟人化的影响依赖于场景、任务、年龄等因素（Martinez-Miranda et al.，2018；Desideri et al.，2019）。

例如，社交场景、对抗场景下机器人拥有类人外观更合适，能够让人感受到更多快乐和竞争感，神经上表现为内侧额叶皮层和右侧颞顶交界处的皮质活动随对方类人性的增加而显著线性增加（Clayes and Anderson，2007；Krach et al.，

2008）。然而，在任务解决、合作等场景下，非类人外观能够减少干扰，利于决策（Clayes and Anderson，2007；Czeszumski et al.，2021），这是因为尽管类人外观有拉近距离、增加亲近和信任等优势，但同时可能会引发用户更高的期待，当机器人实际的行为能力不匹配时，容易导致用户更高的失望。

一些研究让被试对各种机器人外观进行偏好决策来反映被试的感知，并使用ERP、眼动等各种神经生理工具描述被试决策时的生理反应。Guo等（2022a）让被试对多种机器人外观进行偏好决策，使用ERP分析发现偏好形成具有两阶段的神经动态性，在早期，偏好类人机器人外观会引发顶枕区N100、额区P2的信号增强，以及早期中枢和顶枕区θ波。在后期，偏好类人机器人外观诱发了更强的晚期正电位，以及后期的中枢和顶枕区θ波。其中，N100和P200成分及θ波都与情感性刺激后知觉加工中的注意资源分配密切相关，在研究中反映了注意力分配对内在偏好形成的影响。晚期正电位则与偏好形成中的情感评估分类过程相关。

另外，机器人外观的拟人化水平可能会引发恐怖谷效应。恐怖谷理论最初是在20世纪70年代提出的，是指当一个类人的人工制品接近但没有达到真实的人类外观时，人们对它的反应会突然从高亲和力转变为厌恶。这种亲和力的突然下降被称为恐怖谷。

恐怖谷效应的存在与否仍然是不确定的，现有研究证据也存在相互矛盾的情况。Wang和Quadflieg（2015）通过fMRI实验发现人在观察人际交互和人机交互时的神经活动存在差异。相比观察人际交互，被试观察人机交互时会激活楔前叶和腹内侧前额叶皮层，反映了被试对机器人交互缺乏代入及经验而进行社会性推理的加工过程，以及腹内侧前额叶皮层的活动反映了被试所产生的恐怖感，表明存在恐怖谷效应。但是在某些情况下不存在恐怖谷效应。Matsuda等（2015）使用眼动实验发现婴儿对人类和类人外观的机器人在注视时间和注视区域上没有差异，尽管能够区分人类和机器外观的机器人，但是不能区分人类和类人外观的机器人，所以不存在恐怖谷效应。

身体移动的不自然也能诱发恐怖谷效应（Mori et al.，2012）。产生这种效应的原因可能有两种，一种是单纯的移动缺乏像人一样的自然性，另一种则是外观和移动不一致。Ikeda等（2017）通过fMRI探究了机器人不自然移动引发恐怖谷效应的神经证据。被试在实验中会呈现虚拟形象及人类模型的移动。结果发现，相比人类模型，被试观察虚拟机器人的移动会导致其下丘脑核更大的激活。下丘脑核在个体自主运动控制中起到重要的作用，并且可以编码外部的运动信息，如运动图像，因而当机器人不太平稳的移动动作被视觉观察到时，下丘脑核会察觉到它们微妙的不自然。所以不自然运动的检测归因于视觉输入和个体平滑运动的内部模型之间存在不匹配而造成一个错误信号，能够支持第一种原因。Urgen等

（2018）则认为恐怖谷效应能够被解释为是对预期的违背，当外貌和动作统一时就不会诱发恐怖谷。ERP 的 N400 成分是人类大脑对任何有意义刺激的反应，是一种事件相关的负向脑电位，在刺激开始后约 400 毫秒达到峰值，当个体预期被违背，产生认知冲突时 N400 振幅相对会更高。该研究发现了更强的 N400 信号振幅，验证了预期违背的假设，支持了第二种观点。

7.2.2　用户因素——意向立场

意向立场（intentional stance）是指人类是否相信机器人有自己的思想及意向和动机，如"我认为机器人能够以及愿意跟随我的视线"。当人们持有这一立场时，会自动使用心智化（mentalizing）的机制，以一种自上而下的认知加工方式去处理社会信息（Wykowska et al.，2014）。面对人类对象时，这是自然的，但是面对机器人，人类不一定会持有意向立场，研究也发现了面对人类和机器人时人类的心智化过程差异，表现在心智化区域（如内侧前额叶皮层和右侧颞顶叶交界处）的激活不同（Chaminade et al.，2012）。这种意向立场认为机器人有意识（无意识）可能是人类对于机器人的基本态度（偏见）。Bossi 等（2020）在一项研究中发现静息态脑电信号能够区分人类对机器人的态度和对机器人行为的意图解释，将机器人行为解释为有意图的被试组的脑电信号中 β 波段活动更弱。

一些研究直接操纵意向立场进行研究，主要的方法是通过告知被试任务对象是人类或机器人来让被试相信对象是否有根据其自主意识而行动的能力，进而影响被试对信息的处理，这种对信息处理的差异可以通过神经科学的方法反映。在 Schindler 和 Kissler（2016）的研究中，被试最初被要求在半结构化的采访中描述自己，同时被录像。他们被告知，这个视频将被展示给另一个对象，而这个对象将在实验中与他们互动。在一组实验中，被试被告知他们将与人类伙伴互动，而在另一组实验中，被试被告知他们将与社交智能计算机算法互动。在每一种类型的互动中，屏幕上以文本形式将积极、中性和消极的形容词展示给被试，每一个形容词后面都有一个颜色线索，表明人类或计算机依据被试的视频认为形容词是否符合对被试的描述。ERP 结果发现被试中心簇的 P200、P300 和 LPP 成分均值对于假想的人类伙伴的反馈大于对电脑伙伴的反馈。早期的 P200 成分反映了被试初步的语言加工，P300 成分增强反映被试对和自身相关程度高的社会信息会优先处理（Yeung and Sanfey，2004），如外部对自身的评价信息会被优先处理（Schindler and Kissler，2016），LPP 成分则是与被试增强的视觉加工及心智化过程有关。这表明和自身相关的刺激情境（当实验中信息发送方是人类而不是智能系统时）会受到优先的感知加工，如增强视觉激活，与动机注意模型相一致

（Lang et al., 1998）。在 Desideri 等（2021）的实验中持有意向立场的儿童（相信对方是有思想的人类）会在回答问题时表现出更多的视线回避。

Caruana 和 Mcarthur（2019）通过脑电实验进一步在互惠交互情境下研究采用意向立场对社会信息进行神经加工。在该研究中，被试会和虚拟形象 Alan 进行一个基于共同注意的合作游戏共同防止罪犯逃跑，并被告知 Alan 在一次游戏中是由人类控制的，在另一次游戏中是由计算机程序控制的。在游戏中被试扮演监管的角色，而 Alan 扮演门卫的角色，当出现逃犯时，被试会看向 Alan，Alan 根据共同注视会随机选择正确或错误的注视方向。ERP 结果发现当人们相信自己是在与人类互动时，他们的中枢顶叶 P250 和 P350 信号明显大于相信是在与计算机互动时的信号。

fMRI 实验也发现了相关证据，Ozdem 等（2017）通过描述眼睛动作是由机器还是人类控制来操纵被试的意向立场，发现双侧前颞顶交界处的激活，该脑区的激活反映了被试注意力的重新定位，说明意向立场的不同会影响用户对机器人行为的认知加工。

有学者在研究中考虑了用户因素和设计因素的共同影响。例如，Cross 等（2016）定义了两类线索：知识线索和刺激线索。知识线索是指用户本身对机器人的看法（意向立场），刺激线索则是机器人设计上的外观、动作。他们通过 fMRI 研究，发现知识线索会诱发右枕下、梭状回、左楔前叶及左顶叶上小叶的参与，与心智化网络相关。刺激线索诱发双侧腹侧颞、枕叶皮质、部分左颞上回和海马体的参与，反映视觉参与。并且，两种线索对机器人类人性的表达不一致和一致时右侧额下回和小脑有不同的神经激活表现。Miura 等（2010）考虑了机器人的舞蹈动作平滑性及个体的艺术意识，人在观看机器人跳舞时，运动平滑性会影响人的皮质网络中运动和身体敏感的视觉区域的激活，但是不会对艺术意识产生影响，而包括顶叶额叶网络在内的皮层网络的激活在理解他人动作行为方面有重要的作用，但是具有个体差异性，即会对个体的艺术意识产生影响，艺术意识高的个体会更关注于舞蹈者的关节动作及整体的舞蹈氛围。

7.3　基于脑机融合的用户行为

7.3.1　脑机接口技术及其发展现状

脑机接口是一种神经技术应用，是人机交互的终极手段，最早在 20 世纪 70 年代被提出（Vidal，1973），脑机接口通过解码用户的中枢神经系统信号，然后实时将脑信号转为计算机命令。因此，允许基于思想的通信来和其他用户交流或控制各种设备，而不需要任何外周神经或肌肉的参与（Ma and Qiu，2016）。信息科学和生命科学的融合孕育了这一技术，在计算机和生物脑之间架起了一道桥梁，这意味着人类既能够将外部设备（如假肢）的信号传递给大脑，也可以通过计算机解读脑部信号，进而直接控制外部设备，为实现脑与机的双向交互、协同工作及一体化奠定了基础（吴朝晖，2022）。2015 年全球脑机接口的市场规模估值在 8.07 亿元（Lupu et al.，2019），麦肯锡测算，在 2040 年，脑机接口的市场规模甚至有望达到 1 450 亿美元，在康复医疗、教育科技、生活娱乐及外设控制等领域脑机接口技术都显示出广阔的应用前景和价值（Chamola et al.，2020）。

　　下面简单介绍脑机接口的设备组成及功能。脑机接口可以视为一个闭环的带有反馈的控制系统。脑机接口模型需要一个记录大脑收到刺激后的信号活动的装置；一种预处理工具，用于降低噪声，为信号进一步处理做好准备，以及从录音中提取相关信息（特征提取和选择）；一个解码器，能将提取的信息分类成一个控制信号（特征分类），以提供给外部设备，设备反过来给用户提供反馈，形成闭环，反馈对于用户很重要，是系统的一个重要部分，能够提供外部设备表现的信息来激励用户调整大脑的活动，增加注意力及对任务的参与（Brusini et al.，2021）。脑机接口运行流程如图 7.5 所示。

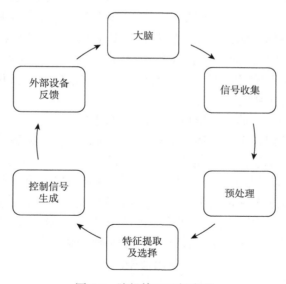

图 7.5　脑机接口运行流程

　　脑机接口技术按其信息采集方式主要分为非侵入式和侵入式两大类，它们之间最大的区别在于是否对大脑采用有创口的手术方式来获取神经元信息。下面我们分别介绍这两类技术。

1. 非侵入式脑机接口

非侵入式脑机接口无须手术，直接从大脑外部采集信号，安全无创，但是信号传递时衰减较大，容易受到噪声污染，信噪比较低。根据脑信号来源进行分类，可以分为单一信号来源（fMRI、MEG、fNIRS 等）及混合信号来源。研究中学者主要根据不同复杂程度的任务设计相应的脑机接口，并且通过改进特征提取方法和分类算法来提高脑机接口的操纵成功率及准确性。

Tanaka 等（2005）在他们的研究中设计了一种脑机接口使用脑电信号来操控轮椅，使用者可以通过想象来操纵轮椅向左或向右移动，成功率能达到 80%。除了移动机器人和轮椅，脑机接口也可以操纵机械臂在 2D、3D 环境中进行抓取目标的任务。Hortal 等（2015）设计了一款脑机接口，能够收集被试的脑电信号并使用支持向量机的方法对信号进行分类，来操纵机械臂抓取前后左右四个方位的目标物体。Gao 等（2017）提出了一种基于稳态视觉诱发电位（steady-state visual evoked potential，SSVEP）的脑机接口方法来实现多维度的脑机接口控制。被试成功通过脑机接口系统操纵机械臂在 3D 空间中写一些英文字母。

相比传统的只使用一种信号的简单脑机接口，学者也开始研究混合脑机接口。混合信号来源的脑机接口运用多种信号，或者结合其他的接口，使得各种方法优势互补。典型的混合脑机接口相比传统系统能更好地实现特定的目标。例如，混合脑机接口可以在基于图像和视觉注意的实验范式中更准确地推断用户意图，提高系统的整体性能，减少静息期的假阳性率。混合脑机接口可以有多个输入，这些输入通常是同时处理的（同时的），或者依次操作两个系统（序贯的），其中第一个系统可以充当"大脑开关"或"选择器"。并且，至少有一个输入信号必须是直接从大脑记录下来的。

用作"大脑开关"的脑机接口系统，设计用于在持续的大脑活动中只检测一种大脑状态（大脑模式）。当用户不打算交流时，用作"大脑开关"的脑机接口系统不产生任何输出。也就是系统的假阳性率会尽可能低。Mason 和 Birch（2000）率先开发基于脑电技术的大脑开关，他们提出了一种低频异步开关设计，能够从双极通道的持续脑电图活动中自动识别单次实验的自愿运动相关电位。

混合脑机接口可以同时使用两种不同的脑信号（如电信号和血流动力学信号），以及加入额外的生理信号输入，如心电图、眼睛注视控制系统，通过综合运用各类信号的信息，获得较高的输出速率。

2. 侵入式脑机接口

与非侵入式脑机接口使用身体边界外的传感器记录大脑信号不同，侵入式脑机接口使用大脑中植入的电极来记录大脑活动（Birbaumer，2006）。用于侵入性脑机接口的脑信号包括以下三个方面：①来自神经细胞或神经纤维的动作电位

（Kennedy et al.，2000）；②突触和细胞外场电位（Serruya et al.，2002）；③电皮质图（Leuthardt et al.，2004）。

学者就侵入式脑机接口在动物上做了较多的研究。近些年在临床上也开始有所应用，如浙江大学在 2020 年完成了国内首例植入式脑机接口的临床研究，患者可以通过大脑皮层信号控制外部机械臂。

虽然相比非侵入式脑机接口，侵入式脑机接口能够精确记录神经元的活动，后期对信号的特征提取、分析也更准确简单，但是，植入过程存在风险，植入人群选择、植入后电极工作时间选择等实际问题仍然有待讨论。

3. 脑机接口研究范式

研究范式是指在一定时间范围内，能为研究者群体提供模板问题及解决方法的被普遍认可的科学成就。这种成就具有两种特点：一是史无前例，能够吸引一批持久的追随者远离互相竞争的科学活动模式；二是足够开放，能够留下各类问题等待未来的从业者去解决（Kuhn，1970）。脑机接口作为一种新型人机交互技术，展示出巨大的发展前景，而研究范式的设计与创新是开发脑机接口系统的首要关键步骤（Li et al.，2016）。近年来学者在研究范式上展开了很多探索性研究，以增强源信号强度、缩短决策时间，从而提高系统性能。脑机接口常用的研究范式包括运动想象范式和外部刺激范式（如视觉、听觉、触觉等）。

1）运动想象范式

运动想象是让受试者想象一个动作而不是执行一个真实的动作（Mulder，2007），如想象左右手抓握眼前的目标，通过想象激活大脑中负责运动想象的区域，这类区域也和真实运动相关。运动想象范式主要分为感觉运动节律（sensorimotor rhythms，SMR）和想象身体运动（imagined body kinematics，IBK）（Abiri et al.，2019）。

SMR 想象运动被定义为手、脚和舌头等身体部位的运动，这些运动可能会引发大脑活动的调节（Morash et al.，2008），会导致 μ 节律（8~12 赫兹）和 β 节律（18~26 赫兹）中的事件相关去同步化，而放松会导致与事件相关的同步。同步化和去同步化是脑电信号中最重要的特征，能够从 C3、C4 电极位置（10/20 国际系统）中获得，这些电极的位置在感觉运动皮层之上。在上述的频率域（μ/β）受到影响的脑电信号可以用来控制假体设备。SMR 的缺点是让患者通过光标来选择目标的训练时间过长，可能需要几周或几个月（Abiri et al.，2019）。

IBK 是起源于侵入式脑机接口技术的一种运动想象范式（Hochberg et al.，2006）。然而，非侵入性研究发现，这种范式的信息是从低频 SMR 信号（小于 2 赫兹）中提取的。IBK 的训练协议和分析方法与 SMR 的范式有着本质的不同，因此被归类为独立于 SMR 的范式。在 IBK 中，被试被要求想象只一个身体部位在多维空间中连续运动，记录下的信号会在时域中解码。这种范式有时被称为自然想象运动。后续也被运用于一些非侵入式的研究（Ofner and Muller-Putz，2014）。

2）外部刺激范式

大脑信号除了可以通过意图驱动（内源性）脑机接口，如上述的运动想象范式，还可以通过刺激驱动（外源性）脑机接口来调节。大脑活动受到外界刺激的影响，如闪烁的 LED（light-emitting diode light，发光二极管）灯和声音，便会衍生出一系列的外部刺激范式。受到刺激后的脑电信号可以被收集和解码，以控制真实的或虚拟的物体或外部假肢。目前，脑机接口应用主要基于视觉（Kim et al.，2021a）、触觉（Kodama et al.，2016）和听觉（Halder et al.，2016）外部刺激范式。

基于脑电技术的脑机接口系统中最流行的范式之一是视觉 P300。这方面的研究是以 Farwell 和 Donchin（1988）所提出的 P300 拼写器为原型的。P300 拼写器（图 7.6）通过检测与被关注字符关联的靶刺激所诱发的 P300 成分，达到字符输出的目的（Ma and Qiu，2016）。P300 在 ERP 中是一个正的峰值，大小在 5~10 微伏，在事件发生后的 220~500 毫秒内有一个延迟。视觉 P300 脑机接口最重要的优点是，大多数受试者可以得到非常高的准确性，它可以在几分钟内实现校准。因此，被试可以方便快捷地使用该系统来控制设备，但这种范式也存在明显的缺点：①高度注意和视觉集中容易导致疲劳；②视力障碍患者无法使用该系统。

图 7.6　传统的 P300 拼写器

资料来源：Ma 和 Qiu（2016）

SSVEP 是脑机接口中另一种常用的视觉成分，是大脑对外界刺激产生的周期性的物理反应（Ding et al.，2006）。因为这种反应的产生部位位于视觉皮层，而不是执行的动作或想象的动作，SSVEP 也被称为光驱动。由于刺激是外界产生的，它和 P300 范式一样是一个可以被许多被试使用的非训练范式。刺激以不同的频率闪烁，从而产生多种命令和更多的自由度来控制设备。此外，SSVEP 频率比事件相关电位具有更可靠的分类能力，较显著的周期性频谱特征和相对稳定的幅值不易受到眨眼等运动轨迹的影响，且对环境电磁干扰的敏感度也相对较低，故在脑机接口系统中应用更为广泛（Li et al.，2016）。但需要注意的是，由于在使用过程中需要视线转移，这种范式同样对人的视觉能力有一定要求。

由于一些患者视觉能力受限，不能自主地去控制眼球的运动，完全依赖视觉范式是不够的，因而学者也在寻找其他的外源性刺激，其中听觉范式被许多脑机接口研究者研究过。Hinterberger 等（2004）第一次将听觉范式应用于脑机接口的研究，结果发现，通过训练，患者能够控制皮层进行交流。和视觉一样，也有基于 P300 的听觉范式，但是相比视觉 P300 范式，听觉 P300 的效果较差。

和视觉范式相同，稳态诱发电位也可以作为一种听觉范式，研究者可以通过缩短刺激时间，也就是使用快速听觉刺激，诱发脑中电位重叠，唤起听觉稳态反应（auditory steady-state response，ASSR）。

此外，还有其他改进的听觉范式。例如，基于选择注意的听觉范式，通过被试自愿识别目标引发更大的事件相关电位来提高脑机接口对大脑信号的分辨能力。又如，基于空间定位的听觉范式，Guo 等（2013）认为这种范式本质上也基于选择注意，但是更加强调听觉刺激的方向性，Nambu 等（2013）在研究中使用到该范式，实验中被试需要戴上耳机，各个方向的空间声音刺激会通过头外声音定位技术模拟，而被试只需要关注一个方向的声音刺激。

触觉范式也能够帮助解决患者视觉范式中容易出现的身体疲劳问题，还被那些有视觉障碍的患者使用。与视觉和听觉范式类似，可以使用触觉 P300 范式进行研究。振动触觉传感器设置在预先决定好的身体部位，而刺激则以不同频率发生，这些传感器的刺激将反映在从头皮记录的脑电图信号中。近几年，学者基于信号的去同步化，研究想象触觉范式。总体而言，相比视觉范式，触觉范式研究尚不充分。

7.3.2　脑机融合技术的安全性和伦理讨论

尽管脑机接口技术不断发展，并有着广泛的应用，但这项技术也伴随着一系列的伦理和安全问题，这对研究人员、临床医生、患者及其家属等各方来说都是需要慎重考虑的。Burwell 等（2017）就脑机接口使用的后果责任问题进行研究，包括使用 BCI（brain-computer interface，脑机接口）导致的自主性、身份和人格的潜在丧失问题，以及关于神经信号的收集、分析和可能的传输的安全问题。后续学者也根据已有文献进行了总结，将主要问题分为三类：物理问题、心理问题和社会问题（Coin et al.，2020）。

1. 物理问题

物理问题表现为影响用户健康的安全问题。例如，侵入式脑机接口需要在大脑中植入电极来获得脑信号，植入电极时可能造成感染、出血、对人脑产生损伤，术后也可能存在后遗症，使得脑信号变弱，非侵入式脑机接口也可能产生间接物理伤害，如不断激活大脑的某条通路会从各方面影响大脑的功能作用（Hildt，2015）。另外，运行时脑机接口的突然失效也会造成潜在危害，如正好穿戴假肢在过马路，这对于自身安全及公共安全都是一种隐患。

2. 心理问题

心理问题主要是脑机接口的使用会威胁到人性及自主性。使用脑机接口后，人不再是纯粹的自然人，会受到脑机接口系统的影响，有的用户报告脑机接口会对自己的感受产生影响，譬如让他们感觉更自信和独立，而另外一些用户会觉得他们不再是自己，失去了自主性，因为担忧脑机接口对自身人格的侵犯，并且无法对已经建立的人际沟通提供更多帮助，用户会对脑机接口的使用产生抵触心理（Blain-Moraes et al.，2012）。脑机接口是自身的延伸，这会改变使用者原本的人际交往和交际生活，因而脑机接口使用后的用户心理问题需要长久的关注。

3. 社会问题

社会问题可以细分为多个方面，如知情同意、责任和管理、公正、隐私安全和污名歧视（Coin et al.，2020）。

知情同意：用户在同意使用前需要明确脑机接口技术记录、收集、传递和接收的信号类型，以及可能产生的影响。由于目前脑机接口方面的法律不完善及部分患者身体的不适应，无法确保用户能够在清晰认知的情况下确认使用脑机接口服务或进行相关手术等。

责任和管理：目前对脑机接口也缺乏范围全面的管理条例。并且，由于使用脑机接口时，行动的控制被人和机器所分享，因而当脑机接口出现问题及非法使用时，责任的归属是难以确定的。

公正：脑机接口研究和应用可能会导致不平等和不公正的结果，如在研究中，脑机接口能够帮助患者获得沟通的能力，但是假如患者不愿意停止使用脑机接口，那么何时停止探索性的脑机接口研究是不明确的（Klein et al.，2018）。在应用中，脑机接口的使用能增强像移动和沟通这类最基本的自身能力，以及未来可能获得额外的能力提升，而自身能力是行使自身权利的基础，这使得使用脑机接口的部分人群能在某些情况下优于他人（如法律上的优势，一个只能通过眼神沟通的人是无法进行政治投票的），同时，脑机接口技术又由于其成本及技术的限制，各人、各地区对脑机接口的可获得性是不同的，从而会造成数字鸿沟（Servon，2002），最终导致不公平现象。此外，当使用脑机接口的部分人获得优势时，会对另外一部分自身不愿意使用脑机接口的人造成压力，为了适应技术的发展，摆脱不平等的地位，这类人可能在迫不得已的状态下被迫使用脑机接口技术，而被迫使用最终仍是一种不公正的结果。

隐私安全：当一个人的大脑数据被记录和使用，而此人对此并不知情或不希望数据被记录、转换或分发时，就会出现隐私问题。当数据能够对个人身体状况或精神状态做出评判时，隐私问题变得尤其重要。并且，脑机接口的信息安全性值得重视，其植入大脑的芯片可能会受到黑客攻击，造成数据被拦截替换等风险，最终导致当事人记忆破坏，威胁其健康及思维。

污名歧视：脑机接口通常应用于残疾人群，但这对技术本身及使用人群是一种污名，一旦某个人使用脑机接口，就可能会被周围人贴上残障人士的标签，并可能因此在社会交互中受到歧视，但就事实来说脑机接口也可以用于正常人群的活动（如娱乐游戏），只是这一部分的应用场景比较少，不是当下脑机接口发展的重点方向。因此，脑机接口技术的应用对象、应用场景还需要进一步拓展以减少这种污名歧视问题。

目前脑机接口技术的进步打开了一片全新的领域，未来有更大的发展空间及应用场景，但是其带来的伦理、安全问题也是我们所要关注的，我们应随时警惕脑机接口技术的潜在风险。学者们也在思考是否真的需要和人脑的直接通信以及让人脑接入机器（Hildt，2015）。从事脑机接口领域的各方利益相关者，包括工程师、神经科学家、技术公司、政策制定者都应该意识到要坚持以人为本的原则去设计及应用脑机接口技术，制定脑机接口相关法律条例，保障用户的安全与利益，让用户在使用中能体验到自身作为人的价值和状态，在保障人格的前提下，推动技术创新和拓展应用。

7.4　本 章 小 结

本章首先介绍了机器人的基本分类及其在不同场景下（如工业、教育、医疗等）的应用情况，并结合学界目前在各领域对机器人设计及交互的研究，从机器人设计因素和用户因素两个方面总结归纳了人机交互中的各类影响因素（图 7.7）。相比传统主观测量的方法，使用神经科学的方法与工具能更深入地揭示使用者的认知过程及不同情况下的大脑加工的差异，能以自然科学的方法为人机交互提供理论支持。因此，本章着重于梳理那些使用到神经科学方法与工具的机器人相关前沿研究（见附表6），希望借此能够帮助读者全面了解人机交互过程中的影响因素及用户的生理、心理和行为反应。

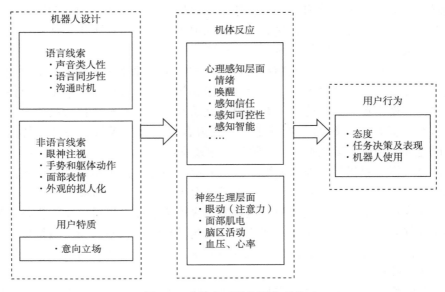

图 7.7 人机交互行为研究现状

同时，机器人技术与脑认知交叉融合创新，也使得脑机接口技术孕育而生，迅速发展、应用并受到广泛关注。本章对高速发展的脑机接口技术进行了简要的介绍，主要聚焦于其信号采集方式的分类及一些常见的研究范式，帮助读者快速了解脑机接口技术的原理及设计方法。同时，在脑机接口的应用过程中，安全和伦理问题也接踵而来，本章最后从物理、心理及社会问题三方面总结了脑机接口可能会产生的安全伦理隐患，希望能够帮助读者了解到脑机接口技术应用中存在的不确定性和局限性，辩证地看待这项新兴技术。

第8章 数智平台用户的信息安全行为

随着互联网在全球的普及和数字经济的广泛应用，数智化转型成为当下企业的必然选择。企业基于大数据、人工智能等技术不断创新产品和服务，各种数字化和智能化的产品推陈出新。在这些数智产品和服务越来越多地渗透进人们的日常工作和生活，为人们带来诸多便利的同时，隐私泄露等信息安全风险也在与日俱增。用户在信息安全及隐私风险与使用便利等收益中是如何权衡选择的，影响他们选择的机制是什么，探究和理解这些问题对于企业的合规性创新发展至关重要。已有一些学者从认知神经科学的视角对用户信息安全行为进行了探究，本章将基于这些研究，进一步从安全警告忽视、钓鱼网站识别、信息安全政策违规和用户隐私保护四方面对用户信息安全行为及认知神经科学技术在其中发挥的作用、潜力和未来研究方向等进行讨论。

8.1 信息安全行为概述

20世纪中叶，通信领域对信息加密传输的需求引起了人们对信息安全的关注，因此人们对信息安全的早期理解停留在信息加密的概念，其主要目的在于保障信息的机密、完整和可用。随着步入以互联网、大数据、人工智能、5G等信息技术为基础的数字经济时代，网络技术发展日新月异，信息网络技术在商业和政府组织中得到了广泛应用，人们在日常生活中对计算机网络、信息系统的使用和依赖逐渐增强，整个社会的信息化程度不断提高。人们对信息安全的认识已经不再局限于对数据信息本身的狭隘理解，而是逐渐将信息系统和互联网系统纳入其中，探求如何保障系统整体的安全性。中国互联网信息中心发布的第52次《中国互联网络发展状况统计报告》显示，截至2022年6月，中国的互联网普及率达 76.4%，网民规模达 10.79 亿人，其中使用手机上网比例更是高达 99.7%。用户行为向移动终端转移，各类 App（application，应用软件）作为用户手机上网的主要媒介，承担了越来越多的生活服务功能，基本覆盖了日常生活的各种场景。

信息技术和信息系统在商业组织中被广泛采纳，大大增加了社会的智慧程度，但与此同时，组织乃至用户层面的信息安全面临着严峻的形势和挑战。一方面，企业收集和存储的各类财务、业务、产品研发等信息一旦被非法访问、破坏、修改、损坏或销毁，将会对企业造成重大经济损失。一项研究表明，在 1 579 起损失超过 10 万美元的信息安全事件中，平均每起信息安全事件的经济成本为 4 349 万美元（Eling and Wirfs，2019）。另一方面，互联网技术的迅猛发展和下沉普及使得更加多维、私密的海量用户个人信息被多方平台收集、存储、分析和使用，导致用户个人信息泄露事件频发。2018 年剑桥分析丑闻中，多达 8 700 万个 Facebook 用户数据被不当泄露给剑桥用于分析美国大选[①]；2019 年苹果被曝收集用户与 Siri 的语音数据，并泄露给第三方[②]；中国消费者协会于 2018 年 8 月调查发布了《App 个人信息泄露情况调查报告》，其中显示有 80% 以上的网络用户曾经遭受过个人信息泄露问题[③]。日益频繁的信息交流所带来的信息安全问题愈加凸显，如何兼顾技术创新应用和信息安全，已成为一项全球性议题。

人们最初主要倚重于基于安全技术的解决方案以防范信息安全事件的发生，例如，通过引入信息安全技术架构、应用新技术工具和平台、安装防火墙及安全防护软件、设置监测系统和使用防护密码等信息安全防护技术和措施为信息资产提供安全保障。然而，单独地依靠信息安全软硬件防范技术仍无法有效地保障信息系统的安全性，用户作为整个网络信息保护链条中最复杂和薄弱的部分，已经成为影响信息安全技术实践效果的重要因素（Furnell and Clarke，2012）。调查显示，将近 50% 的信息安全事件与企业内部员工信息安全违规行为有关[④]；60% 以上的网络用户表示较少采取个人信息安全行为是个人信息泄露的首要原因[③]。用户不正确的使用习惯（如设置简单的密码、误点钓鱼网站链接、忽视安全警告等）与对信息系统的滥用和误用行为（如非法访问、盗取公司内部信息等）都会导致信息安全事件的发生。因此，信息安全问题不仅涉及信息安全技术的升级与应用，更涉及用户行为这一不可忽略的重要诱因。

---

① 澎湃新闻. 涉及 8700 万用户个人信息，Facebook 就剑桥分析数据泄露丑闻达成和解. https://baijiahao.baidu.com/s?id=1742501023447322240&wfr=spider&for=pc，2022-08-29.

② 央视财经. 嘿！Siri！我们的秘密，可能被别人知道了！苹果被曝一猛料. https://baijiahao.baidu.com/s?id=1640313015602545932&wfr=spider&for=pc，2019-07-28.

③ 中国消费者协会. App 个人信息泄露情况调查报告. https://www.cca.org.cn/jmxf/detail/28180.html，2018-08-29.

④ 人民网. 报告显示约五成信息安全事件来自企业内部职员. http://money.people.com.cn/n/2015/1210/c392426-27910233.html，2015-12-10.

　　信息系统领域学者已经在信息安全背景下围绕着用户行为开展了大量的有益探索。然而，以往用户信息安全行为研究主要采用传统的自我报告等方法从用户主观的心理感知层面去研究，而用户的信息安全行为不仅有深思熟虑的分析，也受到认知偏差、情绪等因素的影响，甚至在某些情景下对用户行为起主导作用（Adjerid et al.，2019）。这一影响非常微妙且往往是潜意识的，导致用户自我报告的结果偏离了实际想法或行为。例如，出于对个人形象和工作保障等因素的顾虑，人们往往不愿意承认个人的信息安全政策违规行为，从而做出歪曲事实的行为记录（Crossler et al.，2013）；用户对信息安全的担忧往往很少转化为实际的保护行为，甚至热衷于分享个人隐私信息（Acquisti et al.，2015；Lai et al.，2018）。研究人员正是意识到了这一问题，呼吁认知神经科学方法在用户信息安全行为研究中的应用（Bélanger and Xu，2015）。认知神经科学方法因其具有客观测量、动态过程实时捕捉等技术优势被广泛应用于信息系统研究，随着认知神经科学与信息系统的相互作用，研究人员开始借助认知神经科学技术开展信息安全背景下的用户行为研究。

　　为了解认知神经科学领域用户信息安全行为研究现状，我们在 Web of Science 上检索以 information security behavior、security policy violation、information privacy behavior 及其同义词拓展，以及 eye track、fMRI、ERP 等神经科学方法术语为主题的论文[①]。通过排除相关性较低的学科领域，通读标题及摘要进行文献筛选，并在阅读已检索文献的基础上不断挖掘相关关键词进行二次检索及借鉴参考文献引用情况补充遗漏文献来丰富文献样本库，最终获得 32 篇与"用户信息安全行为"高相关性的文献。这些研究将认知神经科学方法创新性地引入用户信息安全行为研究中，把以往的研究从心理、行为层面扩展到了生理层面，在信息安全背景下基于习惯化、恐惧诉求、自我控制、隐私计算等理论视角探讨了安全警告忽视、钓鱼网站识别、信息安全政策违规和用户隐私保护等用户行为，为深入理解用户信息安全行为的影响因素和作用机理提供了新的见解与补充。

8.2　安全警告忽视

　　安全警告通常是网络攻击和预期目标之间的最后一道防线，对于最终用户及

---

　　① 检索词：TS=（"neurons" OR "neuroscience" OR "Neuro Information Systems" OR "Neural Information Systems" OR "neural science" OR "skin response" OR "Hormone" OR "eye movement" OR "eye track*" OR "pupillometry" OR "electroencephalography" OR "electrocardiogram" OR "electromyography" OR "EEG" OR "ECG" OR "EKG" OR "fMRI" OR "fNIRS" OR "ERPs"）AND TS=（"information security behavior" OR "security policy violation" OR "information privacy behavior" OR "security message" OR "security warning"）。

其组织的信息安全至关重要（Anderson et al., 2016a）。安全警告是一种计算机对话通信形式，旨在通知用户现有程序在计算机系统上的运行风险，通常以文本形式呈现，也可以结合图片、音频、动画等方式多态化呈现（Anderson et al., 2016a）。理想情况下，计算机安全系统应当无须用户干预就能检测并抵御信息安全风险，但用户在现实生活中使用计算机时，经常要根据实际情况做出安全判断。例如，当浏览器无法判断用户所点击的网页链接是否安全时，就会触发一个需要用户自行判断的安全警告。安全警告能够帮助用户更谨慎地审视所执行的计算机操作的安全性，从而降低用户受到网络攻击的风险；反之，用户忽视安全警告则很可能会受到恶意的网络攻击，从而造成信息资产的损失。杨百翰大学神经安全实验室的研究团队与谷歌 Chrome 工程师合作进行的一项研究发现，超过70%的用户会忽视在关闭网页窗口、打字、观看视频和传送消息时弹出的安全警告（Jenkins et al., 2016）。通过对信息安全领域相关文献的回顾，Anderson 等（2016b）认为神经科学方法在测量有可能强烈影响用户信息安全行为但尚未上升到意识水平的认知和情感因素方面具有巨大潜力，并提出习惯化、双任务干扰、压力和恐惧是用户安全行为意愿与实际行为之间存在差距的重要解释机制（图 8.1）。现有研究主要从双任务干扰和习惯化这两大理论视角去探究用户安全警告忽视行为背后的认知加工机制，有助于人们深入理解安全警告忽视行为的成因并思考如何通过优化推送时机和多态化界面设计来促进用户对安全警告的有效响应。

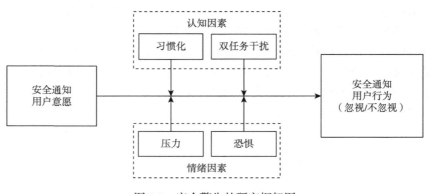

图 8.1　安全警告的研究框架图
资料来源：Anderson 等（2016b）

8.2.1　双任务干扰对安全警告忽视行为的影响

双任务干扰理论认为，当系统弹出的安全警告作为次要任务干扰到主要任务时，用户往往会选择忽视安全警告（Jenkins et al., 2016）。能力共享模型（capacity-sharing model）和瓶颈模型（bottleneck model）解释了为什么双任务干扰会影响用户在主要任务和次要任务上的表现性能。能力共享模型假设大脑可以对双任务同时进行加工和处理，但在主要任务和次要任务之间切换的认知资源是有限的，当多个任务同时执行时认知资源会被共享，从而分配给单一任务的认知资源就会减少（Tombu and Jolicœur，2003）。瓶颈模型假设大脑不能并行处理和加工多个任务，当大脑优先选择主要任务进行信息加工处理时，大脑对次要任务的加工处理会被限制，直到中枢瓶颈被释放后，次要任务才能进入瓶颈并得到加工处理的机会。基于双任务干扰理论，一项 fMRI 研究发现信息安全警告的弹出时机显著影响了与内侧颞叶脑区相关的神经激活和用户的安全警告忽视行为（Jenkins et al.，2016）。当安全警告在主要任务进行过程中弹出时，大脑正调动与工作记忆相关的认知资源以确保主要任务的顺利进行，因此难以调动与陈述性记忆相关的认知资源加工和处理安全警告。因此安全警告的推送时机非常重要，相比在主任务进行时弹出安全警告，在主任务结束后弹出安全警告会更有利于激活与陈述性记忆相关的内侧颞叶脑区来处理和加工安全警告的提示信息，从而减少用户的安全警告忽视行为（Jenkins et al.，2016）。

8.2.2 安全警告忽视行为的习惯化效应

习惯化效应指出，随着安全警告的重复出现，用户会产生习惯化并容易忽视信息安全警告（Anderson et al.，2016a，2016c；Vance et al.，2018）。习惯化是一种重要的生存机制，大自然中的生物通过过滤重复发生的刺激从而将更多的能量用于应对与生存相关的刺激。人类在婴儿时期就开始表现出对各类视觉、听觉等刺激的习惯化。习惯化的双过程理论指出，人的大脑会对首次接触的刺激创建一个心理模型，当看到一个新的刺激时，大脑会无意识地将新刺激与之前形成的心理模型进行比较，如果新刺激与之前的心理模型类似，对重复刺激的行为反应就会被抑制（Thompson，2009）。在安全警告背景下，Egelman 等（2008）发现用户对警告的忽视行为与用户识别出重复观看过的安全警告之间具有相关性，他们将这种相关性归因于习惯化。近几年，杨百翰大学神经安全实验室利用眼动、fMRI 等方法，从视线移动、神经响应等诸多方面证明了大脑对安全警告反应的习惯化，并提出多态化的安全警告设计用于有效缓解习惯化导致的安全警告忽视现象。Anderson 等（2015a，2016c）使用 fMRI 证明仅在第二次接触警告后，大脑视觉处理中心相关脑区的神经活动就大幅下降，且重复披露会进一步削弱大脑对安全警告的神经反应。眼动同样被用于习惯化效应的直接测量，当面对一个重复的安全警告刺激时，用户倾向于减少对重复安全警告的视觉注意力（Anderson et al.，2016a）。一项结合 fMRI 和眼动实验的研究通过收集连续 5 天被试响应安全警告的神经生理数据及田野实验的行为数据进行研究，发现随着时间的推移，被试对安全警告的注意力普遍下降，不接触安全警告会使其注意力得到一定的恢复（Vance et al., 2018）。安全警告的多态化界面设计，如高亮显示、红色外观、警示符号和动画呈现等，可以有效缓解用户对安全警告的习惯化，从而减少用户的安全警告忽视行为（Anderson et al., 2016a, 2015b; Vance et al., 2018）。

8.3　钓鱼网站识别

信息安全的一个重要领域是保护用户免受网络钓鱼攻击。网络钓鱼是通过垃圾邮件、即时聊天工具、手机短信或网页发送欺骗性信息，意图窃取用户敏感信息（如用户名、密码、账号或信用卡详细信息）的一种攻击方式。最典型的网络钓鱼攻击是将用户引诱到一个经过精心设计的，与目标网站（如银行、电子商务网站等）非常相似的钓鱼网站上，诱导用户提交银行账号、密码等私密信息，从而窃取用户信息。网络钓鱼攻击会导致财务损失、身份被盗窃、在线交易可信度降低等一系列严重后果。随着钓鱼攻击技术的升级，仅仅依靠自动检测识别技术不足以为用户提供足够的安全防护，用户对钓鱼网站的有效识别是成功抵御网络攻击的最终保障。钓鱼网站攻击的一个前提假设是通过视觉上足以被认为是合法的网站来欺骗用户与网站进行交互。浏览器通常会在地址栏提供指示网页安全相关的视觉线索以帮助用户判断网页的合规性，但多数用户缺乏对网页安全性知识的了解，实际上很少有用户会关注地址栏上的安全指示信息，从而导致对网页合规性的错误判断（Alsharnouby et al., 2015）。为了更好地去识别钓鱼网站，一些学者采用眼动、fMRI 等认知神经科学方法对钓鱼网站上用户的视觉注意和神经反应进行研究。

8.3.1　钓鱼网站识别的眼动研究

眼动技术被广泛应用于钓鱼网站识别的用户行为研究中，通过对用户识别钓鱼网站时视觉注意力的洞察，眼动研究为改进钓鱼网站的安全提示设计提供了有价值的参考。Alsharnouby 等（2015）发现普通用户只花费了 6% 的时间关注与网页安全性检测高度相关的区域（如地址栏），与有经验的专家相比，普通用户对网页内容信息的过多关注导致了更低的钓鱼网站识别率（Neupane et al., 2015）。Xiong 等（2017）检验了网站域名的突出显示是否会影响被试对钓鱼网站的识别能力。Xiong 等（2017）的眼动实验的结果表明，引导用户关注地址栏会增加被试在地址栏上的注意力投入，从而帮助用户更好地识别钓鱼网站；眼动热图分析表明域名的突出显示会提高被试在查看地址栏时的注意力集中程度，但并不能提高用户对域名的视觉关注及对钓鱼网站的识别能力。另一项研究同样讨论了域名对用户识别钓鱼网站的影响，该研究发现，用户倾向于通过查看网址中的域名是否包括 www 来判断网站的安全性，而忽视了域名中更有意义的安全提示线索；域名中的消极词汇相比于积极词汇更能提高用户识别钓鱼网址的准确性（Ramkumar et al.，2020）。Jaeger 和 Eckhardt（2021）创新性地提出了情境信息安全意识这一概念，并采用信息安全相关线索（如主题行、电子邮件地址、链接的网址等）的视觉关注作为对用户情境安全意识的测量，探究了情境信息安全意识的前因及对用户信息安全相关行为的后续影响。该研究发现，对钓鱼网站有经验的用户会更多地关注与安全相关的线索；当钓鱼邮件的内容与用户的工作背景相一致时，用户会更少地关注与信息安全相关的线索；与纯文本的钓鱼邮件相比，带有突出显示设计元素（如标识、个人图像）的钓鱼邮件更容易分散用户在信息安全相关线索上的视觉注意力；安全警告的呈现会提高用户的情景信息安全意识；用户的情境安全意识会对威胁评估和应对评估产生积极影响，继而通过积极影响用户的保护动机来增强用户的信息安全意识。以上研究表明，引导用户关注并理解信息安全相关的指标能够帮助用户更好地识别钓鱼网站，除此之外，如何改进现有的信息安全提示线索以吸引用户注意力亟待广大信息安全从业者和研究人员进行更为广泛和深入的探索。

8.3.2　钓鱼网站识别的神经影像学研究

不同于眼动研究对信息安全相关线索的视觉关注，神经影像学工具（fMRI 和 fNIRS）主要被用于探究用户在识别钓鱼网站和合规网站过程中的神经差异。一项 fMRI 研究发现，钓鱼网站的识别与右侧额中回和左顶叶皮层脑区的神经激活有关（Neupane et al.，2014）。在此基础上，Neupane 等（2017）借助 fNIRS 实验发现，钓鱼网站相比于正规网站会引起眼窝前额叶皮层、背外侧前额叶皮层、颞上回和颞中回脑区的神经激活，这些脑区涉及了决策过程中对可信度的评估。具体而言，眼窝前额叶皮层的神经激活减少表明了被试对正规网站的信任；背外侧前额叶皮层的神经激活暗示了被试在识别钓鱼网站时的认知负荷增加；颞上回和颞中回的神经激活与视觉检索、语言处理及语义记忆相关，暗示了用户更加怀疑钓鱼网站的合规性。神经影像学工具的应用为基于神经信号检测网站合规性提供了新思路。

8.4　信息安全政策违规

信息安全政策是组织在信息安全实践中所制定的与信息系统安全保障相关的规则、职责、指导、说明等，其目的是清晰地定义组织内部人员的行为守则以防范信息安全事件的发生。信息安全政策违规行为是指用户忽视或违反信息安全政策的行为（Guo，2013）。现有研究将信息安全行为中出现频率较高的五类消极行为统称为信息安全政策违规行为：计算机、信息系统或互联网的滥用/误用行为（computer/IS/Internet misuse/abuse behavior）、信息安全疏漏行为（information security omission behavior）、非恶意的安全违规行为（nonmalicious security violations）、不道德的计算机使用行为（unethical computer using behavior）和非工作相关的计算机操作行为（non-work-related computing）（Guo，2013）。大量研究表明，用户的信息安全政策违规行为已经成为超过网络外部攻击（如黑客入侵、网络间谍活动）的主要诱因（Anderson et al.，2017）。事实上，即使企业部署了先进的信息安全防范技术，用户有意或无意的信息安全政策违规行为也会对信息资产造成巨大威胁。因此，如何控制和预防用户的信息安全违规行为已经成为组织和学术界重点关注的问题。

21世纪以来，信息系统领域学者已经围绕着用户信息安全政策违规行为开展了大量的有益探索，以理性选择理论、计划行为理论、威慑理论、中和技术理论、保护动机理论等作为主要理论解释机制。基于理性选择理论和计划行为理论的研究认为遵守信息安全政策所带来的收益和所付出的成本影响了用户的信息安全政策违规行为。例如，当遵守信息安全政策会受到组织奖励时，用户会更愿意从事规范的信息安全行为；反之，当遵守信息安全政策会给工作造成不便时，遵从行为所产生的成本会导致信息安全政策违规行为的发生（Bulgurcu et al.，2010）。威慑理论改编自刑事司法领域的相关研究，该理论指出当人们认识到从事违规行为会受到惩罚时，人们倾向于遵从信息安全政策，因此惩罚的严重程度（惩罚严重性）和概率（惩罚确定性）能够威慑潜在的信息安全违规行为。中和技术理论指出员工会采用否认责任、否认伤害、违规必要性等6种中和技巧为自己辩解以合理化违规行为（Siponen and Vance，2010）。保护动机理论认为用户信息安全违规行为与威胁评估（threat appraisal）和应对评估（coping appraisal）有关，威胁评估包括对威胁可能性和严重性的判断（感知易损性和感知严重性），应对评估包括对响应能够避免相关威胁的有效性评估（响应效能）以及对应对相关威胁所需的自我能力评估（自我效能）（Vance et al.，

2012）。也有研究使用个人特质相关的因素（如道德信念、自我控制）及工作环境相关的因素（如工作负荷、信息安全压力）解释用户的信息安全政策违规行为（Hu et al.，2015；Turel et al.，2021；West et al.，2019）。这些研究提供了丰富的理论视角以探讨用户信息安全违规行为的影响因素及作用机制。近年来，逐渐有学者借助神经影像学工具捕捉用户的认知神经活动，探究自我控制（self control）和道德效能（moral potency）的个体差异及恐惧诉求对用户信息安全违规行为的影响。

8.4.1　自我控制和道德效能在信息安全违规决策中的神经机制

在犯罪学和信息安全领域，自我控制被认为是引起用户不规范行为的重要原因。自我控制会通过影响用户感知违规行为所带来的物质收益和心理收益来影响用户的信息安全政策违规意图（Hu et al.，2011）。Hu 等（2015）开发了使用脑电技术检验个体进行信息安全相关决策的神经研究范式，发现个体考虑违反信息安全政策时，自控力的个体差异会引起大脑不同的神经反应：与自控力高的被试相比，自控力低的被试在考虑轻微和重度信息安全政策违规决策时，反应时更快，引发左右脑在背外侧前额叶皮层和额下回皮层脑区的 ERP 振幅强度更低。West 等（2019）在该研究基础上，通过脑电技术进一步发现个体在进行信息安全政策违规决策时大脑会呈现特定区域的神经激活，且自我控制和道德效能的个体差异会对安全决策相关的神经活动产生影响：与对照组相比，信息安全政策违规决策会引发定位在枕叶、内侧额叶和外侧额叶皮层脑区的早期 ERP 活动，以及定位在前额叶和外侧额叶及中枢和颞叶脑区持续性的后期 ERP 活动；相对于道德效能高的个体，道德效能低的个体在内侧额叶、外侧额叶和前额叶脑区的 ERP 激活更高，暗示了高道德效能的个体更能够拒绝信息安全政策违规行为所带来的潜在利益诱惑；低自控力相比高自控力所引发的信息安全决策相关脑区的 ERP 振幅更低，暗示了低自控力个体更可能依靠自动化的、低认知努力的系统加工过程处理信息安全违规决策。以上研究表明，自我控制力和道德效能感在大脑处理信息安全政策违规决策的认知过程中，各自独立发挥作用，现有研究成果加深了学术界关于个体差异对用户信息安全行为作用机制的理解。

8.4.2　恐惧诉求在信息安全违规决策中的神经机制

信息安全领域的学者强调恐惧诉求在信息安全管理中的重要作用。恐惧诉求是指利用"敲警钟"的说服性信息唤起人们的危机意识和紧张心理，从而改变人们的态度或行为。Witte（1992）在恐惧诉求的新平行过程模型（图8.2）理论中指出，恐惧诉求不仅会诱使用户对威胁信息进行包含威胁严重性和威胁易感性的威胁评估，还会导致用户对可能采取的应对措施采取包含响应效能（个体相信采取的应对措施可以有效缓解威胁的程度）和自我效能（个体对自己采取措施应对威胁的能力评估）的应对评估。Warkentin等（2016）在信息安全背景下采用fMRI探究个体对恐惧诉求的认知反应和情感反应，发现恐惧诉求和个体对恐惧诉求的威胁评估会引发大脑与自我参照思维相关脑区的神经激活，包括背外侧前额叶皮层、前扣带皮层、膝前及膝下前扣带皮层、顶叶内侧、双侧舌回、双侧楔形回和双侧角回；个体对恐惧诉求的应对评估不会激活大脑与奖励相关脑区（伏隔核）的神经活动，因此个体在进行应对评估时不会认为减轻威胁的信息安全行为是对个人的奖励；恐惧诉求相对于中性诉求并没有引发与恐惧情绪相关的杏仁核脑区的神经激活。Warkentin等（2016）通过研究个体对恐惧诉求的神经反馈，发现恐惧诉求的重点不在于威胁本身如何唤起用户的恐惧情绪，而在于用户是否有能力采取应对措施来响应威胁，从而有效促进用户的信息安全规范行为。

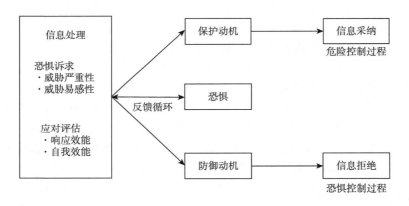

图 8.2　恐惧诉求的新平行过程模型

资料来源：Witte（1992）

8.4.3　预期收益与信息安全违规因果关系的神经证据

基于理性选择理论和期望理论的研究认为，用户的不合规信息安全行为是由预期收益所驱使的，因此如果干扰大脑关于价值和收益评估功能的脑区，从而削弱用户对目标行为的积极预期，就能减少用户的信息安全政策违规行为（Turel et al.，2021）。以往研究表明左背外侧前额叶皮层是大脑中处理价值和收益评估的关键脑区。Turel 等（2021）采用非侵入性脑刺激技术高清直流电刺激（high-definition transcranial direct current stimulation，HD-tDCS）技术发现降低左背外侧前额叶皮层的神经元兴奋性可以抑制大脑处理价值和收益评估相关的认知加工活动，从而对人们对信息安全政策违规的态度和行为意愿产生负面影响。该研究验证了预期收益与用户信息安全政策违规行为之间的因果关系，为理性选择理论在信息安全背景下解释用户行为提供了神经层面的客观证据，并为未来应用脑刺激技术在信息系统研究中探讨特定脑区与特定心理过程和行为之间的因果关系提供了有价值的参考。

8.5　用户隐私保护

　　"大数据时代，人人都在裸奔。"

　　"被扒得底裤都不剩了，毫无隐私可言。"

　　……看似调侃的背后，反映的是人们所感知到的信息隐私侵犯与担忧。在本节中，我们聚焦于信息安全领域的一个重要分支——用户隐私保护。

　　不可否认，信息技术的飞速发展极大地便利和丰富了我们的生活，同时这也使日常生活的每个角落都布满了数据的触手，身份认证、通勤轨迹、工作内容、社交动态、浏览历史、个人喜好等时刻被无数双"眼睛"所观察和记录着。用户个人信息的广泛收集、分析、使用和分享逐渐成为当前数字经济时代企业的核心竞争力和飞速发展的动力。但对用户而言，这些实时、私密、海量和细粒度的数据碎片聚合在一起不仅可以塑造网络用户画像，甚至影响到现实生活中的真实个体。因此，近年来随着隐私泄露风险事件的频繁发生，用户隐私意识提升，隐私担忧普遍增加，企业个人信息使用和用户隐私保护之间的矛盾不断升级，用户隐私保护再次成为各方关注的焦点。

　　如何保护用户信息隐私？欧盟的《通用数据保护条例》（*General Data Protection Regulation*，GDPR）率先在法律法规层面做出了颠覆性的改变，这项被称为史上最严格、全面的数据隐私保护法案于 2018 年 5 月正式实施。该法案针对当下亟待解决的用户与企业间的隐私争端问题，进一步明确了企业收集使用个人信息的新标准，强化了隐私保护的义务，同时赋予数据主体更多的隐私监督、处理、保护的权利。该法案实施以来，对全球互联网科技企业进行了细致的调查，已开展上千余次执法行动，特别是对一些科技巨头公司的违规行为进行严厉惩罚并开出了天价罚单，这不仅推动了企业隐私策略和合规的进程，更对全球隐私保护治理格局产生了重要影响。紧随其后，美国《加州消费者隐私法案》、巴西《个人数据保护法》等来自多个国家、地区的加强版隐私保护法案相继推出。在我国，自 2020 年起工业和信息化部已组织开展了 25 批次 App 侵害用户信息隐私权益专项整治活动，累计完成了对 32 万款 App 的检测，通报、下架违规 App 近 3 000 款[①]，《中华人民共和国个人信息保护法》也于 2021 年 11 月正式生效。全球各国在隐私政策上的积极转变与行动从法律层面上为用户信息隐私保护保驾护航。在新政策的指导和约束下，相关行业也加快了隐私合规的步伐，甚至行业内自发衍生出了一些用户友好的隐私保护措施。例如，苹果公司自 iOS14.3 系统起，要求所有 App 必须在应用商店中以直观的方式告知用户该 App 的隐私规范所涉及的数据处理方式，如图 8.3 所示；在 iOS14.5 系统中将 IDFA（identifier for advertisers，广告标识符）从默认开启转变为默认关闭状态，即开发者必须获得用户单独明确授权才可追踪用户行为；在 iOS16 系统中，更是新增了隐私工具安全检测功能。在政策和企业实践等外部环境逐渐重视隐私保护的趋势下，内部因素——用户自身的隐私保护行为变得尤为重要，理解和预测用户的隐私保护行为也正是信息系统隐私研究学者一直致力于解决的核心问题。接下来，我们将按照研究发展脉络介绍信息系统领域用户隐私保护行为研究现状，并讨论新兴的神经隐私（neuroprivacy）这一前沿研究方向。

图 8.3　应用商店某 App 隐私可视化界面

① 北京晚报. 工作部已对32万款App进行检测. http://henan.china.com.cn/m/2020-10/23/content_41335256.html, 2020-10-23.

8.5.1　用户隐私保护研究概述

1. 隐私与隐私关注

"什么是隐私？"来自多个领域的学者从不同视角试图对隐私进行定义，他们将隐私视为一种权利（Brandeis and Warren，1890）、商品（Acquisti et al.，2016）、限制他人访问个人信息的状态（Xu et al.，2012）、对个人信息收集使用的控制能力（Bélanger and Crossler，2011）等。由于隐私内涵的复杂性与外延的多样性，现有研究对隐私的定义依然没有达成明确共识，但随着研究的深入，各领域文献逐渐发展出了一些可量化衡量的构念，并将其作为隐私的代理。其中，隐私关注（privacy concerns）的应用最为广泛，特别是在信息系统研究中，逐渐形成了以隐私关注为核心代理的研究体系（Smith et al.，2011）。

隐私关注是指用户对与收集使用个人信息相关联的隐私风险等其他潜在负面后果的信念（Baruh et al.，2017）。早期隐私研究主要围绕隐私关注的概念、维度和量表开发等方面展开，一部分研究将隐私关注作为一种综合性的态度评价，但更多的研究认为隐私关注是一个包含多个子维度的高阶构念。例如，Smith 等（1996）提出了 CFIP（concern for information privacy，关注信息隐私）模型，将隐私关注细分为信息收集、未授权二次使用、不恰当访问和错误四个维度；Malhotra 等（2004）在此基础上结合了互联网信息隐私的特点，基于社会契约理论提出了包含收集、控制、知情三个维度的隐私关注 IUIPC（internet user's information privacy concerns，互联网用户信息隐私问题）模型；Hong 和 Thong（2013）进一步将隐私关注概念化为一个三阶构念，包括交互管理和信息管理两个二阶因素，以及收集、二次使用、错误、不恰当访问、控制和意识六个一阶因素，并通过多个实证研究验证了该结构的有效性。

2. 技术变革与研究主题演变

测量方法逐渐明确并得到认可后，学者们开始探索讨论具体情境中的信息隐私问题。为了更好地理解研究现状与主题演变，我们对信息系统领域信息隐私研究进行检索、筛选、编码统计和综述。基于发表在十大主流期刊[①]上的 95 篇文献，我们梳理了不同时期的研究情境和主题，统计结果如图 8.4 所示（王求真等，2022）。

---

① 八大期刊列表来源于 Members of the College of Senior Scholars "Senior Scholars' Basket of Journals"，https://aisnet.org/general/custom.asp?page=SeniorScholarBasket。其他两个是 *Information & Management* 和 *Decision Support Systems*。

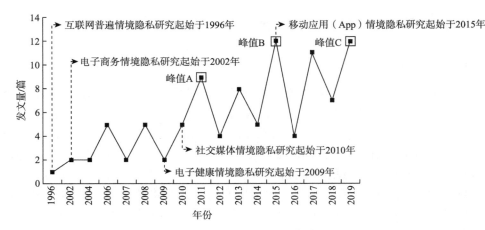

图 8.4　文献发表数量及研究情境统计

资料来源：王求真等（2022）

根据统计结果不难发现，区别于其他领域研究，信息系统隐私研究的一大重要特点是，它与信息技术的发展和人们日常生活方式的转变密切相关，几次研究浪潮的出现都有迹可循。

20世纪90年代末，随着互联网技术的兴起，网络信息隐私问题开始进入人们视野并引起重视，这带来了第一次信息隐私研究浪潮。此时，电子商务迅猛发展，但人们对信息隐私的担忧成为阻碍其扩张的重要因素，因此出现了一系列电子商务情境下的隐私研究，着重关注如何减缓人们的隐私担忧并提高人们对新技术和新服务的接受程度等（Dinev and Hart，2006）。随后，Web 2.0时代到来，人们参与网络的方式发生了重要改变，信息隐私风险也随之加剧，特别是社交媒体中的隐私问题成为学者们的研究热点，掀起了第二次信息隐私研究浪潮。区别于互联网普遍情境和电子商务情境，社交媒体中的隐私问题涉及了更多的用户自我披露、与他人交互、沟通传播等社会属性因素，研究也变得更加复杂（Malhotra et al.，2004）。随着移动互联网和智能手机的应用普及，各类移动应用收集了海量、多维的个人信息，隐私问题愈加凸显，迎来了第三次信息隐私研究浪潮。移动互联网所带来的对地理位置的实时追踪和分析，以及各类应用涉及的更加丰富和私密的个人数据，使得人们对隐私侵犯的感知和担忧达到了前所未有的程度，此时的研究开始聚焦于用户隐私权限设置和保护措施使用等行为（Al-Natour et al.，2020；Crossler and Belanger，2019）。在近期研究中，涌现出了电子医疗、共享经济、物联网、区块链等新情境下的信息隐私研究（Chanson et al.，2019；Teubner and Flath，2019），新技术带来的信息隐私问题将有可能成为下一个研究热点。每一次信息技术的革新同时也伴随着更加复杂的信息隐私问题，信息系统隐私研究与时俱进，搭建起新技术与人们隐私行为决策间的桥梁，具有重要的理论与实践意义。

8.5.2　研究发展与神经隐私前沿讨论

如前文所述，信息系统学者对各种情境下的信息隐私问题展开了丰富的探索，提高了我们对用户隐私保护行为的理解。但随着研究的深入，由于隐私问题本身的敏感、私密与复杂性，学者们逐渐发现以往以访谈、问卷、实验等自我报告为主要方法的研究存在一定的局限。例如，研究中存在用户谎报、隐瞒、缺乏隐私意识等问题，也发现了隐私悖论等难以解释的研究现象。因此，近年来有学者尝试将认知神经科学技术引入信息隐私研究中，旨在利用认知神经科学方法探索用户隐私行为及其背后的作用机制，我们称之为神经隐私。认知神经科学技术因其可测量客观的生理指标、捕捉无意识的决策行为等优点，有利于加深我们对用户隐私决策的过程和行为背后的认知机制的理解，被认为是非常有潜力的前沿研究方向之一。

1. 理论解释机制的发展

Laufer 和 Wolfe（1977）提出的隐私计算理论（privacy calculus theory）是当前用户隐私行为研究应用最为广泛的理论基础。从理论间关联发展的角度来看，隐私计算理论是基于经济学的理性行为、效用最大化理论和社会心理学的社会契约、社会交换等理论形成的。该理论认为在隐私决策过程中，人们在信息隐私相关的预期损失和潜在收益之间进行计算，最终行为取决于隐私权衡后的结果，即当个人的信息隐私可以交换更高的收益时，用户倾向于做出隐私风险行为，反之，当感知隐私风险更高时，则采取一定程度的隐私保护措施（Smith et al.，2011）。学者们基于隐私计算理论开展了大量研究，在不同情境下隐私收益的内涵也不断丰富，从较为容易量化的经济收益，逐渐扩展至包含情感支持、关系联结、社交资产等难以量化的无形收益（Teubner and Flath，2019）。在隐私计算理论的基础上，沟通隐私管理理论（communication privacy management theory）进一步考虑了隐私决策的动态性。该理论将隐私视为一条有弹性的边界，个体按照一定规则对隐私边界进行管理，主要涉及隐私边界形成、协调和干扰三个核心要素（Petronio，2002）。在隐私边界形成阶段，个体评估当前的隐私风险与收益，从而做出打开或关闭隐私边界的决策；隐私协调是指信息所有者与接收者相互协商出一组隐私访问和保护的规则，以共同管理隐私边界；而当隐私边界协调失败或发生隐私侵犯时，则需要第三方，如隐私政策，进行干预，重新建立新的隐私边界（Xu et al.，2012）。此外，保护动机理论（protection motivation theory）也常用于解释用户的隐私保护行为。该理论除关注隐私威胁感知外，还纳入了应对威胁的措施，认为用户的威胁评估和应对评估是影响其隐私保护动机产生的两大关键要素（Boss et al.，2015）。保护动机理论早期主要被应用于医疗健康领域，为人们疾病预防等健康保护行为提供了重要的理论解释，后来逐渐被应用于信息系统安全、隐私问题中。例如，陈昊和李文立（2018）将隐私关注引入威胁评估过程中，发现隐私关注与感知避免能力共同促进了个人隐私保护动机的产生；Vishwanath 等（2018）发现在社交媒体中，感知隐私威胁严重性及易感性和感知应对效能及自我效能会增加用户对 Facebook 控制隐私信息访问性组件的使用频率。

以上是信息系统用户隐私行为研究中最常用的基础理论，此外，计划行为理论、公平理论、信任理论等也在研究中有着广泛的应用（Dinev et al.，2006；Liu et al.，2022）。虽然理论间的核心思想、关注重点有所不同，但这些理论均属于规范视角下的隐私决策解释机制，即这些研究几乎都依赖于一个默认的假设前提，用户在隐私决策时会经过深思熟虑的系统式加工，从而做出完全知情的隐私行为（Adjerid et al.，2018）。然而，在隐私实践中用户往往缺乏隐私意识并做出低认知努力的隐私决策，越来越多行为视角的研究发现，认知偏差、情绪等启发式因素在几乎不改变客观的隐私风险、收益、威胁、响应效能等的情况下，仍然会显著影响人们的隐私行为（Dinev et al.，2015）。Acquisti 等（2012）通过四个实验发现，对于完全相同的隐私问题，仅仅改变问题的呈现顺序就会显著影响人们的隐私披露行为，具体而言，当问题以隐私侵入性递减的顺序呈现时，人们更有可能泄露其个人隐私信息。类似地，Adjerid 等（2013）发现，当客观隐私风险完全相同时，营造一种隐私保护增强或减弱的趋势，即可影响用户披露个人隐私信息的披露决策，而这一作用又会被简单的时间延迟所缓解。例如，在隐私通知和用户决策间加入 15 秒的等待时间，隐私保护趋势的影响就会消失。微妙的选择框架在研究中也被发现会显著影响用户的隐私保护行为。Chong 等（2018）的研究表明，将 App 的隐私评价以安全度（safety rating）而非风险度（risk rating）呈现时，会有助于用户选择更加具有隐私安全的 App；Samat 和 Acquisti（2017）发现，相比于允许框架（allow frame），拒绝框架（prohibit frame）形式的隐私通知，会促使人们做出隐私保护的权限设置；Adjerid 等（2019）更是发现将隐私通知的标签从"设置"改为"隐私设置"就会显著增加用户的隐私保护设置意愿。默认设置、刻板印象、禀赋效应等认知偏差也陆续在隐私行为研究中得到发现（Winegar and Sunstein，2019）。此外，情绪也在隐私决策中发挥着重要作用。Li 等（2011）研究发现，消费者对在线服务提供商的初始情绪是其最终信息披露的决定性因素，愉悦的情绪会极大地提高人们的隐私保护信念，降低隐私风险信念，增加隐私披露的可能性；陈昊和李文立（2018）指出担忧情绪是隐私关注最终转化为隐私保护动机的关键原因；Liang 等（2019）提出并验证了基于情绪聚焦的应对（emotion-focused coping）是解释用户信息安全、隐私保护行为的重要机制；Dinev 等（2015）对以往研究进行系统综述后指出，将情绪纳入解释框架是对隐私研究的一个重大突破，但当前隐私研究对情绪的关注和探索还十分有限。

2. 神经影像学工具在隐私研究中的应用

无论是认知偏差的发现对传统理论基础提出的质疑，还是情绪等启发式因素在研究中被忽视，均反映出以往文献受研究、测量方法等的限制，缺乏对用户隐私决策过程的深入了解。有学者开始借助神经影像学工具开展神经隐私研究，捕捉实时的认知神经活动反映隐私决策过程，补充以往研究空白。在这些研究中，一些学者利用神经影像学工具为传统隐私研究中的核心构念提供了更加客观的测量方式。例如，Casado-Aranda 等（2018）通过脑电实验，从脑电信号层面区分了电子商务情景下的隐私、金融、绩效三种风险的差异，实验结果表明，区别于其他两种类型的风险，隐私风险更多地引起了背外侧前额叶、下顶叶、角回和左扣带回等脑区的激活，这意味着隐私风险与消极响应、风险加工和不确定性高度相关，为隐私风险构念的神经测量提供了参考；Mohammed 和 Tejay（2021）在此基础上，借助脑电实验探索了其他常用的隐私研究构念的神经关联，如信任、个人偏好等，该研究发现在隐私决策中信任与不信任背后的神经活动和认知加工完全不同，其中信任引发了额下回、眼窝前额叶皮层等与奖赏评估相关脑区的显著神经活动，而不信任则与后扣带回、脑岛皮层等负面情绪相关脑区活动有关。

除研究构念的神经测量与表征外，还有一些学者试图借助神经影像工具为以往研究中就用户隐私行为背后的认知加工方式的争论（深思熟虑的计算评估 vs 低认知努力的启发式加工）提供神经证据。Farahmand Fariborz 和 Farahmand Firoozeh（2019）开展了一个对比实验，利用 fMRI 技术记录分析了人们回答隐私与非隐私问题时神经活动的异同，研究发现，相比于非隐私问题，当人们在回答隐私相关的问题时，其大脑边缘系统的主要区域，如杏仁核，会产生更为显著的激活，此外，海马复合体的活动也会大幅增加，该结果表明，情绪、情绪记忆参与了人们的隐私决策过程，并成为隐私决策区别于其他决策的一个关键特征。同样地，Do Amaral 等（2013）发现与情绪相关的脑电信号与用户对 Facebook 隐私功能可用性的看法之间存在显著关联，这类研究发现为用户隐私行为并非完全由理性的系统式认知加工所决定这一观点提供了神经层面的支持。Mohammed 和 Tejay（2021）通过脑电实验进一步发现，用户隐私决策过程的背后会同时涉及与大脑执行、情绪相关的脑区激活，且不同脑区间的活动还存在着一定的关联，也就是说，人们的隐私行为既不是完全理性的也不是完全由情绪所驱动的，而是隐私风险、收益的理性评估与情绪调控共同作用、交互的结果。此外，Lai 等

（2018）提出了使用脑电测量用户隐私决策过程的神经活动以解释隐私悖论现象、预测用户隐私行为的研究设想。Sun 等（2020）通过 ERP 实验，尝试使用用户面对不同隐私线索组合时的脑电成分，解释用户的隐私授权行为。在神经影像工具的帮助下，我们对用户隐私行为背后的过程有了更加深入的了解，同时在以往隐私研究的基础上，结合认知神经层面的新数据来源，有利于更好地解释和预测用户的隐私行为。

3. 神经生理学工具在隐私研究中的应用

除神经影像学工具外，神经生理学工具也逐渐被应用于用户隐私行为研究中，其中最具代表性的是眼动追踪技术。眼动追踪技术可实时记录用户的眼动轨迹，提取注视特征，反映人们的注意力分配和信息加工方式，因此在隐私研究中主要被应用于隐私通知，如隐私政策、隐私权限设置等界面设计问题。隐私通知是用户与服务提供商进行隐私信息交互的主要媒介，企业通过该界面向用户传达其隐私政策和实践，征求用户的隐私权限，用户通过该界面完成隐私设置、披露个人信息等，因此该界面的设计对用户隐私行为至关重要，也是隐私研究中的一个关键问题。以往研究围绕该问题开展了丰富的讨论，大量研究指出当前的隐私通知设计的可用性和有效性较差（Schaub et al.，2015），一个直接的表现是用户在使用网站或 App 时很少阅读或几乎不阅读这些隐私通知的内容（朱侯等，2018），这使得隐私通知背后的知情同意——这一全球隐私监管和隐私保护的核心原则失效（Godinho de Matos and Adjerid，2022）。

用户为什么会忽视隐私通知，如何改善界面设计以吸引用户的注意，如何提高隐私通知的有效性……是当前亟待解决的一个重要隐私问题。眼动追踪技术的引入，为隐私通知界面设计提供了新的见解。Vu 等（2007）通过分析用户的注视数据探索用户在阅读和搜索隐私政策时的注意力分布情况，研究发现用户将注意力主要放在了隐私政策的章节标题、列表或段落的开头，以快速浏览或检索所需信息，因此在隐私通知设计中应确保开头段落重点突出、简洁明了和易于理解；Sheng 等（2020）进一步考虑了两种不同的信息加工方式，研究发现通过自上而下的方式（例如，提高用户的隐私风险意识）或自下而上的方式（例如，增加隐私政策内容的显著性）都可以有效提高人们对隐私信息的关注，此外，该研究还发现网站上的隐私政策图标会比长文本内容更吸引用户的关注；Tabassum 等（2018）设计了一种图文相结合的漫画版隐私政策呈现方式，并通过眼动实验发现相比于常规的纯文本版隐私政策，漫画形式的隐私政策显著吸引了用户更多的注意力；除可视化呈现方式外，Steinfeld（2016）研究发现隐私政策阅读的流程设置也会对用户的注意力分配和阅读行为产生显著影响，当用户被给予选择权利决定是否阅读隐私政策时，大多数的用户会选择直接跳过，而当隐私政策被默认呈现时,用户则会倾向于花费更多的时间和精力来阅读隐私政策,并且这会进一步提升用户对隐私政策内容的理解;Karegar 等(2020)在用户隐私政策阅读的行为中发现了习惯化效应,即不同形式的隐私通知设计会导致被试对相关信息的关注有所差异,但这种差异会随着同一类型隐私通知的反复呈现而消失。眼动追踪技术的应用,使我们可以通过眼动轨迹、注意力分配等信息更加直观地了解用户与隐私通知交互的过程,为设计更加有效的隐私通知界面提供实际建议,这对用户、服务提供商和政策制定者都有着重要的实践意义。

4. 神经隐私研究框架与未来研究方向讨论

近年来虽逐渐有研究聚焦于神经隐私问题,然而,整体来看,神经隐私研究尚处于起步阶段,相关文献还比较少,具有广阔发展空间,亟待学者们开展丰富、深入的探索。因此,结合当前信息系统隐私研究不足与认知神经科学工具在解决这些问题上所具备的优势,我们基于信息双加工理论提出了一个神经隐私研究框架,并讨论了几个有潜力的未来研究方向,如图 8.5 所示(王求真等,2022)。

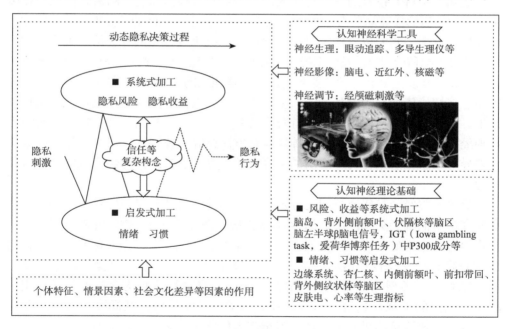

图 8.5　神经隐私研究框架

在 8.5.2 节的"理论解释机制的发展"中,我们指出当前信息系统隐私研究中应用最为广泛的两类主流理论是规范视角和行为视角解释机制,这与信息双加工理论的核心思想一致,即存在系统式和启发式两种信息加工模式(Evans,2006;Wilson et al., 2000)。现有隐私文献对这两种解释机制的研究均存在不足，如针对系统式隐私计算核心构念的测量方法主观且单一，对情绪等启发式因素在用户隐私决策中的作用难以准确捕捉测量，而这些恰好是认知神经科学技术的优势。因此，在提出的神经隐私框架中，我们以信息双加工理论为理论基础，同时将系统式加工与启发式加工作为隐私行为的两种解释机制纳入研究框架。其中，在系统式加工路径中，我们着重关注隐私计算的两大核心构念——隐私风险与收益；在启发式加工路径中，我们将情绪和习惯这两种最常见的自发自动的信息处理过程作为主要构成要素（Liu Z. et al., 2019）。借助认知神经科学工具和认知神经活动理论基础，测量隐私决策过程中关于隐私风险与收益权衡的神经响应，为以往研究中的隐私计算提供神经证据，同时也捕捉情绪、习惯等低认知努力因素的神经活动，探索其在用户隐私行为中发挥的作用。此外，在隐私研究中还存在一些复杂的构念，如信任，兼具认知信任和情绪信任两种成分。这类复杂的构念，为我们整合系统式、启发式两种隐私决策加工路径提供了很好的载体，让我们更直观地感受到这两种主流的隐私行为解释机制背后存在着错综复杂的关系。认知神经科学技术的发展为深入辨析、整合这种错综复杂的关系提供了更多可能，如分析信任等复杂构念涉及的神经环路、多个脑区间的功能连接等。因此，在提出的框架中我们以信任等复杂构念在隐私决策过程中的神经活动关联为切入点，整合了隐私行为所涉及的系统式和启发式双重信息加工机制。Smith 等（2011）曾指出，从本质上来看，信息隐私是高度情境相关的。Acquisti 等（2015）从行为视角也将情境依赖视为隐私的三大特性之一，且以往研究普遍发现在不同文化背景下，不同类型用户的隐私行为有着显著差异。所以，我们将外部情境因素纳入该神经隐私研究框架，借助认知神经科学方法探究个体特征、研究情景、社会文化差异等因素在隐私行为中扮演的重要角色，进一步扩展该神经隐私框架的解释能力。

提出的神经隐私研究框架充分发挥了认知神经科学技术的优势来解决当前隐私研究中所面临的关键问题，为学者们在神经隐私这一新兴领域开展研究提供了重要参考。未来研究可以该框架为基础，在以下几个方向上深入探究。第一，构建核心隐私构念与神经活动的关联。在未来研究中，学者们可操纵隐私风险高低、隐私收益类型等，测量用户的神经响应，将隐私核心构念与神经活动相关联；将用户的主观自我报告与客观神经活动测量相结合，共同表征这些隐私构念，或与传统测量结果交叉验证，甚至产生质疑等。第二，从动态神经活动过程视角解构复杂的隐私行为。例如，未来研究可针对 App 隐私授权界面，测量用户在隐私决策过程中的眼动轨迹，构建基于眼动数据的决策过程模型，理解用户信息加工的内容、顺序、方式和过程；测量用户在具体的隐私决策任务中的神经响应时间序列，依据神经活动的差异将隐私行为解构为多个阶段等。第三，探索用户隐私行为中自动化、无意识的启发式加工的神经活动证据。未来研究可对隐私决策中的情绪唤醒度进行测量，探究隐私问题是否与特定的情绪有关，如何有效地操纵情绪、习惯等以助推用户的隐私行为等。第四，整合系统式和启发式两种认知加工过程以完善隐私行为解释框架。例如，未来研究可通过测量隐私决策任务中的神经活动，分析理性隐私计算评估与情感启发两种作用机制相关的脑区是否均被激活；通过神经活动的时间序列，判断两种机制发挥作用的阶段及因果关联；探究两种作用机制是否需要特定的触发条件；等等。

8.6　本章小结

通过上述对神经影像学和神经生理学工具在用户信息安全行为研究中应用的梳理，我们可以看到现有研究对安全警告忽视、钓鱼网站识别、信息安全政策违规和用户隐私保护等用户行为开展了有益的尝试与探索。这些研究通过眼动追踪技术、脑电技术、fMRI、fNIRS 等深入分析了用户在信息安全情境下的注意力分配、情绪响应、神经活动基础等，揭开了用户的认知心理黑箱，深入理解用户信息安全行为的影响因素和作用机理，为安全警告设计、安全政策制定、行为预测等研究提供了新的见解与补充。然而，从整体来看，神经认知工具应用于用户信息安全行为的研究尚处于起步阶段，相关文献还比较少，具有广阔的发展空间，亟待学者们开展丰富、深入的探索和研究。

参 考 文 献

陈昊，李文立. 2018. 基于情绪中介的信息安全保护行为研究[J]. 科研管理，39（6）：48-56.

陈剑，刘运辉. 2021. 数智化使能运营管理变革：从供应链到供应链生态系统[J]. 管理世界，37（11）：227-240，14.

姜婷婷，吴茜，徐亚苹，等. 2020. 眼动追踪技术在国外信息行为研究中的应用[J]. 情报学报，39（2）：217-230.

刘国斌，祁伯洋. 2022. 县域城镇数智化与信息化融合发展研究[J]. 情报科学，40（3）：21-26.

路泽临. 2019. 考虑感知风险的追加评论对消费者购买决策的影响研究[D]. 东北大学硕士学位论文，2019.

沈占波，代亮. 2021. 网红直播带货营销机制研究——基于品牌价值共创视角[J]. 河北大学学报（哲学社会科学版），46（6）：125-135.

宋之杰，唐晓莉. 2016. 价格和评价影响消费者网络购买决策研究——基于眼动实验的分析[J]. 企业经济，（10）：71-77.

苏思晴，吕婷. 2022. 云旅游：基于眼动实验的在线评论对旅游直播体验的影响研究[J]. 旅游学刊，37（8）：86-104.

王翠翠，陈雪，朱万里，等. 2020. 带图片评论与纯文字评论对消费者有用性感知影响的眼动研究[J]. 情报理论与实践，43（6）：135-141.

王蕾. 2021. 基于不同弹幕内容的网络购物态度度对用户购买意愿的影响[D].河北大学硕士学位论文.

王海忠，谢涛，詹纯玉. 2021. 服务失败情境下智能客服化身拟人化的负面影响：厌恶感的中介机制[J]. 南开管理评论，24（4）：194-206.

王求真，马达，杨梦茹，等. 2022. 神经隐私：用户信息隐私行为研究的新视角[J]. 浙江大学学报（人文社会科学版），52（9）：114-132.

王求真，姚倩，叶盈. 2014. 网络团购情景下价格折扣与购买人数对消费者冲动购买意愿的影响机制研究[J]. 管理工程学报，28（4）：37-47.

王晰巍，李玥琪，王铎，等. 2020. 虚拟现实环境下用户信息行为研究动态及趋势分析[J]. 图书情报工作，64（5）：12-21.

许未晴，陈磊，隋秀峰，等. 2023. 脑机接口——脑信息读取与脑活动调控技术[J]. 科学通报，68（8）：1-17.

阳镇，陈劲. 2020. 数智化时代下企业社会责任的创新与治理[J]. 上海财经大学学报，22（6）：33-51.

杨帆，隋雪，李雨桐. 2020. 中文阅读中长距离回视引导机制的眼动研究[J]. 心理学报，52（8）：921-932.

姚倩. 2015. 不同产品涉入度水平下价格及卖家信誉对消费者在线购买决策的影响研究[D]. 浙江大学硕士学位论文.

叶许红，韩芳芳，翁挺婷. 2019. 网购平台产品图片视觉特征的影响作用研究[J]. 管理工程学报，33（2）：84-91.

叶许红，翁挺婷. 2020. 网站特征对消费者重复购买意愿的影响研究[J]. 西安电子科技大学学报（社会科学版），30（1）：29-43.

赵亚军，张智君. 2007. 眼睛注视的知觉及其线索效应[J]. 应用心理学，（4）：323-328.

朱侯，张明鑫，路永和. 2018. 社交媒体用户隐私政策阅读意愿实证研究[J]. 情报学报，37（4）：362-371.

邹湘军，孙健，何汉武，等. 2004. 虚拟现实技术的演变发展与展望[J]. 系统仿真学报，（9）：1905-1909.

Abiri R, Borhani S, Sellers E W, et al. 2019. A comprehensive review of EEG-based brain-computer interface paradigms[J]. Journal of Neural Engineering, 16（1）：011001

Abubshait A, Weis P P, Wiese E. 2021. Does context matter? Effects of robot appearance and reliability on social attention differs based on lifelikeness of gaze task[J]. International Journal of Social Robotics, 13（5）：863-876.

Acquisti A, Brandimarte L, Loewenstein G. 2015. Privacy and human behavior in the age of information[J]. Science, 347（6221）：509-514.

Acquisti A, John L K, Loewenstein G. 2012. The impact of relative standards on the propensity to disclose[J]. Journal of Marketing Research, 49（2）：160-174.

Acquisti A, Taylor C, Wagman L. 2016. The economics of privacy[J]. Journal of Economic Literature, 54（2）：442-492.

Adamopoulou E, Moussiades L. 2020. An overview of chatbot technology[C]//Artificial Intelligence Applications and Innovations, Proceedings, Part II 16：373-383.

Adjerid I, Acquisti A, Brandimarte L, et al. 2013. Sleights of privacy：framing, disclosures, and the limits of transparency[R]. Proceedings of the Ninth Symposium on Usable Privacy and Security.

Adjerid I, Acquisti A, Loewenstein G. 2019. Choice architecture, framing, and cascaded privacy choices[J]. Management Science, 65（5）：2267-2290.

Adjerid I，Peer E，Acquisti A. 2018. Beyond the privacy paradox：objective versus relative risk in privacy decision making[J]. MIS Quarterly，42（2）：465-488.

Admoni H，Scassellati B. 2017. Social eye gaze in human-robot interaction：a review[J]. Journal of Human-Robot Interaction，6（1）：25-63.

Ahn T，Ryu S，Han I. 2007. The impact of web quality and playfulness on user acceptance of online retailing[J]. Information & Management，44（3）：263-275.

Ahs F，Davis C F，Gorka A X，et al. 2014. Feature-based representations of emotional facial expressions in the human amygdala[J]. Social Cognitive and Affective Neuroscience，9（9）：1372-1378.

Al-Natour S，Cavusoglu H，Benbasat I，et al. 2020. An empirical investigation of the antecedents and consequences of privacy uncertainty in the context of mobile apps[J]. Information Systems Research，31（4）：1037-1063.

Alsharnouby M，Alaca F，Chiasson S. 2015. Why phishing still works：user strategies for combating phishing attacks[J]. International Journal of Human-Computer Studies，82：69-82.

Amblee N，Ullah R，Kim W. 2017. Do product reviews really reduce search costs?[J]. Journal of Organizational Computing and Electronic Commerce，27（3）：199-217.

Anderson B B，Jenkins J L，Vance A，et al. 2016a. Your memory is working against you：how eye tracking and memory explain habituation to security warnings[J]. Decision Support Systems，92：3-13.

Anderson B B，Kirwan C B，Eargle D，et al. 2015a. Neural correlates of gender differences and color in distinguishing security warnings and legitimate websites：a neurosecurity study[J]. Journal of Cybersecurity，1（1）：109-120.

Anderson B B，Kirwan C B，Jenkins J L，et al. 2015b. How polymorphic warnings reduce habituation in the brain-insights from an fMRI study[R]. 33rd Annual CHI Conference on Human Factors in Computing Systems（CHI）：2883-2892.

Anderson B B，Vance A，Kirwan B，et al. 2015c. Using fMRI to explain the effect of dual-task interference on security behavior[R]. Academic Conference on Gmunden Retreat on NeuroIS：145-150.

Anderson B B，Vance A，Kirwan C B，et al. 2016b. How users perceive and respond to security messages：a NeuroIS research agenda and empirical study[J]. European Journal of Information Systems，25（4）：364-390.

Anderson B B，Vance A，Kirwan C B，et al. 2016c. From warning to wallpaper：why the brain habituates to security warnings and what can be done about it[J]. Journal of Management Information Systems，33（3）：713-743.

Anderson C，Baskerville R L，Kaul M. 2017. Information security control theory：achieving a sustainable reconciliation between sharing and protecting the privacy of information[J]. Journal of Management Information Systems, 34（4）: 1082-1112.

Andrist S, Mutlu B, Tapus A. 2015. Look like me: matching robot personality via gaze to increase motivation[R]. Proceedings of the 33rd Annual ACM Conference on Human Factors in Computing Systems: 3603-3612.

Andrist S, Tan X Z, Gleicher M, et al. 2014, Conversational gaze aversion for humanlike robots[R]. 9th ACM/IEEE International Conference on Human-Robot Interaction（HRI）: 25-32.

Animesh A, Pinsonneault A, Yang S-B, et al. 2011. An odyssey into virtual worlds: exploring the impacts of technological and spatial environments on intention to purchase virtual products[J]. MIS Quarterly, 35（3）: 789-810.

Aranyi G, Pecune F, Charles F, et al. 2016. Affective interaction with a virtual character through an fNIRS brain-computer interface[J]. Frontiers in Computational Neuroscience, 10: 70.

Baig M Z, Kavakli M. 2019. A survey on psycho-physiological analysis & measurement methods in multimodal systems[J]. Multimodal Technologies and Interaction, 3（2）: 37.

Balakrishnan S, Koza M P. 1993. Information asymmetry, adverse selection and joint-ventures: theory and evidence[J]. Journal of Economic Behavior & Organization, 20（1）: 99-117.

Bang H, Wojdynski B W. 2016. Tracking users' visual attention and responses to personalized advertising based on task cognitive demand[J]. Computers in Human Behavior, 55: 867-876.

Banos R M, Botella C, Alcaniz M, et al. 2004. Immersion and emotion: their impact on the sense of presence[J]. Cyberpsychology & Behavior, 7（6）: 734-741.

Banos R M, Etchemendy E, Castilla D, et al. 2012. Positive mood induction procedures for virtual environments designed for elderly people[J]. Interacting with Computers, 24（3）: 131-138.

Baruh L, Secinti E, Cemalcilar Z. 2017. Online privacy concerns and privacy management: a meta-analytical review[J]. Journal of Communication, 67（1）: 26-53.

Beer S, Aschbacher B, Manoglou D, et al. 2008. Robot-assisted gait training in multiple sclerosis: a pilot randomized trial[J]. Multiple Sclerosis Journal, 14（2）: 231-236.

Bélanger F, Crossler R E. 2011. Privacy in the digital age: a review of information privacy research in information systems[J]. MIS Quarterly, 35（4）: 1017-1041.

Bélanger F, Xu H. 2015. The role of information systems research in shaping the future of information privacy[J]. Information Systems Journal, 25（6）: 573-578.

Belkaid M, Kompatsiari K, de Tommaso D, et al. 2021. Mutual gaze with a robot affects human neural activity and delays decision-making processes[J]. Science Robotics, 6（58）: eabc5044.

Bender S M, Sung B. 2021. Fright, attention, and joy while killing zombies in virtual reality: a psychophysiological analysis of VR user experience[J]. Psychology & Marketing, 38（6）:

937-947.

Bente G, Rüggenberg S, Krämer N C, et al. 2008. Avatar-mediated networking: increasing social presence and interpersonal trust in net-based collaborations[J]. Human Communication Research, 34（2）: 287-318.

Berger A, Horst F, Muller S, et al. 2019. Current state and future prospects of EEG and fNIRS in robot-assisted gait rehabilitation: a brief review[J]. Frontiers in Human Neuroscience, 13: 172.

Berlyne D E. 1974. Studies in the New Experimental Aesthetics: Steps toward an Objective Psychology of Aesthetic Appreciation[M]. New York: Hemisphere.

Beuckels E, Hudders L, Cauberghe V, et al. 2021. To fit in or to stand out? An eye-tracking study investigating online banner effectiveness in a media multitasking context[J]. Journal of Advertising, 50（4）: 461-478.

Bigne E, Llinares C, Torrecilla C. 2016. Elapsed time on first buying triggers brand choices within a category: a virtual reality-based study[J]. Journal of Business Research, 69（4）: 1423-1427.

Bigne E, Simonetti A, Ruiz C, et al. 2021. How online advertising competes with user-generated content in tripadvisor. a neuroscientific approach[J]. Journal of Business Research, 123: 279-288.

Bindemann M, Mike Burton A, Langton S R. 2008. How do eye gaze and facial expression interact?[J]. Visual Cognition, 16（6）: 708-733.

Birbaumer N. 2006. Breaking the silence: brain-computer interfaces（BCI）for communication and motor control[J]. Psychophysiology, 43（6）: 517-532.

Blain-Moraes S, Schaff R, Gruis K L, et al. 2012. Barriers to and mediators of brain-computer interface user acceptance: focus group findings[J]. Ergonomics, 55（5）: 516-525.

Blascovich J. 2002. A theoretical model of social influence for increasing the utility of collaborative virtual environments[R]. Proceedings of the 4th International Conference on Collaborative Virtual Environments: 25-30.

Blascovich J, Loomis J, Beall A C, et al. 2002. Immersive virtual environment technology as a methodological tool for social psychology[J]. Psychological Inquiry, 13（2）: 103-124.

Boardman R, Mccormick H, Henninger C E. 2022. Exploring attention on a retailer's homepage: an eye-tracking & qualitative research study[J]. Behaviour & Information Technology, 42（8）: 1064-1080.

Bogicevic V, Seo S, Kandampully J A, et al. 2019. Virtual reality presence as a preamble of tourism experience: the role of mental imagery[J]. Tourism Management, 74: 55-64.

Bogomolova S, Oppewal H, Cohen J, et al. 2020. How the layout of a unit price label affects eye-movements and product choice: an eye-tracking investigation[J]. Journal of Business Research, 111: 102-116.

Bohanek J G, Fivush R, Walker E. 2005. Memories of positive and negative emotional events[J]. Applied Cognitive Psychology, 19（1）: 51-66.

Boss S R, Galletta D F, Lowry P B, et al. 2015. What do systems users have to fear using fear appeals to engender threats and fear that motivate protective security behaviors[J]. MIS Quarterly, 39（4）: 837-864.

Bossi F, Willemse C, Cavazza J, et al. 2020. The human brain reveals resting state activity patterns that are predictive of biases in attitudes toward robots[J]. Science Robotics, 5（46）: 6652.

Bradley M M, Miccoli L, Escrig M A, et al. 2008. The pupil as a measure of emotional arousal and autonomic activation[J]. Psychophysiology, 45（4）: 602-607.

Brand B M, Reith R. 2022. Cultural differences in the perception of credible online reviews—the influence of presentation format[J]. Decision Support Systems, 154: 113710.

Brandeis L, Warren S. 1890. The right to privacy[J]. Harvard Law Review, 4（5）: 193-220.

Breuer R, Brettel M. 2012. Short-and long-term effects of online advertising: differences between new and existing customers[J]. Journal of Interactive Marketing, 26（3）: 155-166.

Brown A M, Lindsey D T, Guckes K M. 2011. Color names, color categories, and color-cued visual search: sometimes, color perception is not categorical[J]. Journal of Vision, 11（12）: 1-38.

Bruno F, Muzzupappa M. 2010. Product interface design: a participatory approach based on virtual reality[J]. International Journal of Human-Computer Studies, 68（5）: 254-269.

Brusini L, Stival F, Setti F, et al. 2021. A systematic review on motor-imagery brain-connectivity-based computer interfaces[J]. IEEE Transactions on Human-Machine Systems, 51（6）: 725-733.

Bulgurcu B, Cavusoglu H, Benbasat I. 2010. Information security policy compliance: an empirical study of rationality-based beliefs and information security awareness[J]. MIS Quarterly, 34（3）: 523-548.

Burdea G, Coiffet P. 1994. Virtual Reality Technology[M]. New York: Wiley-Interscience.

Burwell S, Sample M, Racine E. 2017. Ethical aspects of brain computer interfaces: a scoping review[J]. BMC Medical Ethics, 18（1）: 1-11.

Busse L, Katzner S, Treue S. 2008. Temporal dynamics of neuronal modulation during exogenous and endogenous shifts of visual attention in macaque area mt[J]. Proceedings of the National Academy of Sciences of the United States of America, 105（42）: 16380-16385.

Cai J, Wohn D Y, Mittal A, et al. 2018. Utilitarian and hedonic motivations for live streaming shopping[R]. 5th ACM International Conference on Interactive Experiences for TV and Online Video（ACM TVX）: 81-88.

Cao J H, Li J, Wang Y F, et al. 2022. The impact of self-efficacy and perceived value on customer engagement under live streaming commerce environment[J]. Security and Communication Networks, 2022: 13.

Cao W, Song W X, Li X G, et al. 2019. Interaction with social robots: improving gaze toward face but not necessarily joint attention in children with autism spectrum disorder[J]. Frontiers in Psychology, 10: 1503.

Carter E J, Hodgins J K, Rakison D H. 2011. Exploring the neural correlates of goal-directed action and intention understanding[J]. Neuroimage, 54 (2): 1634-1642.

Caruana N, Mcarthur G. 2019. The mind minds minds: the effect of intentional stance on the neural encoding of joint attention[J]. Cognitive Affective & Behavioral Neuroscience, 19 (6): 1479-1491.

Casado-Aranda L A, Sanchez-Fernandez J, Montoro-Rios F J. 2018. How consumers process online privacy, financial, and performance risks: an fMRI study[J]. Cyberpsychology Behavior and Social Networking, 21 (9): 556-562.

Castagnos S, Jones N, Pu P. 2010. Eye-tracking product recommenders' usage[R]. Proceedings of the Fourth ACM Conference on Recommender Systems: 29-36.

Castilla D, Garcia-Palacios A, Miralles I, et al. 2016. Effect of web navigation style in elderly users[J]. Computers in Human Behavior, 55: 909-920.

Cavanagh J, Frank M. 2014. Frontal theta as a mechanism for cognitive control[J]. Trends in Cognitive Sciences, 18 (8): 414-421.

Chaminade T, Rosset D, da Fonseca D, et al. 2012. How do we think machines think? An fMRI study of alleged competition with an artificial intelligence[J]. Frontiers in Human Neuroscience, 6: 103.

Chaminade T, Zecca M, Blakemore S-J, et al. 2010. Brain response to a humanoid robot in areas implicated in the perception of human emotional gestures[J]. PLoS One, 5 (7): e11577.

Chammat M, Foucher A, Nadel J, et al. 2010. Reading sadness beyond human faces[J]. Brain Research, 1348: 95-104.

Chamola V, Vineet A, Nayyar A, et al. 2020. Brain-computer interface-based humanoid control: a review[J]. Sensors, 20 (13): 3620.

Chang W W, Wang H, Yan G H, et al. 2021. EEG based functional connectivity analysis of human pain empathy towards humans and robots[J]. Neuropsychologia, 151: 107695.

Chanson M, Bogner A, Bilgeri D, et al. 2019. Blockchain for the IoT: privacy-preserving protection of sensor data[J]. Journal of the Association for Information Systems, 20 (9): 10.

Chateau N, Maffiolo V, Pican N, et al. 2005. The effect of embodied conversational agents' speech quality on users' attention and emotion[C]//Tao J, Tan T. Affective Computing and Intelligent Interaction: 652-659.

Chau M, Wong A, Wang M, et al. 2013. Using 3D virtual environments to facilitate students in constructivist learning[J]. Decision Support Systems, 56: 115-121.

Chen H, Chen H, Tian X. 2022a. The dual-process model of product information and habit in influencing consumers' purchase intention: the role of live streaming features[J]. Electronic Commerce Research and Applications, 53: 101150.

Chen T, Samaranayake P, Cen X, et al. 2022b. The impact of online reviews on consumers' purchasing decisions: evidence from an eye-tracking study[J]. Frontiers in Psychology, 13: 865702.

Chen T L, King C H A, Thomaz A L, et al. 2014. An investigation of responses to robot-initiated touch in a nursing context[J]. International Journal of Social Robotics, 6 (1): 141-161.

Chesney T, Coyne I, Logan B, et al. 2009. Griefing in virtual worlds: causes, casualties and coping strategies[J]. Information Systems Journal, 19 (6): 525-548.

Chevalier P, Kompatsiari K, Ciardo F, et al. 2020. Examining joint attention with the use of humanoid robots—a new approach to study fundamental mechanisms of social cognition[J]. Psychonomic Bulletin & Review, 27 (2): 217-236.

Chong I, Ge H Y, Li N H, et al. 2018. Influence of privacy priming and security framing on mobile app selection[J]. Computers & Security, 78: 143-154.

Chung E Y H. 2021. Robot-mediated social skill intervention programme for children with autism spectrum disorder: an ABA time-series study[J]. International Journal of Social Robotics, 13 (5): 1095-1107.

Ciechanowski L, Przegalinska A, Magnuski M, et al. 2019. In the shades of the uncanny valley: an experimental study of human-chatbot interaction[J]. Future Generation Computer Systems-the International Journal of Escience, 92: 539-548.

Clayes E L, Anderson A H. 2007. Real faces and robot faces: the effects of representation on computer-mediated communication[J]. International Journal of Human-Computer Studies, 65 (6): 480-496.

Cohen D, Landau D H, Friedman D, et al. 2021. Exposure to social suffering in virtual reality boosts compassion and facial synchrony[J]. Computers in Human Behavior, 122: 106781.

Coin A, Mulder M, Dubljevic V. 2020. Ethical aspects of BCI technology: what is the state of the art?[J]. Philosophies, 5 (4): 5040031.

Cooper N, Milella F, Pinto C, et al. 2018. The effects of substitute multisensory feedback on task performance and the sense of presence in a virtual reality environment[J]. PLoS One, 13 (2): e0191846.

Cox D F. 1962. The measurement of information value: a study in consumer decision-making[J]. Emerging Concepts in Marketing, 413: 21.

Cox D S, Cox A D. 1988. What does familiarity breed? Complexity as a moderator of repetition effects in advertisement evaluation[J]. Journal of Consumer Research, 15（1）: 111-116.

Craig R, Vaidyanathan R, James C, et al. 2010. Assessment of human response to robot facial expressions through visual evoked potentials[R]. 10th IEEE-RAS International Conference on Humanoid Robots: 647-652.

Crolic C, Thomaz F, Hadi R, et al. 2021. Blame the BOT: anthropomorphism and anger in customer-chatbot interactions[J]. Journal of Marketing, 86（1）: 132-148.

Cross E S, Ramsey R, Liepelt R, et al. 2016. The shaping of social perception by stimulus and knowledge cues to human animacy[J]. Philosophical Transactions of the Royal Society B-Biological Sciences, 371（1686）: 20150075.

Crossler R E, Belanger F. 2019. Why would i use location-protective settings on my smartphone? Motivating protective behaviors and the existence of the privacy knowledge-belief gap[J]. Information Systems Research, 30（3）: 995-1006.

Crossler R E, Johnston A C, Lowry P B, et al. 2013. Future directions for behavioral information security research[J]. Computers & Security, 32: 90-101.

Cui G, Lockee B, Meng C. 2013. Building modern online social presence: a review of social presence theory and its instructional design implications for future trends[J]. Education and Information Technologies, 18（4）: 661-685.

Cyr D, Head M, Lavios H, et al. 2009. Exploring human images in vebsite design: a multi-method approach[J]. MIS Quarterly, 33（3）: 539-566.

Czeszumski A, Gert A L, Keshava A, et al. 2021. Coordinating with a robot partner affects neural processing related to action monitoring[J]. Frontiers in Neurorobotics, 15: 686010.

Davidson R J, Fox N A. 1989. Frontal brain asymmetry predicts infants' response to maternal separation[J]. Journal of Abnormal Psychology, 98（2）: 127.

de Cicco R, Costa E, Silva S, et al. 2020. Millennials' attitude toward chatbots: an experimental study in a social relationship perspective[J]. International Journal of Retail & Distribution Management, 48（11）: 1213-1233.

de Visser E J, Monfort S S, Mckendrick R, et al. 2016. Almost human: anthropomorphism increases trust resilience in cognitive agents[J]. Journal of Experimental Psychology: Applied, 22（3）: 331.

Delone W H, Mclean E R. 2003. The delone and mclean model of information systems success: a ten-year update[J]. Journal of Management Information Systems, 19（4）: 9-30.

Deng H, Wang W, Li S, et al. 2022. Can positive online social cues always reduce user avoidance of sponsored search results?[J]. MIS Quarterly, 46（1）: 35-70.

Deng L Q, Poole M S. 2010. Affect in web interfaces: a study of the impacts of web page visual complexity and order[J]. MIS Quarterly, 34（4）: 711-730.

Desai M, Kaniarasu P, Medvedev M, et al. 2013. Impact of robot failures and feedback on real-time trust[R]. 8th Annual ACM/IEEE International Conference on Human-Robot Interaction （HRI）: 251-258.

Desideri L, Bonifacci P, Croati G, et al. 2021. The mind in the machine: mind perception modulates gaze aversion during child-robot interaction[J]. International Journal of Social Robotics, 13（4）: 599-614.

Desideri L, Ottaviani C, Malavasi M, et al. 2019. Emotional processes in human-robot interaction during brief cognitive testing[J]. Computers in Human Behavior, 90: 331-342.

Di Cesare G, Errante A, Marchi M, et al. 2017. Language for action: motor resonance during the processing of human and robotic voices[J]. Brain and Cognition, 118: 118-127.

Di Cesare G, Fasano F, Errante A, et al. 2016. Understanding the internal states of others by listening to action verbs[J]. Neuropsychologia, 89: 172-179.

Di Cesare G, Vannucci F, Rea F, et al. 2020. How attitudes generated by humanoid robots shape human brain activity[J]. Scientific Reports, 10（1）: 16928.

Dimberg U, Thunberg M. 1998. Rapid facial reactions to emotional facial expressions[J]. Scandinavian Journal of Psychology, 39（1）: 39-45.

Dimberg U, Thunberg M, Elmehed K. 2000. Unconscious facial reactions to emotional facial expressions[J]. Psychological Science, 11（1）: 86-89.

Dimoka A. 2010. What does the brain tell us about trust and distrust? Evidence from a functional neuroimaging study[J]. MIS Quarterly, 34（2）: 373-396.

Dimoka A. 2012. How to conduct a functional magnetic resonance（fMRI）study in social science research[J]. MIS Quarterly, 36（3）: 811-840.

Dinev T, Bellotto M, Hart P, et al. 2006. Privacy calculus model in e-commerce—a study of italy and the united states[J]. European Journal of Information Systems, 15（4）: 389-402.

Dinev T, Hart P. 2006. An extended privacy calculus model for e-commerce transactions[J]. Information Systems Research, 17（1）: 61-80.

Dinev T, Mcconnell A R, Smith H J. 2015. Informing privacy research through information systems, psychology, and behavioral economics: thinking outside the "APCO" box[J]. Information Systems Research, 26（4）: 639-655.

Ding A W, Li S, Chatterjee P. 2015. Learning user real-time intent for optimal dynamic web page transformation[J]. Information Systems Research, 26（2）: 339-359.

Ding J, Sperling G, Srinivasan R. 2006. Attentional modulation of SSVEP power depends on the network tagged by the flicker frequency[J]. Cereb Cortex, 16（7）: 1016-1029.

Djamasbi S, Siegel M, Skorinko J, et al. 2011. Online viewing and aesthetic preferences of generation y and the baby boom generation: testing user web site experience through eye tracking[J]. International Journal of Electronic Commerce, 15（4）: 121-158.

Do Amaral V, Ferreira L A, Aquino P T, et al. 2013. EEG signal classification in usability experiments[R]. ISSNIP Biosignals and Biorobotics Conference: Biosignals and Robotics for Better and Safer Living（BRC）: 1-5.

Dubal S, Foucher A, Jouvent R, et al. 2011. Human brain spots emotion in non humanoid robots[J]. Social Cognitive and Affective Neuroscience, 6（1）: 90-97.

Duffy B R. 2003. Anthropomorphism and the social robot[J]. Robotics and Autonomous Systems, 42（3/4）: 177-190.

Dukes A, Liu Q, Shuai J. 2022. Skippable ads: interactive advertising on digital media platforms[J]. Marketing Science, 41（3）: 528-547.

Eargle D, Galletta D, Kirwan B, et al. 2016. Integrating facial cues of threat into security warnings—an fMRI and field study[R]. 22nd Americas Conference on Information Systems: Surfing the IT Innovation Wave, AMCIS.

Easterbrook J A. 1959. The effect of emotion on cue utilization and the organization of behavior[J]. Psychological Review, 66（3）: 183-201.

Egelman S, Cranor L F, Hong J. 2008. You've been warned: an empirical study of the effectiveness of web browser phishing warnings[R]. Proceedings of the SIGCHI Conference on Human Factors in Computing Systems: 1065-1074.

Ekman P E, Rosenberg E L. 2005. What the Face Reveals: Basic and Applied Studies of Spontaneous Expression Using the Facial Action Coding System（FACS）[M]. Oxford: Oxford University Press.

Eling M, Wirfs J. 2019. What are the actual costs of cyber risk events?[J]. European Journal of Operational Research, 272（3）: 1109-1119.

Engell A D, Haxby J V. 2007. Facial expression and gaze-direction in human superior temporal sulcus[J]. Neuropsychologia, 45（14）: 3234-3241.

Epley N, Waytz A, Cacioppo J T. 2007. On seeing human: a three-factor theory of anthropomorphism[J]. Psychological Review, 114（4）: 864-886.

Erra U, Malandrino D, Pepe L. 2019. Virtual reality interfaces for interacting with three-dimensional graphs[J]. International Journal of Human-Computer Interaction, 35（1）: 75-88.

Etco M, Sénécal S, Léger P-M, et al. 2017. The influence of online search behavior on consumers' decision-making heuristics[J]. Journal of Computer Information Systems, 57（4）: 344-352.

Evans J S B. 2006. The heuristic-analytic theory of reasoning: extension and evaluation[J]. Psychonomic Bulletin & Review, 13（3）: 378-395.

Faraday P. 1999. Visually critiquing web pages[C]//Proceedings of the Eurographics Workshop in Milano, Italy: 155-166.

Farahmand Fariborz, Farahmand Firoozeh. 2019. Privacy decision making: the brain approach[J]. Computer, 52（4）: 50-58.

Farwell L A, Donchin E. 1988. Talking off the top of your head—toward a mental prosthesis utilizing event-related brain potentials[J]. Electroencephalography and Clinical Neurophysiology, 70（6）: 510-523.

Fei M, Tan H, Peng X, et al. 2021. Promoting or attenuating? An eye-tracking study on the role of social cues in e-commerce livestreaming[J]. Decision Support Systems, 142: 113466.

Feine J, Gnewuch U, Morana S, et al. 2019. A taxonomy of social cues for conversational agents[J]. International Journal of Human-Computer Studies, 132: 138-161.

Feldman J M, Lynch J G. 1988. Self-generated validity and other effects of measurement on belief, attitude, intention, and behavior[J]. Journal of Applied Psychology, 73（3）: 421.

Felnhofer A, Kaufmann M, Atteneder K, et al. 2019. The mere presence of an attentive and emotionally responsive virtual character influences focus of attention and perceived stress[J]. International Journal of Human-Computer Studies, 132: 45-51.

Fennis B M, Das E, Fransen M L. 2012. Print advertising: vivid content[J]. Journal of Business Research, 65（6）: 861-864.

Fine H F, Wei W, Goldman R E, et al. 2010. Robot-assisted ophthalmic surgery[J]. Canadian Journal of Ophthalmology, 45（6）: 581-584.

Fischer G W, Jia J, Luce M F. 2000. Attribute conflict and preference uncertainty: the randmau model[J]. Management Science, 46（5）: 669-684.

Følstad A, Brandtzæg P B. 2017. Chatbots and the new world of HCI[J]. Interactions, 24（4）: 38-42.

Fong T, Nourbakhsh I, Dautenhahn K. 2003. A survey of socially interactive robots[J]. Robotics and Autonomous Systems, 42（3/4）: 143-166.

Fornalczyk K, Bortko K, Jankowski J. 2021. Improving user attention to chatbots through a controlled intensity of changes within the interface[R]. 25th KES International Conference on Knowledge-Based and Intelligent Information & Engineering Systems（KES）: 5112-5121.

Foster J K, Mclelland M A, Wallace L K. 2021. Brand avatars: impact of social interaction on consumer-brand relationships[J]. Journal of Research in Interactive Marketing, 16（2）: 1-22.

Fox A K, Deitz G D, Royne M B, et al. 2018. The face of contagion: consumer response to service failure depiction in online reviews[J]. European Journal of Marketing, 52（1/2）: 39-65.

Fradrich L, Nunnari F, Staudte M, et al. 2018.（Simulated）listener gaze in real-time spoken interaction[J]. Computer Animation and Virtual Worlds，29（3/4）：e1831.

Frischen A，Bayliss A P，Tipper S P. 2007. Gaze cueing of attention：visual attention，social cognition，and individual differences[J]. Psychological Bulletin，133（4）：694-724.

Frisoli A，Loconsole C，Leonardis D，et al. 2012. A new gaze-BCI-driven control of an upper limb exoskeleton for rehabilitation in real-world tasks[J]. IEEE Transactions on Systems Man and Cybernetics Part C-Applications and Reviews，42（6）：1169-1179.

Furnell S，Clarke N. 2012. Power to the people? The evolving recognition of human aspects of security[J]. Computers & Security，31（8）：983-988.

Gaczek P，Leszczynski G，Zielinski M. 2022. Is AI augmenting or substituting humans? An eye-tracking study of visual attention toward health application[J]. International Journal of Technology and Human Interaction，18（1）：14.

Gao Q，Dou L，Belkacem A N，et al. 2017. Noninvasive electroencephalogram based control of a robotic arm for writing task using hybrid BCI system[J]. Biomed Research International，2017：e8316485.

Gao X，Xu X-Y，Tayyab S M U，et al. 2021. How the live streaming commerce viewers process the persuasive message：an elm perspective and the moderating effect of mindfulness[J]. Electronic Commerce Research and Applications，49：101087.

Gazzola V，Rizzolatti G，Wicker B，et al. 2007. The anthropomorphic brain：the mirror neuron system responds to human and robotic actions[J]. Neuroimage，35（4）：1674-1684.

Gefen D，Straub D. 2003. Managing user trust in b2c e-services[J]. E-Service，2（2）：7-24.

Geissler G，Zinkhan G，Watson R T. 2001. Web home page complexity and communication effectiveness[J]. Journal of the Association for Information Systems，2（1）：1-46.

Geva N，Uzefovsky F，Levy-Tzedek S. 2020. Touching the social robot PARO reduces pain perception and salivary oxytocin levels[J]. Scientific Reports，10（1）：9814.

Ghiglino D，Willemse C，de Tommaso D，et al. 2021. Mind the eyes：artificial agents' eye movements modulate attentional engagement and anthropomorphic attribution[J]. Frontiers in Robotics and AI，8：642796.

Giannopulu I，Terada K，Watanabe T. 2018. Communication using robots：a perception-action scenario in moderate asd[J]. Journal of Experimental & Theoretical Artificial Intelligence，30（5）：603-613.

Gidron D，Koehler D J，Tversky A. 1993. Implicit quantification of personality traits[J]. Personality and Social Psychology Bulletin，19（5）：594-604.

Giles H，Coupland N，Coupland I. 1991. Contexts of Accommodation：Developments in Applied Sociolinguistics[M]. Cambridge：Cambridge University Press.

Gobbini M I，Gentili C，Ricciardi E，et al. 2011. Distinct neural systems involved in agency and animacy detection[J]. Journal of Cognitive Neuroscience, 23（8）: 1911-1920.

Godinho de Matos M, Adjerid I. 2022. Consumer consent and firm targeting after GDPR: the case of a large telecom provider[J]. Management Science, 68（5）: 3330-3378.

Goel L, Johnson N, Junglas I, et al. 2013. Predicting users' return to virtual worlds: a social perspective[J]. Information Systems Journal, 23（1）: 35-63.

Goldberg J H, Kotval X P. 1999. Computer interface evaluation using eye movements: methods and constructs[J]. International Journal of Industrial Ergonomics, 24（6）: 631-645.

Gretry A, Horváth C, Belei N, et al. 2017. "Don't pretend to be my friend!" when an informal brand communication style backfires on social media[J]. Journal of Business Research, 74: 77-89.

Guo F, Li M M, Chen J H, et al. 2022a. Evaluating users' preference for the appearance of humanoid robots via event-related potentials and spectral perturbations[J]. Behaviour & Information Technology, 41（7）: 1381-1397.

Guo F, Li M M, Qu Q X, et al. 2019. The effect of a humanoid robot? S emotional behaviors on users? Emotional responses: evidence from pupillometry and electroencephalography measures[J]. International Journal of Human-Computer Interaction, 35（20）: 1947-1959.

Guo K H. 2013. Security-related behavior in using information systems in the workplace: a review and synthesis[J]. Computers & Security, 32: 242-251.

Guo M, Xu G, Wang L, et al. 2013. Research progress in experimental paradigm of auditory-based brain-computer interface[J]. Chinese Journal of Biomedical Engineering, 32（5）: 613-619.

Guo Y, Zhang K, Wang C. 2022b. Way to success: understanding top streamer's popularity and influence from the perspective of source characteristics[J]. Journal of Retailing and Consumer Services, 64: 102786.

Halder S, Kaethner I, Kuebler A. 2016. Training leads to increased auditory brain-computer interface performance of end-users with motor impairments[J]. Clinical Neurophysiology, 127（2）: 1288-1296.

Hall R H, Hanna P. 2004. The impact of web page text-background colour combinations on readability, retention, aesthetics and behavioural intention[J]. Behaviour & Information Technology, 23（3）: 183-195.

Han M C. 2021. The impact of anthropomorphism on consumers' purchase decision in chatbot commerce[J]. Journal of Internet Commerce, 20（1）: 46-65.

Han Z, Phillips E, Yanco H A. 2021. The need for verbal robot explanations and how people would like a robot to explain itself[J]. ACM Transactions on Human-Robot Interaction, 10（4）: 1-42.

Harz N, Hohenberg S, Homburg C. 2022. Virtual reality in new product development: insights from pre-launch sales forecasting for durables[J]. Journal of Marketing, 86 (3): 157-179.

Hengstler M, Enkel E, Duelli S. 2016. Applied artificial intelligence and trust—the case of autonomous vehicles and medical assistance devices[J]. Technological Forecasting and Social Change, 105: 105-120.

Hernandez B, Jimenez J, Martin M J. 2009. Key website factors in e-business strategy[J]. International Journal of Information Management, 29 (5): 362-371.

Hess U, Kafetsios K, Mauersberger H, et al. 2016. Signal and noise in the perception of facial emotion expressions: from labs to life[J]. Personality and Social Psychology Bulletin, 42 (8): 1092-1110.

Hieida C, Abe K, Nagai T, et al. 2020. Walking hand-in-hand helps relationship building between child and robot[J]. Journal of Robotics and Mechatronics, 32 (1): 8-20.

Hildt E. 2015. What will this do to me and my brain? Ethical issues in brain-to-brain interfacing[J]. Frontiers in Systems Neuroscience, 9: 17.

Hinterberger T, Weiskopf N, Veit R, et al. 2004. An EEG-driven brain-computer interface combined with functional magnetic resonance imaging (fMRI)[J]. Biomedical Engineering, IEEE Transactions on Biomedical Engineering, 51: 971-974.

Hochberg L R, Serruya M D, Friehs G M, et al. 2006. Neuronal ensemble control of prosthetic devices by a human with tetraplegia[J]. Nature, 442 (7099): 164-171.

Hofree G, Ruvolo P, Reinert A, et al. 2018. Behind the robot's smiles and frowns: in social context, people do not mirror android's expressions but react to their informational value[J]. Frontiers in Neurorobotics, 12: 14.

Hofree G, Urgen B A, Winkielman P, et al. 2015. Observation and imitation of actions performed by humans, androids, and robots: an EMG study[J]. Frontiers in Human Neuroscience, 9: 000364.

Hogeveen J, Obhi S S. 2012. Social interaction enhances motor resonance for observed human actions[J]. Journal of Neuroscience, 32 (17): 5984-5989.

Hong W, L. Thong J Y. 2013. Internet privacy concerns: an integrated conceptualization and four empirical studies[J]. MIS Quarterly, 37 (1): 275-298.

Hong W Y, Cheung M Y M, Thong J Y L. 2021. The impact of animated banner ads on online consumers: a feature-level analysis using eye tracking[J]. Journal of the Association for Information Systems, 22 (1): 204-245.

Hortal E, Planelles D, Costa A, et al. 2015. SVM-based brain-machine interface for controlling a robot arm through four mental tasks[J]. Neurocomputing, 151 (1): 116-121.

Hu Q, West R, Smarandescu L. 2015. The role of self-control in information security violations: insights from a cognitive neuroscience perspective[J]. Journal of Management Information

Systems, 31（4）：6-48.

Hu Q, Xu Z, Dinev T, et al. 2011. Does deterrence work in reducing information security policy abuse by employees?[J]. Communications of the ACM, 54（6）：54-60.

Hu X, Wu G, Wu Y, et al. 2010. The effects of web assurance seals on consumers' initial trust in an online vendor: a functional perspective[J]. Decision Support Systems, 48（2）：407-418.

Huang B, Liu X, Wang Y, et al. 2022. Is the discount really favorable? The effect of numeracy on price magnitude judgment: evidence from electroencephalography[J]. Frontiers in Neuroscience, 817450.

Huang M-H, Rust R T. 2022. A framework for collaborative artificial intelligence in marketing[J]. Journal of Retailing, 98（2）：209-223.

Ikeda T, Hirata M, Kasaki M, et al. 2017. Subthalamic nucleus detects unnatural android movement[J]. Scientific Reports, 7：17851.

Inkulu A K, Bahubalendruni M, Dara A, et al. 2022. Challenges and opportunities in human robot collaboration context of industry 4.0-a state of the art review[J]. Industrial Robot-the International Journal of Robotics Research and Application, 49（2）：226-239.

Itier R, Taylor M. 2004. N170 or n1? Spatiotemporal differences between object and face processing using ERPS[J]. Cerebral Cortex, 14（2）：132-142.

Jaeger L, Eckhardt A. 2021. Eyes wide open: the role of situational information security awareness for security-related behaviour[J]. Information Systems Journal, 31（3）：429-472.

Jaikumar S. 2019. How do consumers choose sellers in e-marketplaces? The role of display price and sellers' review volume[J]. Journal of Advertising Research, 59（2）：232-241.

James W. 1890. The Principles of Psychology[M]. New York：Hery Holt and Company.

Janiszewski C, Kuo A, Tavassoli N T. 2013. The influence of selective attention and inattention to products on subsequent choice[J]. Journal of Consumer Research, 39（6）：1258-1274.

Jenkins J L, Anderson B B, Vance A, et al. 2016. More harm than good? How messages that interrupt can make us vulnerable[J]. Information Systems Research, 27（4）：880-896.

Jiang Z, Benbasat I. 2007. The effects of presentation formats and task complexity on online consumers' product understanding[J]. MIS Quarterly, 31（3）：475-500.

Jin J, Lin C, Wang F, et al. 2021. A study of cognitive effort involved in the framing effect of summary descriptions of online product reviews for search vs. experience products[J]. Electronic Commerce Research, 23：785-806.

Jin J, Wang C, Yu L, et al. 2015. Extending or creating a new brand: evidence from a study on event-related potentials[J]. Neuroreport, 26（10）：572-577.

Jin J, Zhang W, Chen M. 2017. How consumers are affected by product descriptions in online shopping: event-related potentials evidence of the attribute framing effect[J]. Neuroscience

Research，125：21-28.

Johanson D L，Ahn H S，Broadbent E. 2021. Improving interactions with healthcare robots：a review of communication behaviours in social and healthcare contexts[J]. International Journal of Social Robotics，13（8）：1835-1850.

Johnson W，Rickel J，Lester J. 2000. Animated pedagogical agents：face-to-face interaction in interactive learning environments[J]. International Journal of Artificial Intelligence in Education，11（1）：47-48.

Jones C L E，Hancock T，Kazandjian B，et al. 2022. Engaging the avatar：the effects of authenticity signals during chat-based service recoveries[J]. Journal of Business Research，144：703-716.

Jung Y，Pawlowski S D. 2014. Virtual goods，real goals：exploring means-end goal structures of consumers in social virtual worlds[J]. Information & Management，51（5）：520-531.

Karegar F，Pettersson J S，Fischer-Hübner S. 2020. The dilemma of user engagement in privacy notices：effects of interaction modes and habituation on user attention[J]. ACM Transactions on Privacy and Security（TOPS），23（1）：1-38.

Kelley M S，Noah J A，Zhang X，et al. 2021. Comparison of human social brain activity during eye-contact with another human and a humanoid robot[J]. Frontiers in Robotics and AI，7：599581.

Kennedy P，Bakay R A E，Jackson M，et al. 2000. Direct control of a computer from the human central nervous system[J]. IEEE Transactions on Rehabilitation Engineering，8（2）：198-202.

Kiilavuori H，Sariola V，Peltola M J，et al. 2021. Making eye contact with a robot：psychophysiological responses to eye contact with a human and with a humanoid robot[J]. Biological Psychology，158：107989.

Kim D，Ko Y J. 2019. The impact of virtual reality（VR）technology on sport spectators' flow experience and satisfaction[J]. Computers in Human Behavior，93：346-356.

Kim M，Choi Y J，Kim J，et al. 2021. The effect of video distraction on a visual p300 BCI[R]. 9th IEEE International Winter Conference on Brain-Computer Interface（BCI）：147-151.

Kim S，Kim J，Badu-Baiden F，et al. 2021. Preference for robot service or human service in hotels? Impacts of the COVID-19 pandemic[J]. International Journal of Hospitality Management，93：102795.

King A J，Lazard A J，White S R. 2020. The influence of visual complexity on initial user impressions：testing the persuasive model of web design[J]. Behaviour & Information Technology，39（5）：497-510.

Kireyev P，Pauwels K，Gupta S. 2016. Do display ads influence search? Attribution and dynamics in online advertising[J]. International Journal of Research in Marketing，33（3）：475-490.

Klein E, Peters B, Higger M. 2018. Ethical considerations in ending exploratory brain-computer interface research studies in locked-in syndrome[J]. Cambridge Quarterly of Healthcare Ethics, 27（4）: 660-674.

Kodama T, Makino S, Rutkowski T M, et al. 2016. Tactile brain-computer interface using classification of p300 responses evoked by full body spatial vibrotactile stimuli[R]. Asia-Pacific Signal and Information Processing Association Annual Summit and Conference（APSIPA）: 1-8.

Köhler C F, Rohm A J, de Ruyter K, et al. 2011. Return on interactivity: the impact of online agents on newcomer adjustment[J]. Journal of Marketing, 75（2）: 93-108.

Kompatsiari K, Bossi F, Wykowska A. 2021. Eye contact during joint attention with a humanoid robot modulates oscillatory brain activity[J]. Social Cognitive and Affective Neuroscience, 16（4）: 383-392.

Kothgassner O D, Felnhofer A, Hlavacs H, et al. 2016. Salivary cortisol and cardiovascular reactivity to a public speaking task in a virtual and real-life environment[J]. Computers in Human Behavior, 62: 124-135.

Krach S, Hegel F, Wrede B, et al. 2018. Can machines think? Interaction and perspective taking with robots investigated via fMRI[J]. PLoS One, 3（7）: e2597.

Krasonikolakis I, Vrechopoulos A, Pouloudi A. 2014. Store selection criteria and sales prediction in virtual worlds[J]. Information & Management, 51（6）: 641-652.

Krull R, Sundararajan B, Sharp M, et al. 2004. User eye motion with a handheld personal digital assistant[R]. IEEE International Professional Communication Conference: 279-288.

Kuhn T S. 1970. The Structure of Scientific Revolutions[M]. Chicago: Chicago University of Chicago Press.

Kutas M, Hillyard S A. 1980. Reading senseless sentences—brain potentials reflect semantic incongruity[J]. Science, 207（4427）: 203-205.

Lai C-Y, Liang T-P, Hui K-L. 2018. Information privacy paradox: a neural science study[R]. 22nd Pacific Asia Conference on Information Systems.

Lang P J, Bradley M M, Fitzsimmons J R, et al. 1998. Emotional arousal and activation of the visual cortex: an fMRI analysis[J]. Psychophysiology, 35（2）: 199-210.

Laufer R S, Wolfe M. 1977. Privacy as a concept and a social issue: a multidimensional developmental theory[J]. Journal of Social Issues, 33（3）: 22-42.

Lavie T, Tractinsky N. 2004. Assessing dimensions of perceived visual aesthetics of web sites[J]. International Journal of Human-Computer Studies, 60（3）: 269-298.

Lazzeri N, Mazzei D, Greco A, et al. 2015. Can a humanoid face be expressive? A psychophysiological investigation[J]. Frontiers in Bioengineering and Biotechnology, 3: 64.

Lee J, Ahn J-H. 2012. Attention to banner ads and their effectiveness: an eye-tracking approach[J]. International Journal of Electronic Commerce, 17（1）: 119-137.

Lee J, Kim J, Choi J Y. 2019. The adoption of virtual reality devices: the technology acceptance model integrating enjoyment, social interaction, and strength of the social ties[J]. Telematics and Informatics, 39: 37-48.

Lee Y, Chen A N K. 2011. Usability design and psychological ownership of a virtual world[J]. Journal of Management Information Systems, 28（3）: 269-307.

Leuthardt E, Schalk G, Wolpaw J, et al. 2004. A brain-computer interface using electrocorticographic signals in humans[J]. Journal of Neural Engineering, 1（2）: 63-71.

Leuthold S, Schmutz P, Bargas-Avila J A, et al. 2011. Vertical versus dynamic menus on the world wide web: eye tracking study measuring the influence of menu design and task complexity on user performance and subjective preference[J]. Computers in Human Behavior, 27（1）: 459-472.

Lewis R A, Reiley D H. 2014. Online ads and offline sales: measuring the effect of retail advertising via a controlled experiment on Yahoo![J]. Quantitative Marketing and Economics, 12（3）: 235-266.

Leyzberg D, Spaulding S, Toneva M, et al. 2012. The physical presence of a robot tutor increases cognitive learning gains[R]. Proceedings of the 34th Annual Meeting of the Cognitive Science Society: 1882-1887.

Li H, Sarathy R, Xu H. 2011. The role of affect and cognition on online consumers' decision to disclose personal information to unfamiliar online vendors[J]. Decision Support Systems, 51（3）: 434-445.

Li M M, Guo F, Ren Z G, et al. 2022a. A visual and neural evaluation of the affective impression on humanoid robot appearances in free viewing[J]. International Journal of Industrial Ergonomics, 88: 103159.

Li M W, Wang Q J, Cao Y. 2022b. Understanding consumer online impulse buying in live streaming e-commerce: a stimulus-organism-response framework[J]. International Journal of Environmental Research and Public Health, 19（7）: 4378.

Li P, Xu M, Wan B, et al. 2016. Review of experimental paradigms in brain-computer interface based on visual evoked potential[J]. Chinese Journal of Scientific Instrument, 37（10）: 2340-2351.

Li W, Jiang M, Zhan W. 2022c. Why advertise on short video platforms? Optimizing online advertising using advertisement quality[J]. Journal of Theoretical and Applied Electronic Commerce Research, 17（3）: 1057-1074.

Li X C, Liao Q Y, Luo X, et al. 2020. Juxtaposing impacts of social media interaction experiences on e-commerce reputation[J]. Journal of Electronic Commerce Research, 21（2）: 75-95.

Li Y, Li X, Cai J. 2021. How attachment affects user stickiness on live streaming platforms: a socio-technical approach perspective[J]. Journal of Retailing and Consumer Services, 60: 102478.

Li Y D, Sekino H, Sato-Shimokawara E, et al. 2022d. The influence of robot's expressions on self-efficacy in erroneous situations[J]. Journal of Advanced Computational Intelligence and Intelligent Informatics, 26（4）: 521-530.

Liang H, Xue Y, Pinsonneault A, et al. 2019. What users do besides problem-focused coping when facing it security threats: an emotion-focused coping perspective[J]. MIS Quarterly, 43（2）: 373-394.

Liang T P, Li Y W, Yen N S, et al. 2021. How digital assistants evoke social closeness: an fMRI investigation[J]. Journal of Electronic Commerce Research, 22（4）: 285-304.

Lieberman M D, Eisenberger N I, Crockett M J, et al. 2007. Putting feelings into words—affect labeling disrupts amygdala activity in response to affective stimuli[J]. Psychological Science, 18（5）: 421-428.

Lin Y-C, Yeh C-H, Wei C-C. 2013. How will the use of graphics affect visual aesthetics? A user-centered approach for web page design[J]. International Journal of Human-Computer Studies, 71（3）: 217-227.

Ling J, van Schaik P. 2007. The influence of line spacing and text alignment on visual search of web pages[J]. Displays, 28（2）: 60-67.

Liu B, Pavlou P A, Cheng X. 2022. Achieving a balance between privacy protection and data collection: a field experimental examination of a theory-driven information technology solution[J]. Information Systems Research, 33（1）: 203-223.

Liu T, Chen W, Liu C H, et al. 2012. Benefits and costs of uniqueness in multiple object tracking: the role of object complexity[J]. Vision Research, 66: 31-38.

Liu Y, Jiang Z, Chan H C. 2019. Touching products virtually: facilitating consumer mental imagery with gesture control and visual presentation[J]. Journal of Management Information Systems, 36（3）: 823-854.

Liu Z, Wang X, Min Q, et al. 2019. The effect of role conflict on self-disclosure in social network sites: an integrated perspective of boundary regulation and dual process model[J]. Information Systems Journal, 29（2）: 279-316.

Lo P-S, Dwivedi Y K, Wei-Han Tan G, et al. 2022. Why do consumers buy impulsively during live streaming? A deep learning-based dual-stage sem-ann analysis[J]. Journal of Business Research, 147: 325-337.

Lohan K S, Sheppard E, Little G, et al. 2018. Toward improved child-robot interaction by understanding eye movements[J]. IEEE Transactions on Cognitive and Developmental Systems, 10（4）: 983-992.

Longoni C, Bonezzi A, Morewedge C K. 2019. Resistance to medical artificial intelligence[J]. Journal of Consumer Research, 46（4）: 629-650.

Lu B, Chen Z. 2021. Live streaming commerce and consumers' purchase intention: an uncertainty reduction perspective[J]. Information & Management, 58（7）: 103509.1-103509.15.

Lu L, Cai R, Gursoy D. 2019. Developing and validating a service robot integration willingness scale[J]. International Journal of Hospitality Management, 80: 36-51.

Lu S W, Assoc Informat S. 2021. Pro-con or con-pro? Effect of order of positive and negative content in a two-sided review[R]. 27th Annual Americas Conference on Information Systems （AMCIS）.

Luan J, Yao Z, Zhao F, et al. 2016. Search product and experience product online reviews: an eye tracking study on consumers' review search behavior[J]. Computers in Human Behavior, 65: 420-430.

Luan J, Xiao J, Tang P F, et al. 2022. Positive effects of negative reviews: an eye-tracking perspective[J]. Internet Research, 32（1）: 197-218.

Luangrath A W, Peck J, Hedgcock W, et al. 2022. Observing product touch: the vicarious haptic effect in digital marketing and virtual reality[J]. Journal of Marketing Research, 59（2）: 306-326.

Lucas G M, Gratch J, King A, et al. 2014. It's only a computer: virtual humans increase willingness to disclose[J]. Computers in Human Behavior, 37: 94-100.

Lupu R G, Ungureanu F, Cimpanu C. 2019. Brain-computer interface: challenges and research perspectives[R]. 22nd International Conference on Control Systems and Computer Science （CSCS）: 387-394.

Ma D. 2015. Push or pull? A website's strategic choice of content delivery mechanism[J]. Journal of Management Information Systems, 32（1）: 291-321.

Ma L Y, Gao S Q, Zhang X Y. 2022. How to use live streaming to improve consumer purchase intentions: evidence from China[J]. Sustainability, 14（2）: 1045.

Ma Z, Qiu T. 2016. A review of experimental paradigms in visual event-related potential-based brain computer interfaces[J]. Chinese Journal of Biomedical Engineering, 35（1）: 96-104.

Maheswaran D, Chaiken S. 1991. Promoting systematic processing in low-motivation settings: effect of incongruent information on processing and judgment[J]. Journal of Personality and Social Psychology, 61（1）: 13-25.

Malhotra N K, Sung S K, Agarwal J. 2004. Internet users' information privacy concerns （IUIPC）: the construct, the scale, and a causal model[J]. Information Systems Research,

15（4）：336-355.

Manzi F，Ishikawa M，Di Dio C，et al. 2020. The understanding of congruent and incongruent referential gaze in 17-month-old infants：an eye-tracking study comparing human and robot[J]. Scientific Reports，10（1）：21599.

Marschner L，Pannasch S，Schulz J，et al. 2015. Social communication with virtual agents：the effects of body and gaze direction on attention and emotional responding in human observers[J]. International Journal of Psychophysiology，97（2）：85-92.

Martinez-Miranda J，Perez-Espinosa H，Espinosa-Curiel I，et al. 2018. Age-based differences in preferences and affective reactions towards a robot's personality during interaction[J]. Computers in Human Behavior，84：245-257.

Mason S G，Birch G E. 2000. A brain-controlled switch for asynchronous control applications[J]. IEEE Transactions on Bio-medical Engineering，47（10）：1297-1307.

Mateo J，Mckay R，Abida W，et al. 2020. Accelerating precision medicine in metastatic prostate cancer[J]. Nature Cancer，1（11）：1041-1053.

Matsuda G，Ishiguro H，Hiraki K. 2015. Infant discrimination of humanoid robots[J]. Frontiers in Psychology，6：01397.

Matsui T，Yamada S. 2017. Entropy-based eye-tracking analysis when a user watches a prva's recommendations[R]. 26th IEEE International Symposium on Robot and Human Interactive Communication（RO-MAN）：23-28.

Mavlanova T，Benbunan-Fich R，Koufaris M. 2012. Signaling theory and information asymmetry in online commerce[J]. Information & Management，49（5）：240-247.

Mehmood F，Ayaz Y，Ali S，et al. 2019. Dominance in visual space of ASD children using multi-robot joint attention integrated distributed imitation system[J]. IEEE Access，7：168815-168827.

Mehrabian A，Russell J A. 1974. An Approach to Environmental Psychology[M]. New York：The MIT Press.

Melendrez-Ruiz J，Dujourdy L，Goisbault I，et al. 2022. "You look at it，but will you choose it"：Is there a link between the foods consumers look at and what they ultimately choose in a virtual supermarket?[J]. Food Quality and Preference，98：104510.

Meltzoff A N，Brooks R，Shon A P，et al. 2010. "Social" robots are psychological agents for infants：a test of gaze following[J]. Neural Networks，23（8/9）：966-972.

Miura N，Sugiura M，Takahashi M，et al. 2010. Effect of motion smoothness on brain activity while observing a dance：an fMRI study using a humanoid robot[J]. Social Neuroscience，5（1）：40-58.

Miyazaki A D，Grewal D，Goodstein R C. 2005. The effect of multiple extrinsic cues on quality perceptions: a matter of consistency[J]. Journal of Consumer Research, 32（1）: 146-153.

Mohammed Z A, Tejay G P. 2021. Examining the privacy paradox through individuals' neural disposition in e-commerce: an exploratory neuroimaging study[J]. Computers & Security, 104: 102201.

Morash V, Bai O, Furlani S, et al. 2008. Classifying EEG signals preceding right hand, left hand, tongue, and right foot movements and motor imageries[J]. Clinical Neurophysiology, 119（11）: 2570-2578.

Mori M. 2012. The uncanny valley[J]. IEEE Robotics & Automation Magazine, 19（2）: 98-100.

Mori M, Macdorman K, Kageki N. 2012. The uncanny valley[from the field][J]. IEEE Robotics & Automation Magazine, 19: 98-100.

Moshagen M, Thielsch M T. 2010. Facets of visual aesthetics[J]. International Journal of Human-Computer Studies, 68（10）: 689-709.

Mudambi S M, Schuff D. 2010. Research note: what makes a helpful online review? A study of customer reviews on amazon. Com[J]. MIS Quarterly, 34（1）: 185-200.

Mulder T. 2007. Motor imagery and action observation: cognitive tools for rehabilitation[J]. Journal of Neural Transmission, 114（10）: 1265-1278.

Nadarzynski T, Miles O, Cowie A, et al. 2019. Acceptability of artificial intelligence（AI）-led chatbot services in healthcare: a mixed-methods study[J]. Digital Health, 5（1）: 2055207619871808.

Nadel J, Simon M, Canet P, et al. 2006. Human responses to an expressive robot[R]. Procs of the Sixth International Workshop on Epigenetic Robotics.

Nah F F-H, Eschenbrenner B, Dewester D. 2011. Enhancing brand equity through flow and telepresence: a comparison of 2d and 3d virtual worlds[J]. MIS Quarterly, 35（3）: 731-747.

Nambu I, Ebisawa M, Kogure M, et al. 2013. Estimating the intended sound direction of the user: toward an auditory brain-computer interface using out-of-head sound localization[J]. PLoS One, 8（2）: e57174.

Nass C, Moon Y. 2000. Machines and mindlessness: social responses to computers[J]. Journal of Social Issues, 56（1）: 81-103.

Neff G. 2016. Talking to bots: symbiotic agency and the case of tay[J]. International Journal of Communication, 10: 4915-4931.

Neupane A, Rahman M L, Saxena N, et al. 2015. A multi-modal neuro-physiological study of phishing detection and malware warnings[R]. Proceedings of the 22nd ACM SIGSAC Conference on Computer and Communications Security: 479-491.

Neupane A, Saxena N, Hirshfield L, et al. 2017. Neural underpinnings of website legitimacy and familiarity detection: an fNIRS study[R]. 26th International Conference on World Wide Web

（WWW）: 1571-1580.

Neupane A, Saxena N, Kuruvilla K, et al. 2014. Neural signatures of user-centered security: an fMRI study of phishing, and malware warnings[R]. The Network and Distributed System Security（NDSS）.

New York Times. 2016-10-17. IBM Is Counting on Its Bet on Watson, and Paying Big Money for It[EB/OL]. https://www.nytimes.com/2016/10/17/technology/ibm-iscounting-on-its-bet-on-watson-and-paying-big-money- for-it.html.

Ng M, Law M, Lam L, et al. 2022. A study of the factors influencing the viewers' satisfaction and cognitive assimilation with livestreaming commerce broadcast in Hong Kong[J]. Electronic Commerce Research, 26: 1-26.

Ngo D C L, Teo L S, Byrne J G. 2003. Modelling interface aesthetics[J]. Information Sciences, 152: 25-46.

Nguyen X, Tran H, Phan H, et al. 2020. Factors influencing customer satisfaction: the case of facebook chabot vietnam[J]. International Journal of Data and Network Science, 4（2）: 167-178.

Nishimura S, Nakamura T, Sato W, et al. 2021. Vocal synchrony of robots boosts positive affective empathy[J]. Applied Sciences, 11（6）: 2502.

Nissen A, Krampe C. 2021. Why he buys it and she doesn't-exploring self-reported and neural gender differences in the perception of ecommerce websites[J]. Computers in Human Behavior, 121: 106809.

Numata T, Sato H, Asa Y, et al. 2020. Achieving affective human-virtual agent communication by enabling virtual agents to imitate positive expressions[J]. Scientific Reports, 10（1）: 5977.

Nyström A-G, Mickelsson K-J. 2019. Digital advertising as service: introducing contextually embedded selling[J]. Journal of Services Marketing, 33（4）: 396-406.

Oberman L M, Mccleery J P, Ramachandran V S, et al. 2007. EEG evidence for mirror neuron activity during the observation of human and robot actions: toward an analysis of the human qualities of interactive robots[J]. Neurocomputing, 70（13/15）: 2194-2203.

Ofner P, Muller-Putz G R. 2014. EEG-based classification of imagined arm trajectories[R]. 2nd International Conference on NeuroRehabilitation（ICNR）: 611-620.

Ohshima N, Ohyama Y, Odahara Y, et al. 2015. Talking-ally: the influence of robot utterance generation mechanism on hearer behaviors[J]. International Journal of Social Robotics, 7（1）: 51-62.

Olbrich R, Schultz C. 2014. Multichannel advertising: does print advertising affect search engine advertising?[J]. European Journal of Marketing, 48（9/10）: 1731-1756.

Olson J C, Jacoby J. 1972. Cue utilization in the quality perception process[J]. ACR Special

Volumes：167-179.

Orvieto M A，Patel V R. 2009. Evolution of robot-assisted radical prostatectomy[J]. Scandinavian Journal of Surgery，98（2）：76-88.

Ozdem C，Wiese E，Wykowska A，et al. 2017. Believing androids - fMRI activation in the right temporo-parietal junction is modulated by ascribing intentions to non-human agents[J]. Social Neuroscience，12（5）：582-593.

Pan B，Hembrooke H，Joachims T，et al. 2007. In google we trust：users' decisions on rank，position，and relevance[J]. Journal of Computer-Mediated Communication，12（3）：801-823.

Park D-H，Lee J. 2008. Ewom overload and its effect on consumer behavioral intention depending on consumer involvement[J]. Electronic Commerce Research and Applications，7（4）：386-398.

Park H J，Lin L M. 2020. The effects of match-ups on the consumer attitudes toward internet celebrities and their live streaming contents in the context of product endorsement[J]. Journal of Retailing and Consumer Services，52：101934.

Park J，Lennon S J，Stoel L. 2005. On-line product presentation：effects on mood，perceived risk，and purchase intention[J]. Psychology & Marketing，22（9）：695-719.

Pavlou P A，Liang H，Xue Y. 2007. Understanding and mitigating uncertainty in online exchange relationships：a principal-agent perspective[J]. MIS Quarterly，31（1）：105-136.

Perez-Osorio J，Abubshait A，Wykowska A. 2021. Irrelevant robot signals in a categorization task induce cognitive conflict in performance，eye trajectories，the n2 component of the EEG signal，and frontal theta oscillations[J]. Journal of Cognitive Neuroscience，34（1）：108-126.

Petronio S. 2002. Boundaries of Privacy：Dialectics of Disclosure[M]. Albany：State University of New York Press.

Peukert C，Pfeiffer J，Meissner M，et al. 2019. Shopping in virtual reality stores：the influence of immersion on system adoption[J]. Journal of Management Information Systems，36（3）：755-788.

Pfeiffer J，Pfeiffer T，Meissner M，et al. 2020. Eye-tracking-based classification of information search behavior using machine learning：evidence from experiments in physical shops and virtual reality shopping environments[J]. Information Systems Research，31（3）：675-691.

Pfiffelmann J，Dens N，Soulez S. 2020. Personalized advertisements with integration of names and photographs：an eye-tracking experiment[J]. Journal of Business Research，111：196-207.

Philip L，Martin J C，Clavel C. 2018. Rapid facial reactions in response to facial expressions of emotion displayed by real versus virtual faces[J]. I-Perception，9（4）：1-18.

Pieters R，Wedel M，Batra R. 2010. The stopping power of advertising：measures and effects of visual complexity[J]. Journal of Marketing, 74（5）: 48-60.

Posner M I. 1980. Orienting of attention[J]. Quarterly Journal of Experimental Psychology, 3（2）: 3-25.

Promberger M, Baron J. 2006. Do patients trust computers?[J]. Journal of Behavioral Decision Making, 19（5）: 455-468.

Purohit D, Srivastava J. 2001. Effect of manufacturer reputation, retailer reputation, and product warranty on consumer judgments of product quality: a cue diagnosticity framework[J]. Journal of Consumer Psychology, 10（3）: 123-134.

Rajabion L, Shaltooki A A, Taghikhah M, et al. 2019. Healthcare big data processing mechanisms: the role of cloud computing[J]. International Journal of Information Management, 49: 271-289.

Ramkumar N, Kothari V, Mills C, et al. 2020. Eyes on URLs: relating visual behavior to safety decisions[J]. ACM Symposium on Eye Tracking Research and Applications（ETRA）, 19: 1-10.

Rancati G, Maggioni I. 2022. Neurophysiological responses to robot–human interactions in retail stores[J]. Journal of Services Marketing, 37（3）: 261-275.

Rauchbauer B, Nazarian B, Bourhis M, et al. 2019. Brain activity during reciprocal social interaction investigated using conversational robots as control condition[J]. Philosophical Transactions of the Royal Society B-Biological Sciences, 374（1771）: 20180033.

Reuten A, van Dam M, Naber M. 2018. Pupillary responses to robotic and human emotions: the uncanny valley and media equation confirmed[J]. Frontiers in Psychology, 9: 774.

Riaz A, Gregor S, Dewan S, et al. 2018. The interplay between emotion, cognition and information recall from websites with relevant and irrelevant images: a neuro-is study[J]. Decision Support Systems, 111: 113-123.

Riedl R, Fischer T, Léger P-M, et al. 2020. A decade of NeuroIS research: progress, challenges, and future directions[J]. SIGMIS Database, 51（3）: 13-54.

Riedl R, Mohr P N, Kenning P H, et al. 2014. Trusting humans and avatars: a brain imaging study based on evolution theory[J]. Journal of Management Information Systems, 30（4）: 83-114.

Riva G, Mantovani F, Capideville C S, et al. 2007. Affective interactions using virtual reality: the link between presence and emotions[J]. Cyberpsychology & Behavior, 10（1）: 45-56.

Robinson H, Macdonald B, Broadbent E. 2015. Physiological effects of a companion robot on blood pressure of older people in residential care facility: a pilot study[J]. Australasian Journal on Ageing, 34（1）: 27-32.

Rock I, Palmer S. 1990. The legacy of gestalt psychology[J]. Scientific American, 263（6）: 84-91.

Rosenthal-von der Pütten A M, Schulte F P, Eimler S C, et al. 2014. Investigations on empathy towards humans and robots using fMRI[J]. Computers in Human Behavior, 33: 201-212.

Saberi M, Bernardet U, Dipaola S. 2015. Effect of a virtual agent's contingent smile response on perceived social status[R]. 15th International Conference on Intelligent Virtual Agents（IVA）: 488-491.

Sah Y J, Peng W. 2015. Effects of visual and linguistic anthropomorphic cues on social perception, self-awareness, and information disclosure in a health website[J]. Computers in Human Behavior, 45: 392-401.

Salem M, Rohlfing K, Kopp S, et al. 2011. A friendly gesture: investigating the effect of multimodal robot behavior in human-robot interaction[R]. 2011 Ro-Man: 247-252.

Samat S, Acquisti A. 2017. Format vs. Content: The impact of risk and presentation on disclosure decisions[R]. Thirteenth Symposium on Usable Privacy and Security（{SOUPS}2017）: 377-384.

Sawabe T, Honda S, Sato W, et al. 2022. Robot touch with speech boosts positive emotions[J]. Scientific Reports, 12（1）: 6884.

Schaub F, Balebako R, Durity A L, et al. 2015. A design space for effective privacy notices[R]. Proceedings of the Symposium on Usable Privacy and Security.

Schindler S, Kissler J. 2016. People matter: perceived sender identity modulates cerebral processing of socio-emotional language feedback[J]. Neuroimage, 134: 160-169.

Schirmer A, Adolphs R. 2017. Emotion perception from face, voice, and touch: comparisons and convergence[J]. Trends Cogn Sci, 21（3）: 216-228.

Schnack A, Wright M J, Holdershaw J L. 2021. Does the locomotion technique matter in an immersive virtual store environment?-comparing motion-tracked walking and instant teleportation[J]. Journal of Retailing and Consumer Services, 58: 102266.

Seckler M, Opwis K, Tuch A N. 2015. Linking objective design factors with subjective aesthetics: an experimental study on how structure and color of websites affect the facets of users' visual aesthetic perception[J]. Computers in Human Behavior, 49: 375-389.

Serences J T, Shomstein S, Leber A B, et al. 2005. Coordination of voluntary and stimulus-driven attentional control in human cortex[J]. Psychological Science, 16（2）: 114-122.

Serruya M D, Hatsopoulos N G, Paninski L, et al. 2002. Instant neural control of a movement signal[J]. Nature, 416（6877）: 141-142.

Servon L J. 2002. Bridging the Digital Divide: Technology, Community, and Public Policy[M]. Oxford: Blackwall Pablishing.

Seymour M, Yuan L, Dennis A R, et al. 2021. Have we crossed the uncanny valley? Understanding affinity, trustworthiness, and preference for realistic digital humans in immersive environments[J].

Journal of the Association for Information Systems, 22（3）：591-617.

Sheng H, Nah F F-H, Siau K. 2008. An experimental study on ubiquitous commerce adoption：impact of personalization and privacy concerns[J]. Journal of the Association for Information Systems, 9（6）：344-377.

Sheng X, Felix R, Saravade S, et al. 2020. Sight unseen：the role of online security indicators in visual attention to online privacy information[J]. Journal of Business Research, 111（c）：218-240.

Shi S W, Trusov M. 2021. The path to click：are you on it?[J]. Marketing Science, 40（2）：344-365.

Singer P W. 2009. Wired for War：The Robotics Revolution and Conflict in the 21st Century[M]. London：Penguin.

Siponen M, Vance A. 2010. Neutralization：new insights into the problem of employee information systems security policy violations[J]. MIS Quarterly, 34（3）：487-502.

Skowronski J J, Carlston D E. 1987. Social judgment and social memory：the role of cue diagnosticity in negativity, positivity, and extremity biases[J]. Journal of Personality and Social Psychology, 52（4）：689.

Slater M, Wilbur S. 1997. A framework for immersive virtual environments（FIVE）：speculations on the role of presence in virtual environments[J]. Presence-Teleoperators and Virtual Environments, 6（6）：603-616.

Smith H J, Dinev T, Xu H. 2011. Information privacy research：an interdisciplinary review[J]. MIS Quarterly, 35（4）：989-1016.

Smith H J, Milburg S J, Burke S J. 1996. Information privacy：measuring individuals' concerns about organizational practices[J]. MIS Quarterly, 20（2）：167-196.

Sonderegger A, Sauer J, Eichenberger J. 2014. Expressive and classical aesthetics：two distinct concepts with highly similar effect patterns in user-artefact interaction[J]. Behaviour & Information Technology, 33（11）：1180-1191.

Song Q H, Li L. 2021. Home robot control system based on internet of things and fuzzy control[J]. Mobile Information Systems, 2021（9）：9409556.1-9409556.12.

Song Y, Luximon Y. 2020. Trust in ai agent：a systematic review of facial anthropomorphic trustworthiness for social robot design[J]. Sensors, 20（18）：5087.

Staudte M, Crocker M W. 2011. Investigating joint attention mechanisms through spoken human-robot interaction[J]. Cognition, 120（2）：268-291.

Staudte M, Crocker M W, Heloir A, et al. 2014. The influence of speaker gaze on listener comprehension：contrasting visual versus intentional accounts[J]. Cognition, 133（1）：317-328.

Steinfeld N. 2016. "I agree to the terms and conditions"：（how）do users read privacy policies online? An eye-tracking experiment[J]. Computers In Human Behavior，55：992-1000.

Stenberg G. 2006. Conceptual and perceptual factors in the picture superiority effect[J]. European Journal of Cognitive Psychology，18（6）：813-847.

Steuer J. 2006. Defining virtual reality：dimensions determining telepresence[J]. Journal of Communication，42（4）：73-93.

Strong D M，Volkoff O，Johnson S A，et al. 2014. A theory of organization-EHR affordance actualization[J]. Journal of the Association for Information Systems，15（2）：53-85.

Suh K-S，Kim H，Suh E K. 2011. What if your avatar looks like you? Dual-congruity perspectives for avatar use[J]. MIS Quarterly，35（3）：711-729.

Sun R，Chen J R，Wang Y X，et al. 2020. An ERP experimental study about the effect of authorization cue characteristics on the privacy behavior of recommended users[J]. Journal of Advanced Computational Intelligence and Intelligent Informatics，24（4）：509-523.

Sun Y，Shao X，Li X，et al. 2019. How live streaming influences purchase intentions in social commerce：an it affordance perspective[J]. Electronic Commerce Research and Applications，37：100886.

Sung B，Mergelsberg E，Teah M，et al. 2021. The effectiveness of a marketing virtual reality learning simulation：a quantitative survey with psychophysiological measures[J]. British Journal of Educational Technology，52（1）：196-213.

Syrjamaki A H，Isokoski P，Surakka V，et al. 2020. Eye contact in virtual reality—a psychophysiological study[J]. Computers in Human Behavior，112：106454.

Tabassum M，Alqhatani A，Aldossari M，et al. 2018. Increasing user attention with a comic-based policy[R]. Proceedings of the 2018 Chi Conference on Human Factors in Computing Systems：1-6.

Tai Y F，Scherfler C，Brooks D J，et al. 2004. The human premotor cortex is "mirror" only for biological actions[J]. Current Biology，14（2）：117-120.

Takagi H，Terada K. 2021. The effect of anime character's facial expressions and eye blinking on donation behavior[J]. Scientific Reports，11（1）：9146.

Tanaka K，Matsunaga K，Wang H O. 2005. Electroencephalogram-based control of an electric wheelchair[J]. IEEE Transactions on Robotics，21（4）：762-766.

Tananuraksakul N. 2018. Facebook messenger as the medium of academic consultation and the message in a Thai context[R]. Proceedings of the International Conference on Communication & Media：18-19.

Tapus A，Mataric M J，Scassellati B. 2007. Socially assistive robotics—the grand challenges in helping humans through social interaction[J]. IEEE Robotics & Automation Magazine，14（1）：

35-42.

The Telegraph. 2017-03-07. Forget Your GP, Robots Will Soon Be Able to Diagnose More Accurately than Almost Any Doctor[EB/OL]. https://www.telegraph.co.uk/technology/2017/03/07/robots-will-soon-able-diagnoseaccurately-almost-doctor/.

Teubner T, Flath C M. 2019. Privacy in the sharing economy[J]. Journal of the Association for Information Systems, 20（3）: 213-242.

Thompson R F. 2009. Habituation: a history[J]. Neurobiology of Learning and Memory, 92（2）: 127.

Todorov A, Said C P, Engell A D, et al. 2008. Understanding evaluation of faces on social dimensions[J]. Trends in Cognitive Sciences, 12（12）: 455-460.

Tombu M, Jolicœur P. 2003. A central capacity sharing model of dual-task performance[J]. Journal of Experimental Psychology: Human Perception and Performance, 29（1）: 3-18.

Tsao W-C, Hsieh M-T. 2015. Ewom persuasiveness: do eWoM platforms and product type matter?[J]. Electronic Commerce Research, 15（4）: 509-541.

Tuch A N, Bargas-Avila J A, Opwis K, et al. 2009. Visual complexity of websites: effects on users' experience, physiology, performance, and memory[J]. International Journal of Human-Computer Studies, 67（9）: 703-715.

Turel O, He Q H, Wen Y T. 2021. Examining the neural basis of information security policy violations: a noninvasive brain stimulation approach[J]. Management Information Systems Quarterly, 45（4）: 1715-1744.

Tversky A, Kahneman D. 1974. Judgment under uncertainty: heuristics and biases: biases in judgments reveal some heuristics of thinking under uncertainty[J]. Science, 185（4157）: 1124-1131.

Urgen B A, Kutas M, Saygin A P. 2018. Uncanny valley as a window into predictive processing in the social brain[J]. Neuropsychologia, 114: 181-185.

Urgen B A, Plank M, Ishiguro H, et al. 2013. EEG theta and mu oscillations during perception of human and robot actions[J]. Frontiers in Neurorobotics, 7: 00019.

van Den Berghe R, Verhagen J, Oudgenoeg-Paz O, et al. 2019. Social robots for language learning: a review[J]. Review of Educational Research, 89（2）: 259-295.

van Dijk E T, Torta E, Cuijpers R H. 2013. Effects of eye contact and iconic gestures on message retention in human-robot interaction[J]. International Journal of Social Robotics, 5（4）: 491-501.

van Veen V, Carter C S. 2002. The anterior cingulate as a conflict monitor: fMRI and ERP studies[J]. Physiology & Behavior, 77（4）: 477-482.

Vance A, Anderson B, Kirwan C B, et al. 2014. Using measures of risk perception to predict information security behavior: insights from electroencephalography（EEG）[J]. Journal of the Association for Information Systems Research, 15（10）: 679-722.

Vance A, Jenkins J L, Anderson B B, et al. 2018. Tuning out security warnings: a longitudinal examination of habituation through fMRI, eye tracking, and field experiments[J]. Management Information Systems Quarterly, 42（2）: 355-380.

Vance A, Kirwan B, Bjornn D, et al. 2017. What do we really know about how habituation to warnings occurs over time?[R]. Proceedings of the 2017 CHI Conference on Human Factors in Computing Systems: 2215-2227.

Vance A, Siponen M, Pahnila S. 2012. Motivating is security compliance: insights from habit and protection motivation theory[J]. Information & Management, 49（3/4）: 190-198.

Vidal J J. 1973. Toward direct brain-computer communication[J]. Annual Review of Biophysics and Bioengineering, 2（1）: 157-180.

Vinnikov M, Allison R S, Fernandes S. 2017. Gaze-contingent auditory displays for improved spatial attention in virtual reality[J]. ACM Transactions on Computer-Human Interaction, 24（3）: 19.1-19.38.

Vishwanath A, Xu W, Ngoh Z. 2018. How people protect their privacy on facebook: a cost-benefit view[J]. Journal of the Association for Information Science and Technology, 69（5）: 700-709.

von der Pütten A M, Krämer N C, Gratch J, et al. 2010. "It doesn't matter what you are!" explaining social effects of agents and avatars[J]. Computers in Human Behavior, 26（6）: 1641-1650.

Vu K P L, Chambers V, Garcia F P, et al. 2007. How users read and comprehend privacy policies[R]. Symposium on Human Interface and the Management of Information held at HCI International: 802-811.

Wagemans J. 1997. Characteristics and models of human symmetry detection[J]. Trends in Cognitive Sciences, 1（9）: 346-352.

Wairagkar M, Lima M R, Bazo D, et al. 2022. Emotive response to a hybrid-face robot and translation to consumer social robots[J]. IEEE Internet of Things Journal, 9（5）: 3174-3188.

Wang J-C, Day R-F. 2007. The effects of attention inertia on advertisements on the www[J]. Computers in Human Behavior, 23（3）: 1390-1407.

Wang M H, Lee S C, Sanghavi H K, et al. 2021. In-vehicle intelligent agents in fully autonomous driving: The effects of speech style and embodiment together and separately[R]. 13th ACM International Conference on Automotive User Interfaces and Interactive Vehicular Applications （AutomotiveUI）: 247-254.

Wang Q, Yang S, Liu M, et al. 2014a. An eye-tracking study of website complexity from cognitive load perspective[J]. Decision Support Systems, 62: 1-10.

Wang Q, Yang Y, Wang Q, et al. 2014b. The effect of human image in B2C website design: an eye-tracking study[J]. Enterprise Information Systems, 8 (5): 582-605.

Wang Q, Cui X, Huang L, et al. 2016a. Seller reputation or product presentation? An empirical investigation from cue utilization perspective[J]. International Journal of Information Management, 36 (3): 271-283.

Wang Q, Li H, Ye Q, et al. 2016c. Saliency effects of online reviews embedded in the description on sales: moderating role of reputation[J]. Decision Support Systems, 87: 50-58.

Wang Q, Meng L, Liu M, et al. 2016b. How do social-based cues influence consumers' online purchase decisions? An event-related potential study[J]. Electronic Commerce Research, 16 (1): 1-26.

Wang Q, Xu Z, Cui X, et al. 2017. Does a big Duchenne smile really matter on e-commerce websites? An eye-tracking study in China[J]. Electronic Commerce Research, 17: 609-626.

Wang Q, Wedel M, Huang L, et al. 2018. Effects of model eye gaze direction on consumer visual processing: evidence from china and america[J]. Information & Management, 55 (5): 588-597.

Wang Q, Ma D, Chen H, et al. 2020a. Effects of background complexity on consumer visual processing: an eye-tracking study[J]. Journal of Business Research, 111: 270-280.

Wang Q, Ma L, Huang L, et al. 2020b. Effect of the model eye gaze direction on consumer information processing: a consideration of gender differences[J]. Online Information Review, 44 (7): 1403-1420.

Wang X W, Wu D Z. 2019. Understanding user engagement mechanisms on a live streaming platform[R]. 6th International Conference on Business, Government, and Organizations (HCIBGO) held as part of 21st International Conference on Human-Computer Interaction (HCII): 266-275.

Wang Y, Quadflieg S. 2015. In our own image? Emotional and neural processing differences when observing human-human vs human-robot interactions[J]. Social Cognitive and Affective Neuroscience, 10 (11): 1515-1524.

Wang Z, Li H, Ye Q, et al. 2016c. Saliency effects of online reviews embedded in the description on sales: moderating role of reputation[J]. Decision Support Systems, 87: 50-58.

Ward L M. 2003. Synchronous neural oscillations and cognitive processes[J]. Trends Cognitive Science, 7 (12): 553-559.

Warkentin M, Walden E, Johnston A, et al. 2016. Neural correlates of protection motivation for secure it behaviors: an fMRI examination[J]. Journal of the Association for Information

Systems, 17（3）: 194-215.

Wedel M, Bigne E, Zhang J. 2020. Virtual and augmented reality: advancing research in consumer marketing[J]. International Journal of Research in Marketing, 37（3）: 443-465.

Weizenbaum J. 1966. Eliza—a computer program for the study of natural language communication between man and machine[J]. Communications of the Association for Computing Machinery（ACM）, 9（1）: 36-45.

West R, Budde E, Hu Q. 2019. Neural correlates of decision making related to information security: self-control and moral potency[J]. PLoS One, 14（9）: 1-21.

Wiese E, Buzzell G A, Abubshait A, et al. 2018. Seeing minds in others: mind perception modulates low-level social-cognitive performance and relates to ventromedial prefrontal structures[J]. Cognitive Affective & Behavioral Neuroscience, 18（5）: 837-856.

Willemse C, Wykowska a. 2019. In natural interaction with embodied robots, we prefer it when they follow our gaze: a gaze-contingent mobile eyetracking study[J]. Philosophical Transactions of the Royal Society B-Biological Sciences, 374（1771）: 1-7.

Wilson T D, Lindsey S, Schooler T Y. 2000. A model of dual attitudes[J]. Psychological Review, 107（1）: 101-126.

Winegar A G, Sunstein C R. 2019. How much is data privacy worth? A preliminary investigation[J]. Journal of Consumer Policy, 42（3）: 425-440.

Wirtz J, Patterson P G, Kunz W H, et al. 2018. Brave new world: service robots in the frontline[J]. Journal of Service Management, 29（5）: 907-931.

Witmer B G, Singer M J. 1998. Measuring presence in virtual environments: a presence questionnaire[J]. Presence-Teleoperators and Virtual Environments, 7（3）: 225-240.

Witte K. 1992. Putting the fear back into fear appeals: the extended parallel process model[J]. Communications Monographs, 59（4）: 329-349.

Wongkitrungrueng A, Dehouche N, Assarut N. 2020. Live streaming commerce from the sellers' perspective: implications for online relationship marketing[J]. Journal of Marketing Management, 36（5/6）: 488-518.

Wright J L, Lakhmani S G, Chen J Y C. 2022. Bidirectional communications in human-agent teaming: the effects of communication style and feedback[J]. International Journal of Human-Computer Interaction, 38（18/20）: 1972-1985.

Wrzesien M, Rodriguez A, Rey B, et al. 2015. How the physical similarity of avatars can influence the learning of emotion regulation strategies in teenagers[J]. Computers in Human Behavior, 43: 101-111.

Wu K, Vassileva J, Zhao Y, et al. 2016. Complexity or simplicity? Designing product pictures for advertising in online marketplaces[J]. Journal of Retailing and Consumer Services, 28: 17-27.

Wu Y, Hsiung C. 2018. Understanding online produce cue effects on consumer behavior: evidence from EEG data[R]. AMCIS 2018 Proceedings.

Wykowska A, Chaminade T, Cheng G. 2016. Embodied artificial agents for understanding human social cognition[J]. Philosophical Transactions of the Royal Society B: Biological Sciences, 371（1693）: 1-9.

Xiong A P, Proctor R W, Yang W Y, et al. 2017. Is domain highlighting actually helpful in identifying phishing web pages?[J]. Human Factors, 59（4）: 640-660.

Xu H, Dinev T, Smith J, et al. 2011. Information privacy concerns: linking individual perceptions with institutional privacy assurances[J]. Journal of the Association for Information Systems, 12（12）: 798-824.

Xu H, Teo H-H, Tan B C, et al. 2012. Research note—effects of individual self-protection, industry self-regulation, and government regulation on privacy concerns: a study of location-based services[J]. Information Systems Research, 23（4）: 1342-1363.

Xu Q, Gregor S, Shen Q, et al. 2020a. The power of emotions in online decision making: a study of seller reputation using fMRI[J]. Decision Support Systems, 131: 113247.

Xu X, Wu J-H, Li Q. 2020b. What drives consumer shopping behavior in live streaming commerce?[J]. Journal of Electronic Commerce Research, 21（3）: 144-167.

Yang C R, Zhang X Z. 2022. Research into the application of ai robots in community home leisure interaction[J]. Journal of Supercomputing, 78（7）: 9711-9740.

Yang X, Lin L, Cheng P-Y, et al. 2019. Which EEG feedback works better for creativity performance in immersive virtual reality: the reminder or encouraging feedback?[J]. Computers in Human Behavior, 99: 345-351.

Ye Q, Cheng Z, Fang B. 2013. Learning from other buyers: the effect of purchase history records in online marketplaces[J]. Decision Support Systems, 56: 502-512.

Ye X, Peng X, Wang X, et al. 2020. Developing and testing a theoretical path model of web page impression formation and its consequence[J]. Information Systems Research, 31（3）: 929-949.

Yen C, Chiang M C. 2021. Trust me, if you can: a study on the factors that influence consumers' purchase intention triggered by chatbots based on brain image evidence and self-reported assessments[J]. Behaviour & Information Technology, 40（11）: 1177-1194.

Yen N S, Tsai J L, Chen P L, et al. 2011. Effects of typographic variables on eye-movement measures in reading chinese from a screen[J]. Behaviour & Information Technology, 30（6）: 797-808.

Yeung N, Sanfey A. 2004. Independent coding of reward magnitude and valence in the human brain[J]. The Journal of Neuroscience: the Official Journal of the Society for Neuroscience,

24（28）：6258-6264.

Yim M Y-C，Chu S-C，Sauer P L. 2017. Is augmented reality technology an effective tool for e-commerce? An interactivity and vividness perspective[J]. Journal of interactive marketing，39（1）：89-103.

Yokotani K，Takagi G，Wakashima K. 2018. Advantages of virtual agents over clinical psychologists during comprehensive mental health interviews using a mixed methods design[J]. Computers in Human Behavior，85：135-145.

Yoon S H，Lim J H，Ji Y G. 2015. Perceived visual complexity and visual search performance of automotive instrument cluster: a quantitative measurement study[J]. International Journal of Human-Computer Interaction，31（12）：890-900.

Zaidel D W，Aarde S M，Baig K. 2005. Appearance of symmetry，beauty，and health in human faces[J]. Brain and Cognition，57（3）：261-263.

Zanjani S H，Diamond W D，Chan K. 2011. Does ad-context congruity help surfers and information seekers remember ads in cluttered e-magazines?[J]. Journal of Advertising，40（4）：67-84.

Zhang J，Fang X，Liu Sheng O R. 2006. Online consumer search depth: theories and new findings[J]. Journal of Management Information Systems，23（3）：71-95.

Zhang M，Liu Y，Wang Y，et al. 2022. How to retain customers: understanding the role of trust in live streaming commerce with a socio-technical perspective[J]. Computers in Human Behavior，127：107052.

Zhang M，Sun L，Qin F，et al. 2021. E-service quality on live streaming platforms: Swift Guanxi perspective[J]. Journal of Services Marketing，35（3）：312-324.

Zhang T，Kaber D B，Zhu B W，et al. 2010. Service robot feature design effects on user perceptions and emotional responses[J]. Intelligent Service Robotics，3（2）：73-88.

Zhong L，Sun S，Law R，et al. 2020. Impact of robot hotel service on consumers' purchase intention: a control experiment[J]. Asia Pacific Journal of Tourism Research，25（7）：780-798.

Zhou S，Bickmore T，Rubin A，et al. 2018. User gaze behavior while discussing substance use with a virtual agent[R]. Proceedings of the 18th International Conference on Intelligent Virtual Agents.

附　　录

附表 1　网页设计与用户行为相关研究

文献来源	主题	研究情境	认知神经科学方法	主要研究结论
Ye 等（2020）	探究网页美学对用户网页印象形成的机制	购物网页	眼动追踪技术	人们先后通过自动加工和注意力加工来形成网页印象，觉醒唤醒度（通过瞳孔大小来衡量）决定了人们如何将注意力（通过高峰持续时间峰值和注视次数来衡量）分配到视觉美学上
Wang 等（2014a）	探究网页复杂度对用户行为的影响	网购页面	眼动追踪技术	复杂度低的网购页面有助于消费者完成简单购买任务，中等复杂度的网购页面有助于消费者执行复杂购买任务
Djamasbi 等（2011）	探究不同年龄的用户群体在网页偏好和网页浏览行为方面的差异	零售网站	眼动追踪技术	与 Y 世代用户相比，婴儿潮一代用户的注视区域更大，且更能接受网页上有更多的设计元素。但是两代人对网页的审美偏好相似，都更喜欢图片搭配少量文字的页面
Nissen 和 Krampe（2021）	探究网页审美偏好的性别差异	电商网页	fNIRS	男性和女性对电子商务网页存在不同的无意识感知，与女性相比，男性在浏览电子商务网页时需要更多的左半部脑神经活动，有用且具有视觉美学的网页会激活男性大脑左半部的神经活动，而有用性较差且美学吸引力较低的网页则会激活男性大脑右半部区域的神经活动
Riaz 等（2018）	图片情感设计对用户行为的影响	网页图片	脑电	①网页图片情感积极的网站会让用户得到更好的情绪感受，而图文相关性可以调节两者关系；②当网页图片情感是积极或消极时（即非中性的），网站更能刺激用户；③积极的用户情感感受、刺激能够促进信息回忆
Wang 等（2014）	研究网页中产品图片人物形象的影响作用	网购页面	眼动追踪技术	①产品图片与人物形象相结合，能够提高产品图片的吸引力，提高用户感知的社会存在，增强愉悦感，并促进用户在购物网站上对产品的积极态度；②产品类型在人物形象与图片吸引力之间存在调节作用，相对于实用型产品，人物形象融入享乐产品图片后，图像吸引力能够显著提升

续表

文献来源	主题	研究情境	认知神经科学方法	主要研究结论
Wang 等（2018）	探讨网页产品图片中人物的面孔效应	网页产品图片	眼动追踪技术	①对于微笑而言，直视比斜视（看向产品）能诱发更高的唤醒度，并且这种效应在中国消费者身上更为强烈；②在认知加工方面，微笑的模特斜视（看向产品）要比直视能促进更深入的产品信息加工，尽管在产品描述的信息加工上，中美消费者之间不存在显著差异，但在品牌信息加工上，双方存在显著差异
Wang 等（2020）	探究网购平台中产品图像的背景复杂度对消费者决策和行为的影响	网页产品图片	眼动追踪技术	①消费者对中等产品图片背景复杂程度的产品有更强的购买意愿。高背景复杂度的产品图片会抑制场依赖型消费者的购买意愿，但对场独立型消费者影响较小。
Leuthold 等（2011）	不同导航设计类型和任务复杂度对用户表现、导航策略以及主观偏好的影响	网页导航	眼动追踪技术	②在正确率和主观偏好方面，垂直菜单都优于动态菜单。不管是简单任务还是复杂任务，用户都更喜欢使用类别导航项
Castilla 等（2016）	探究年长者用户所偏爱的邮箱网页导航类型	网页邮箱	眼动追踪技术	比起超文本导航，年长用户更喜爱线性导航
Pan 等（2007）	探究搜索引擎页面的结果排序的影响	搜索引擎页面	眼动追踪技术	大学生用户在谷歌浏览器上搜索信息时做的点击决策，非常依赖于谷歌搜索引擎提供的信息排序，而在很小程度上以网页实际摘要的相关性做点击决策的判断
Etco 等（2017）	探究用户信息检索行为和用户信息加工方式的关系	购物网页	眼动追踪技术	被试在进行目标导向式信息检索时，大多采用基于备选产品项的信息加工，在进行探索式信息检索时，大多进行基于产品属性的信息加工。当被试重复访问某一网站时，会增加其目标导向式信息检索行为
Shi 和 Trusov（2021）	探究用户信息检索任务与查看点击行为的关系	搜索引擎页面	眼动追踪技术	用户在网页信息搜索上的浏览及点击路径受到不同的搜索任务（如导航性、事务性和信息性）、网页上下文内容、网页布局空间特征、用户查看中心性和用户查看屏幕中心区域的偏好
Lee 和 Ahn（2012）	网页广告呈现的影响作用	探索静态和动态广告及其曝光时间的影响	眼动追踪技术	①相比于动态广告，用户被静态广告所吸引的注意力更多，并且随着广告曝光时间越长，用户对其记忆越深刻；②在路径前期和路径后期，用户对新闻的注意程度低，对广告更敏感
Wang 等（2007）	探究用户在浏览网站时搜索过程中对横幅广告注意力分布的变化	网页新闻	眼动追踪技术	
Pfiffelmann 等（2020）	探索网页广告个性化设计的影响作用	网页广告	眼动追踪技术	广告的个性化设计能增强用户的视觉注意力

附表 2　电商网站信息线索与用户行为相关研究

文献来源	主题	研究情境	认知神经科学方法	主要研究结论
Fox 等（2018）	服务失败对消费者情绪和唤醒的影响	在线购物	皮肤电反应	①当消费者阅读在线评论时，负面评论会导致最大程度的觉醒；②服务失败严重性会影响消费者愤怒
Jin 等（2021）	产品类型如何调节摘要评论对购买决策的影响	在线购物	眼动追踪技术	产品类型调节了摘要评论对电子消费者购买意愿的框架效应
Amblee 等（2017）	产品评论是否能降低搜索成本	在线购物	眼动追踪技术	①当编辑评论或客户评论出现时，它们会分别显著减少搜索时间和认知努力；②这两种评论的存在大大增加了决策信心，但不会降低搜索成本
Brand 等（2022）	在跨文化背景下检查在线评论（online reviews，ORs）的可信度	在线购物	眼动追踪技术	与文本评论相比，视频评论只能略微增加对评论可信度的影响
Luan 等（2016）	评论和产品的匹配效应	在线购物	眼动追踪技术	①消费者在购买搜索型产品时对于基于属性的评论更积极，在购买体验型产品时对基于体验的评论更积极；②购买搜索型产品的消费者更容易被基于属性的评论吸引
Jin 等（2017）	属性框架在信息处理和在线购物决策中的作用	在线购物	事件相关电位	与消极框架条件下的参与者相比，参与者在积极框架条件下表现出更高的购买意愿和更短的反应时间
Huang 等（2022）	计算能力如何影响价格幅度判断	在线购物	脑电	无论价格促销框架如何，计算能力低的消费者在行为层面上的表现都比计算能力高的同龄人差，而且他们的 P300 幅度和 α 去同步性也较低
Bogomolova 等（2020）	单位定价设计的影响	在线购物	眼动追踪技术	增强的标签设计会导致注视次数的增加，特别是当单价突出显示时，尤其是对于价格意识较低的消费者
Ye 等（2013）	历史销售记录如何影响消费者行为	在线购物	眼动追踪技术	在搜索结果页面上，包含历史销售记录的区域从参与者那里获得最长的注视长度，并且查看历史销售记录时间较长的参与者倾向于选择历史销售最高的卖家
Xu 等（2020）	声誉指标在在线市场决策过程中的影响	在线购物	功能性磁共振成像	卖家较高的声誉评价引起更强的腹内侧前额叶皮质的神经激活强度
Wu 等（2018）	原产国、排名和销售对情绪和购买意愿的影响	在线购物	脑电	不同的外在线索可以在特定站点激发不同的情绪反应，只有在排名低、销量低的情况下，英文网站比中文网站更倾向于产生负面情绪
Wang 等（2016c）	声誉在嵌入在产品描述中的在线评论和销量之间起调节作用	在线购物	眼动追踪技术	在线评论对销量有积极影响，而较高的声誉加强了在线评论对销量的影响
Wang 等（2016a）	卖家声誉和产品展示对消费者产品质量评估的交互影响	在线购物	眼动追踪技术	在高参与度的情况下，卖家声誉和产品展示都显著且独立地影响产品质量评估
Wang 等（2016b）	产品评价和销售额对消费者决策的影响	在线购物	事件相关电位	①产品评价显著影响风险感知；②高评价和低销售额的组合会引发显著的认知冲突

附表 3　电商直播平台用户行为相关研究

文献来源	主题	研究情境	认知神经科学方法	主要研究结论
Cai 等（2018）	探究消费者更喜欢直播购物的原因	直播购物	无	享乐型动机与基于名人的意愿正相关，而实用型动机与基于产品的意愿正相关
Sun 等（2019）	探究消费者在直播平台购买意愿的影响因素	直播平台购物	无	可视化可供性、元语音可供性及购物指导可供性能够通过直播参与影响消费者的购买意愿
Wang 和 Wu（2019）	探究直播平台的用户参与机制如何影响用户对于产品的态度和购买意愿	直播平台购物	无	三种用户参与机制都显著提高了用户在线评估产品及其意外行为的能力，也对用户在直播平台上购物的态度和意愿产生了积极的影响
Park 和 Lin（2020）	探究网红电商直播背景下消费者购物意愿影响因素	网红直播购物	无	网红-产品匹配会影响感知到的网红吸引力和可信度，而直播内容-产品匹配会影响对内容的实用主义和享乐主义态度。网红可信度、享乐态度和自我产品匹配影响了购买意愿
Xu 等（2020b）	探究电商直播背景下的消费者行为	电商直播	无	三种直播刺激对消费者的认知和情绪状态有着直接影响，认知和情绪状态对消费者行为有着直接影响
Fei 等（2021）	探究社交线索在电商直播中的影响	电商直播	眼动追踪技术	两种社交线索都可以吸引外源性注意力，在内源性注意力方面，交互文本显示出负面的分心效应，而群发消息呈现出积极的溢出效应
Gao 等（2021）	探究消费者如何处理电商直播中呈现的信息并做出相应决策	电商直播	无	两种路径因素都对观众感知到的说服力产生了显著影响，从而影响了观众的行为意愿
Lu 和 Chen（2021）	探究服装和化妆品电商直播中影响消费者购买意愿的因素	服装和化妆品电商直播	无	主播通过替代产品试用传达的身体特征和共享的价值观特征作为信号，减少产品的不确定性并培养了具有相似身体特征和价值观的消费者的信任
Lu 和 Assoc Informat（2021）	探究影响直播购物意愿的因素	直播购物	无	感知网络规模显著预测感知享受、社交互动、社会存在和感知效用，以体验为中心的购物取向在感知享受、自我展示、社交互动和直播购物意图之间起中介作用
Zhang 等（2021）	探究电商直播平台信息质量和交互质量对购买意愿的影响	直播平台购物	无	信息质量（可信度、有用性和生动性）和交互质量（响应性、实时交互和同理心）与快速关系正相关，这可能会影响客户在直播平台上的在线购买意愿
Chen 等（2022a）	探究电商直播消费者购买意愿的影响因素	电商直播	无	产品质量和产品适合度的不确定性对购买意愿有显著的负向影响
Guo 等（2022b）	探究主播特征对消费者行为意愿的影响	电商直播	无	美丽、专业、幽默和热情都被证明与享乐价值正相关，而温暖和专业都与实用价值正相关
Li 等（2022a）	探究电商直播背景下社会存在对冲动性购物的影响	电商直播	无	主播的社会存在和直播的社会存在通过愉悦和唤醒直接和间接地对冲动购买产生积极影响，促进了消费者在直播中的在线冲动购买
Lo 等（2022）	探究影响消费者在直播中冲动购买的关键因素	直播商务	无	准社会互动、替代体验、稀缺说服和价格感知可以驱动认知和情感反应，进而诱发冲动购买行为
Ma 等（2022）	探究生活特点如何影响消费者行为反应的心理机制以及性别和平台差异的影响	电商直播	无	交互性、可视化、娱乐性和专业化在消费者行为反应中发挥着重要作用，并且它们的心理机制不同。男性受访者对交互性的满意度高于女性。电商平台比社交媒体平台更具交互性、可视性和专业性，社交媒体平台的信任机制不成熟
Zhang 等（2022）	探索社会和技术因素对信任的影响，以及信任对用户持续使用意愿的影响	电商直播	无	信任可以通过实时交互（主动控制、双向沟通、同步性）和技术促成因素（可见性、个性化）来增强，从而影响持续意图

附表 4　　VR 环境下用户行为相关研究

文献来源	主题	研究情境	认知神经科学方法	主要研究结论
Schnack 等（2021）	VR 商店设计	VR 购物	脑电	瞬间传送与运动跟踪两种不同 VR 商店设计对消费者情绪或购物结果的影响没有显著差异
Pfeiffer 等（2020）	消费者信息搜索行为	VR 购物	眼动	①眼动可以在搜索过程中相对较早地识别出购物动机；②在 VR 环境中，信息搜索行为可能与物理现实中使用的行为类似
Melendrez-Ruiz 等（2022）	消费者虚拟超市注视与食物购买行为的联系	VR 购物	眼动追踪技术	食物选择与注视时间显著正相关，并显著取决于购买动机和食物种类
Bigne 等（2016）	消费者购买行为	VR 购物	眼动追踪技术	①消费者购买品牌数量随着眼睛注视持续时间的增加而增加；②查看货架上的不同产品，但不为品牌分配特定时间，导致品牌购买的多样性减少；③第一次购买某种产品的时间越短，同一产品类别的购买数量越多
Bender 和 Sung（2021）	VR 游戏的用户体验	VR 游戏	面部肌电图、皮肤电反应	①VR 游戏可以增强情感反应，如恐惧和唤醒；②高沉浸性可能引起更高的情感反应；③情感反应与用户的享受体验相关
Wrzesien 等（2015）	化身与用户的相似性	VR 心理干预	脑电	观察与被试相似的化身对被试的情绪效价和唤醒有着显著更大的影响
Kothgassner 等（2016）	VR 社会刺激	公开演讲 VR 心理干预	脑电、心电图、皮质醇	VR 能有效引发压力等消极情绪并使用户出现认知、生理或内分泌反应
Sung 等（2021）	VR 教育的有效性	VR 教育	肌电图	①与视频条件相比，VR 模拟提高了沉浸性感知，从而对学习态度和学习乐趣产生了积极影响；②沉浸性完全中介了 VR 模拟对学习态度的积极影响；③视频条件学习下的学生在针对学习知识的测试中表现比 VR 条件下的更好；④VR 教育应作为补充资源，以加强学习态度，培养学习乐趣
Yang 等（2019）	基于脑电信号设计的反馈	VR 环境中的创造性表现	脑电	①收到脑电提醒反馈的被试比没有反馈或有鼓励反馈的被试有更高质量的创意产品；②脑电反馈也对被试的注意力和心流状态产生了影响。收到提醒反馈的被试的心流状态水平显著高于没有反馈的被试或有鼓励反馈的被试
Syrjamaki 等（2020）	对比 VR 与真实情景的眼神接触	VR 环境的眼神接触	心电图、皮肤电反应	①相对于斜视，反映注意力的心率反应在直接注视时变化更大；②在真实情景中，反映唤醒的皮肤电反应在直接注视时变化更大；③在 VR 环境中，眼神接触的生理效应会减弱
Cohen 等（2021）	对于观看 2D 视频与 VR 视频对共情的影响	VR 视频	肌电图	VR 条件增强了观众的共情与面部同步反应
Vinnikov 等（2017）	VR 环境中视觉和音频线索之间的跨模态交互	VR 系统设计	眼动追踪技术	引入"用户注意力驱动的注视—音频增强技术"，允许实时跟踪用户的注视并根据当前关注的区域修改说话者的音量

附表5　智能会话代理与用户行为相关研究

文献来源	主题	研究情境	认知神经科学方法	主要研究结论
Krull等（2004）	个人数字助理的消息推送设计	早期个人数字助理	眼动追踪技术	①信息密度不影响用户在个人数字助理界面上检索信息的能力； ②与简单的界面布局相比，复杂的页面布局会导致用户更多地扫视和回看，但不会以增加信息检索的时间为代价
Fornalczyk等（2021）	聊天机器人的消息推送设计	聊天机器人	眼动追踪技术	①采用一次性推送的高强度消息推送方式比渐进式能够更好地吸引用户注意力； ②新消息在空白界面上呈现比有旧消息的会话界面上呈现更能吸引用户注意力
Wang等（2021）	具身代理的语言风格和具身类型对人机交互的影响	自动驾驶场景下的具身代理	眼动追踪技术	①与信息型语言风格相比，对话型语言风格能更有效地提高司机对具身代理的拟人化、生命性、喜爱度、社会存在和温暖的感知； ②机器人好的外观设计能够提高用户对具身代理的喜爱度、社会存在、能力和温暖的感知； ③具身代理的类型和语言风格对司机的视觉注意力没有影响； ④瞳孔测量的结果表明司机在与对话型具身代理的交流过程中更加投入
Wright等（2022）	对话代理的沟通风格和反馈对人机交互的影响	人机合作	眼动追踪技术	①人机合作中，在高任务负荷情境下，人机互动采用指令性无反馈的沟通风格比非指令性有反馈的沟通风格更有助于被试的任务表现； ②眼动结果表明非指令性有沟通反馈的人机交流风格会导致被试更高的认知负荷（眨眼时长更长）； ③人机互动的沟通风格和任务负荷不会影响被试的情境意识和被试对代理的外显信任感知
Rauchbauer等（2019）	对比人与人互动和人机互动的神经活动差异	人机社交互动	fMRI	①人与人对话和人机对话过程中，大脑中与语言产生和感知相关的脑区都会被激活，这些共同激活的脑区包括：双侧后颞皮层的背侧脑区（负责听觉语音感知的主要脑区），中央沟区域的侧簇、中央沟下方的腹侧和眶外区域以及邻近的中央前回和中央后回（与产生语言的运动有关），侧化的额下回（与语言产生有关），内侧前运动区和小脑（与动作的时机有关），枕骨外侧和腹侧皮层（与视觉信息的处理有关）。 ②与人机互动相比，与人类同伴的互动显著激活了与社会动机相关的脑区，包括颞顶交界处、下丘脑和杏仁核。 ③人机互动相比于人与人的社会互动，刺激了与视觉感知相关脑区的神经激活，包括梭状回、顶内沟和前颞中回，这很有可能是因为人们在感知机器人面部时增加了对不熟悉面孔额外的视觉处理过程
Wiese等（2018）	虚拟面孔的类人程度对心智知觉和社会判断的影响	虚拟代理	fMRI	①虚拟面孔越接近人类面孔，虚拟面孔被感知的心智知觉程度越高； ②腹内侧前额叶皮层的神经激活与被试对虚拟面孔的心智知觉能力判断有关； ③腹内侧前额叶皮层、左脑岛、背外侧前额叶皮层和额下回等额叶脑区，以及左侧颞顶交界处和双侧颞回等颞叶脑区的激活对应了社会认知任务中更大的注视线索效应

文献来源	主题	研究情境	认知神经科学方法	主要研究结论
Fradrich 等（2018）	虚拟代理的注视跟随对人类演讲者行为的影响	人机交互	眼动追踪技术	当人类演讲者察觉到虚拟代理的视线会跟随自己的视线时，会认为虚拟代理能够理解自己正在描述的物品，因此他们会减少描述物品时的用词数量并且降低语速，同时他们对目标物品的注视时间也会下降，伴随着对空白背景的注视时间增加
Reuten 等（2018）	虚拟代理面孔的恐怖谷效应	虚拟代理	眼动追踪技术	①在研究被试对不同类人程度的虚拟面孔的外观偏好时，发现近似人类面孔的虚拟面孔会导致较高的恐怖谷感知，诱发较弱的瞳孔放大反应； ②瞳孔对具有不同类人程度的虚拟面孔的反应模式和对真人面孔的反应模式非常相似
Ciechanowski 等（2019）	聊天机器人的恐怖谷效应	人机交互	肌电图、心电图、皮肤电反应、呼吸	①类人聊天机器人会导致更高的恐怖谷感知（怪异感和不适感）和负面情绪以及更低的能力感知；恐怖谷效应与负面情绪呈显著的正相关，与能力感知呈显著的负相关。 ②类人聊天机器人会导致更激动的生理唤醒（肌电反应、心率、皮肤电反应）；表征情绪唤醒、恐惧的皮肤电反应与聊天机器人的能力评价负相关、与恐怖谷感知正相关
Liang 等（2021）	数字助理的拟人化和推荐质量对购买决策的影响	数字助理	fMRI	①拟人化卡通头像的存在会增强被试的社会亲密感；高质量推荐的数字助理会增强被试的社会亲密感；二者的交互效应边际显著。 ②fMRI 结果表明拟人化卡通头像的存在会刺激额下回和皮质中线结构（特别是楔前叶）脑区的神经激活，说明大脑对拟人化数字助理的处理和反应很可能是通过激活与社会处理和自我参照相关脑区来培养社会亲密感；高质量推荐的数字助理会刺激额下回，皮质中线结构（后扣带皮层和额内侧回）和壳核脑区的神经激活，说明大脑对个性化推荐的处理和反应很可能是通过激活与社会处理、自我参照和奖励处理相关脑区来培养社会亲密感。 ③社会亲密感与积极的购买意愿相关，个性化推荐会增强被试的购买意愿，拟人化卡通头像的存在不会增强购买意愿
Matsui 和 Yamada（2017）	虚拟代理的面部表情转换	虚拟代理	fMRI	虚拟代理在推荐旅行团时，面部表情从中性转换为积极情绪更能够吸引被试注意力
Philip 等（2018）	虚拟面孔与真实面孔的面部表情	虚拟代理	肌电图	①愤怒的面孔表情能增强上皱眉肌的神经激活，喜悦的面孔表情能增强颧大肌的神经激活，悲伤的面孔表情能增强降口角肌的神经激活； ②愤怒和喜悦的动态面孔比静态面孔更能增强上皱眉肌和颧大肌的神经激活； ③真人的愤怒动态面孔比虚拟的愤怒动态面孔更能增强上皱眉肌的神经激活，真人的喜悦静态面孔比虚拟的喜悦静态面孔更能增强颧大肌的神经激活
Numata 等（2020）	虚拟代理模仿用户的面部表情	虚拟代理	fMRI	①只有当虚拟代理呈现与被试一致的积极表情时，被试才会产生积极情绪，与被试认为代理是人类还是计算机的信念无关； ②虚拟代理对被试积极表情的模仿增强了内侧前额叶皮质和楔前叶脑区的神经激活

续表

文献来源	主题	研究情境	认知神经科学方法	主要研究结论
Riedl 等（2014）	人类代理和虚拟代理的信任差异	人机交互	fMRI	①被试对人类代理可信度的预测能力比对虚拟代理可信度的预测能力强；②相比于与虚拟代理互动，在与人类互动时被试的信任决策增强了内侧额叶皮层的神经激活，表明人类代理会增强大脑推断他人的想法和意图（心智化）的能力；③无论是与人类代理互动还是与虚拟代理互动，被试对于可信度预测的学习效率都是相似的
Jones 等（2022）	对话代理的感知真实性	智能会话代理	脑电	①相比于男性角色，女性角色对话代理的感知真实性会得到增强，且当对话代理穿着职业装且与消费者不同种族时，这种效果会被放大；②感知真实性会提高消费者的参与度，最终积极影响消费者的忠诚度和满意度；③脑电结果表明女性角色比男性角色的对话代理更能提高与参与度有关的脑电信号得分
Chateau 等（2005）	具身会话代理的语音质量和外观对用户行为和感知的影响	具身会话代理	眼动追踪技术、皮肤电反应	①视觉注意力会受到类人会话代理的外观影响，严厉的女性教授形象会导致被试的注意力更加分散；视觉注意力不受语音质量的影响。②皮肤电反应不受具身会话代理的外观和语音质量的影响。③语音质量影响被试的情绪和整体感知。④访谈结果表明，和蔼的男性商人形象比严厉的女性教授形象更受被试欢迎；男性商人形象的会话代理使用自然或高质量合成的语音都比低质量合成的语音更能提高被试的整体感知（例如可信度、令人愉悦等）；而女性教授形象的会话代理只有在使用自然语音的情况下才被积极感知
Yokotani 等（2018）	虚拟代理相较于人类专家的优势	健康访谈	眼动追踪技术	①被试认为自己与人类专家之间的关系，比与虚拟代理之间的关系更加融洽，被试更频繁地移动右眼，并透露了更多焦虑抑郁的心理症状；②被试向虚拟代理透露了更多性相关的心理健康症状
Gaczek 等（2022）	虚拟代理相较于人类专家从事医疗诊断工作的认知反应差异	医学诊断	眼动追踪技术	相较于人类专家出示的医疗诊断，被试在阅读虚拟代理出示的医疗诊断时会更多地关注"联系医生"按钮，一定程度上说明被试对虚拟代理承担医疗诊断工作持怀疑态度
Zhou 等（2018）	虚拟代理用于酗酒干预	健康干预	眼动追踪技术	①被试对虚拟代理面部的视觉关注越多，越愿意继续使用虚拟代理和遵循虚拟代理提供的建议；②被试对用户输入菜单栏的视觉关注越多，越愿意遵循虚拟代理提供的建议；③被试的饮酒频率和酗酒测试得分均与对用户输入菜单栏的注视时间呈显著负相关
Yen 和 Chiang（2021）	虚拟代理影响了用户对购物网站的信任感知	在线购物	脑电	有聊天机器人的购物页面组比无聊天机器人的对照组被试背外侧前额叶皮层和颞上回的神经激活程度更高，且被试更信任有聊天机器人的购物页面、购买意愿更高

附表 6　机器人与用户行为相关研究

文献来源	主题	研究情境	认知神经科学方法	主要研究结论
Belkaid 等（2021）	互相注视 转移注视	社会决策	脑电	①相比转移注视，互相注视后被试决策的反应时间增加，转移漂移模型拟合后决策阈值上升，反映了互相注视下被试决策时付出的认知努力更高；②EEG 显示互相注视时 α 波同步化活动提高，表示被试需要对视线干扰进行抑制；③ERP 结果显示转移注视相比互相注视后的第一个正性峰值更高，后续峰值受到结果的影响，结果展示后的峰值又会受到结果和注视的独立影响
Cao 等（2019）	共同注意	自闭症儿童共同注意任务中表现	眼动追踪技术	①正常儿童相比自闭症儿童在第一次视线转移向目标物体后，会更早地将视线重新转移回代理面孔且注视时间更久，另外，在代理面孔和目标物体之间的注视转移次数更多；②相比人类代理，机器人代理会吸引更多的注意，但是会降低儿童对目标物的注视时间的比例；③不管面对机器人代理或是人类代理，共同注视任务中，儿童的注视转移行为相似，表示都能理解任务中的逻辑
Ghiglino 等（2021）	注视	决策	眼动追踪技术	①人类对人类的活动会更多注视；②人类会更多关注眼神移动当对象是机器人，以及行为是机械化的（如装配），说明人类面对不熟悉的对象以及行为需要更多的注意力去推测
Staudte 和 Crocker（2011）	指示凝视、共同注意	演讲	眼动追踪技术	人类会首先看向机器人的面孔，当机器人开始转移视线到物体以及开始讲述时，人类会随即调整注意力，并且注意力很大程度依赖于机器人的指示凝视，而不是话语描述，在最后阶段才会看向正确的物体，因而当机器人看向与话语描述不一致的物体时，人类会用更长的时间验证它的语言。反映了人际交互和人机交互的相似性
Staudte 等（2014）	注视线索	演讲	眼动追踪技术	注视线索之所以能够帮助话语理解，是因为作为视觉空间定向，其增加了特定目标物体和焦点位置的视觉显著性
Manzi 等（2020）	共同注意	婴儿认知	眼动追踪技术	①相比手，婴儿会更多地关注面孔区域；②注视线索效应在人类代理时更强；③17 个月的婴儿已经能够识别交互对象，但是对机器人的注视行为还不能马上适应
Kelley 等（2021）	眼神交流	人机交互	fNIRS	①与人类眼神接触会增加社交系统（包括右颞顶叶交界处和背外侧前额叶皮层）的神经活动，但是与机器人交互不会；②人机的眼神接触的社会参与度没有人与人之间高
Kiilavuori 等（2021）	眼神交流	人机交互	皮肤电反应、心电图	①在人机和人际交互中，眼神交流相比转移注视都会引发更大的皮肤电反应、更大的面部颧肌反应，心跳减速反应，反映了情绪唤醒和注意力的分配活动；②皮肤电和颧骨反应上，人际交互的效应比人机更大
Kompatsiari 等（2021）	眼神交流	共同注意	脑电	眼神接触时，被试更投入，以及在左额中央和中央电极簇中，α 波段活动表现出更高的去同步性

续表

文献来源	主题	研究情境	认知神经科学方法	主要研究结论
Lohan 等（2018）	儿童眼神反应	共同注意、ASD（autism spectrum disorder，自闭症谱系障碍）儿童–机器人交互	眼动追踪技术	通过儿童在共同注视中和机器人交互的瞳孔直径以及注视位置信息能够区分 ASD 儿童和正常儿童
Mehmood 等（2019）	儿童机器人交互	共同注意	脑电	①大多数自闭症儿童的共同注意是从右视觉空间开始向左。②对右侧视觉空间的机器人进行更多的模仿和聚焦，模仿的准确率更高。这些发现也得到了大脑支配性和目光接触次数的结果的支持
Perez-Osorio 等（2021）	干扰注视	共同注意	眼动追踪技术、事件相关电位	①在机器人的干扰下，当机器人看向不正确的选项时，用户会产生认知冲突，花更多的时间完成任务及错误率更高；②眼动数据分析发现，当机器人看向不正确的选项时，用户看向正确选项的眼跳反应更慢，更多注视到错误的位置，曲线轨迹的注视路径分析的曲率更大，表示用户更多地看向机器人看向的方向；③ERP 分析发现在机器人注视方向错误时 FCz 处 N200 的振幅更小，以及事件相关谱扰动分析发现 θ 频段振荡更强，反映了存在认知冲突
Willemse 和 Wykowska（2019）	共同注意	人机交互	眼动追踪技术	人对能够注意跟随的机器人会更加喜爱，在眼动数据中表现为人会更早地看向机器人
Xu 等（2013）	注视跟随	多机器人与人交互	眼动追踪技术	人类对做出不同合作性注视行为的机器人较为敏感
Hofree 等（2018）	表情反应	合作/对抗社会情境	肌电图	①被试对机器人表情的面部反应反映了其信息价值，而不是直接匹配。被试在赢的时候比输的时候微笑更多，皱眉更少。并且对对方表情的反映在合作的情境下对方微笑，以及竞争情境下对方皱眉能够引发被试相似数量的微笑。②合作型机器人的"皱眉"和竞争型机器人的"微笑"都会引起相当数量的被试皱眉
Lazzeri 等（2015）	表情识别	社会认知	心电图	相比 2D 机器人图片和 3D 机器人模型，被试对实体机器人的面部表情的识别准确率更高但是在神经生理反应上没有显著差异，识别机器人表情时对积极表情的识别率更高，但是速度和消极表情识别相比没有差异
Wairagkar 等（2022）	表情识别	社会认知	脑电	机器人的表情 80%可以被识别，并且通过脑电数据发现其能够激活面孔敏感神经生理事件相关电位，如脑电图中的 N170 和顶点正电位
Chaminade 等（2010a）；Chaminade 等（2010b）	机器人表情和动作线索表达情绪	情绪、动作识别	fMRI	①面对机器人刺激，被试在枕叶和后颞皮质激活更强，说明有额外的视觉加工；②对机器人情绪和运动共鸣减弱，体现在左前岛叶、眼窝前额皮质活动减弱；③明确关注情绪时会显著增加左额下回（和动作共鸣相关）对机器人面部表情的反应

文献来源	主题	研究情境	认知神经科学方法	主要研究结论
Tai 等（2004）	人类/机器人动作认知	动作模拟	正电子发射体层成像	①人类动作会诱发镜像神经元活动，但是机器人动作不会；②观察人类的抓取动作时能看到腹前运动皮层区域左前运动皮层的激活，而观察机器人的抓取动作时不会引起激活
Gazzola 等（2007）	人类/机器人动作认知	动作模拟	fMRI	①人类动作和机器人动作都会引发镜像神经元活动；②重复动作不会诱发镜像神经元活动
Di Cesare 等（2020）	不同速率的动作	动作认知	fMRI	观察人类的动作激活了脑岛的背中央区，而观察机器人的动作并没有引起脑岛活动。说明人类的镜像神经系统可能只在观察生物动作时得到激活
Geva 等（2020）	触摸	人机交互	唾液分析	人与机器人的社交触碰可以有效地降低疼痛评分、改善情绪，降低成年人唾液中的催产素水平
Robinson 等（2015）	触摸	老人年医疗	心血管测量	抚摸社交机器人能够降低血压和心率
Guo 等（2019）	情绪动作	人机交互	眼动追踪技术、脑电	①被试对机器人的情绪动作会有情绪反应，体现在自我报告的情绪效价和唤醒、瞳孔直径、额叶中部相对 θ 波能量、额叶 α 不对称得分；②相比其他情绪动作，快乐和悲伤时瞳孔直径大，快乐时 α 不对称得分高、θ 波能量更大
Hieida 等（2020）	触摸	儿童-机器人交互	心电图	有物理接触时儿童会和机器人有更多交互、表现更加亲密，有安全感，心率指标反映儿童感受到的压力更低
Hogeveen 和 Obhi（2012）	动作共鸣	社会认知	经颅磁刺激	通过社会交互，被试对人类动作会有动作共鸣的增加，但是对机器人动作不会有动作共鸣
Ikeda 等（2017）	不自然移动、恐怖谷效应	社会认知	fMRI	相比人类模型，观察虚拟机器人会导致下丘脑核更大的激活。当机器人不太平稳的移动动作被视觉观察到时，下丘脑核会察觉到它们微妙的不自然。因而不自然运动的检测归因于视觉输入和平滑运动的内部模型之间的不匹配而造成的一个错误信号
Oberman 等（2007）	动作观察	社会认知	脑电	机器人的动作，就算没有目标物体也能激活镜像神经元系统
Carter 等（2011）	机器人外貌和动作	观察机器人的目标导向行为	fMRI	①相比正常完成目标行为，当人或者机器人行为偏离目标时，右侧颞上后沟活动增加；②动作执行者是人类时，内侧额叶区域活动更强，随代理的类人程度下降而下降
Hofree 等（2015）	动作	机器人动作观察及模仿	肌电图	①当被试模仿时右手肌肉活动会增加；②静止手臂的肌肉活动也会在观察和模仿时增加
Urgen 等（2013）	动作	动作感知	脑电	①动作观察引发了 μ 振荡能量的显著削弱，在各个代理中都是如此，说明影响了镜像神经元系统②观察机器人相比安卓和人类时，额叶 θ 波活动增强，说明机器人的机械外观会影响记忆加工
Van Dijk 等（2013）	手势、视线	老年人人机交互	眼动追踪技术	①手势能够帮助回忆语言；②眼神接触没有影响
Urgen 等（2018）	动作、外观诱发恐怖谷	人机交互	脑电	①恐怖谷效应能够解释为是对预期的违背，当外貌和动作统一时就不会诱发恐怖谷；②N400 信号表现为预期违背

续表

文献来源	主题	研究情境	认知神经科学方法	主要研究结论
Czeszumski 等（2021）	合作对象是人类/机器人	人机合作	脑电	①被试和人类合作时犯错更大。②被试前额中心位置的脑电活动在人类合作组与人机合作组之间存在显著差异。有机器人搭档时，振幅更大。合作对象的改变会影响动作监控的神经加工过程
Desideri 等（2019）	测试对象是人类/机器人	认知测试	心率	①被试面对机器人时注意力更集中，中反映了参与度的提升；②心理唤醒和情绪状态没有差异；③认知负荷也没有差异
Giannopulu 等（2018）	ASD 沟通行为	人机交流	心率	①ASD 儿童在和机器人交互时的心率相比和人类交互时更高②与机器人交互后，ASD 儿童的情绪感受比正常儿童更高③机器人的简单性能够更好地帮助 ASD 儿童进行语言和非语言交流
Guo 等（2022a）	外观	偏好决策	事件相关电位	①在早期，偏好类人机器人外观会引发顶枕区 N100，额区 P200 的信号增强，以及早期中枢和顶枕区 θ 波；②在后期，偏好类人机器人外观诱发了更强的晚期正电位，以及后期的中枢和顶枕区 θ 波；③因而偏好形成具有两阶段的神经动态性
Li 等（2022b）	外观	人机交互	眼动追踪技术、脑电	①头部吸引了最多的眼动指标，包括扫视次数、注视次数、注视时间和注视持续时间，依次是躯干、腿、手等；②负面和中立印象的外观更吸引注意；③注视次数和注视时间可以区分对机器人外观的积极印象，P100 振幅可以区分三种情感印象
Krach 等（2008）	外观影响心智活动	经济博弈游戏	fMRI	①对手类人性上升会让被试感受到更多的快乐和竞争；②神经上表现为内侧额叶皮层和右侧颞顶交界处的皮质活动呈高度显著的线性增加
Matsuda 等（2015）	儿童-机器人互动、外观	偏好决策	眼动追踪技术	9 个月以上的婴儿会更多注视机器人以及面孔，能够区分人类和机械机器人，但是不能区分人类和人形机器人，不存在恐怖谷效应
Wang 和 Quadflieg（2015）	人机交互/人人交互观察、恐怖谷	社会认知	fMRI	相比人人交互，被试观察人机交互时会激活楔前叶和腹内侧前额叶皮层，表示一种社会推理的加工，腹内侧前额叶皮层的活动也和恐怖谷效应相关
Rancati 和 Maggioni（2022）	机器人助手还是人类助手	零售	心跳	与服务机器人的互动增加了顾客的沉浸感，对访问时间有积极影响。然而，与与人类销售助理互动的被试相比，接触机器销售助理的被试报告的访问时间更短
Zhang 等（2010）	机器人外貌、语音以及和人类的交互方式	医疗	心率、皮肤电反应	在服务机器人中添加拟人化和互动性特征可以促进老年用户的积极情绪反应，如增加兴奋和快乐
Di Cesare 等（2017）	人/机器人声音的听觉加工	人机交互	fMRI	①听到人类和机器人声音的动作动词对脑区的激活模式是相似的。②加工动作动词相比抽象动词会激活和动作目标理解过程相关的额顶叶回路。③与抽象动词相比，加工两种声音的动作动词都会激活前缘上回。说明会联系到动作表征和动作模拟，帮助理解他人的动作以及为可能要做的动作做准备

续表

文献来源	主题	研究情境	认知神经科学方法	主要研究结论
Di Cesare 等（2016）	人/机器人声音的听觉加工	人机交互	fMRI	听特定形态的人声时，脑岛中枢部位的特定区域被激活。例如，与机器人声音相比，粗鲁的声音会激活左侧颞中回、左侧中央后回和中央前回，以及脑岛的左侧中央部分
Chen 等（2014）	语言警告及触摸	医疗	皮肤电	①相比情感性触摸，功能性触摸更受到人类的喜爱；②服务前没有语言警告时被试对机器人态度更好，在警告时皮肤电信号没有上升，在机器人接触人类时才会上升，反映较高的唤醒水平
Li 等（2022d）	机器人动作和声音	教育	心率、脑电	有动作的机器人更受人喜爱，同时有动作和声音能让人减少疲惫和压力，提高自我效能
Sawabe 等（2022）	触摸和语音	人机交互	肌电图、皮肤电反应	与单独触摸相比，触摸与言语结合会产生更高的主观情感效价和唤醒评分，更强的颧肌主肌电图和皮肤电活动
Rosenthal-Von Der Pütten 等（2014）	机器人被友善或暴力对待时人类的反应	共情测试	fMRI	①当被试看到这些友爱和暴力的视频时，会有情绪上的反应；②对于机器人和人类在神经激活模式上对友爱视频共情没有差异；③负面情绪共情对人类对象更强烈
Bossi 等（2020）	机器人的态度偏见	解释机器人行为的决策	脑电	静息态脑电信号能够区分人类对机器人的态度和对机器人将行为解释为有意图的被试组脑电信号中 β 波段活动更弱
Caruana 和 Mcarthur（2019）	意图立场影响共同注意	共同注意任务	事件相关电位	当被告知机器人受人控制时，共同注意任务中一致（相比不一致）视线转移会产生更大的 P250 信号，不一致的视线转移会诱发更大的 P350 信号
Chaminade 等（2012）	不同代理的意图立场以及交互时的脑区活动	对抗性交互游戏	fMRI	被试和人对抗相比和随机电脑程序对抗更有信心。心智化区域，如内侧前额叶皮层和右侧颞顶叶交界处，只对人类对手有反应
Ozdem 等（2017）	意图立场影响共同注意	共同注意任务	fMRI	①当被试相信视线是人类控制时，注视线索效应更强；②神经上表现为双侧前颞顶交界处的激活
Desideri 等（2021）	意图立场影响共同注意	孩童的共同注意任务	心率	①意图立场会增加转移视线率；②回答问题时心率下降
Cross 等（2016）	知识线索（意图立场）和刺激线索（外观动作）	社会认知	fMRI	①知识线索会诱发右枕下、梭状回、左楔前叶及左顶叶上小叶的参与，与心智化网络相关；②刺激线索诱发双侧腹侧颞、枕叶皮质、部分左颞上回和海马体的参与，反映视觉参与；③两种线索交互在神经上有体现，线索不一致相比一致在右侧额下回和小脑有不同表现
Miura 等（2010）	动作、个体态度	态度感知	fMRI	①运动和躯体敏感的视觉区域皮质网络显示，与运动平滑相对应的区域活动增加；②包括顶叶额叶网络在内的皮层网络的激活具有很大的个体间变异性，与个人态度有关

附表 7 神经信息安全相关研究

文献来源	主题	研究情境	认知神经科学方法	主要研究结论
Vance 等（2014b）	用户对于信息安全的神经反应	信息安全警告	脑电	①只有在被试个人使用的笔记本出现安全风险事件后，被试自我汇报的风险感知才能预测其安全通知忽视行为；②无论被试个人使用的笔记本是否出现安全风险事件，与风险感知相关的 P300 振幅都能显著预测被试使用个人笔记本时的安全通知忽视行为
Anderson 等（2015a）	用户性别及颜色设计对安全警告识别行为的影响	信息安全警告	脑电	①相比于浏览正规网页截图，被试浏览安全警告网页截图时 P300（与决策能力相关的脑电成分）的振幅更高；②女性被试比男性被试在浏览安全警告网页截图时 P300 的振幅更高③相比于浏览灰色安全警告网页截图，被试浏览红色安全警告网页截图时 P300 的振幅没有显著差异
Anderson 等（2015b）	安全警告的多态化界面设计	信息安全警告	fMRI	①多态警告相比于静态警告显著激活了被试的左顶叶上皮层和右顶叶上皮层脑区；②静态警告相比于多态警告显著激活了被试的内侧前额叶皮层和左压后皮层脑区；③fMRI 和鼠标追踪的结果都验证了安全警告中的习惯化现象以及多态警告能够减弱安全警告的习惯化效应
Anderson 等（2015c）	双任务干扰	信息安全警告	fMRI	①在高双任务干扰条件下，与陈述性记忆相关的内侧颞叶脑区的神经激活大幅减少；②在高双任务干扰条件下，用户的安全警告忽视行为发生率更高；③内侧颞叶区域神经激活的减少能够显著预测用户安全警告忽视行为的增加
Anderson 等（2016a）	安全警告的多态化设计	信息安全警告	眼动追踪技术	①被试减少了对于重复安全警告的注视时间；②被试浏览静态安全警告时比浏览多态安全警告时，注视时间下降得更快；③被试减少了对于重复安全警告文本的注视时间；④被试浏览多态安全警告文本时比浏览静态安全警告文本时，注视时间下降得更缓慢
Anderson 等（2016c）	安全警告的多态化界面设计	信息安全警告	fMRI	①重复的安全警告会导致被试与视觉空间注意相关脑区的神经激活减少；②多态警告相比于静态警告显著激活了被试的左顶叶上皮层和右顶叶上皮层脑区；③静态警告相比于多态警告显著激活了被试的内侧前额叶皮层和左压后皮层脑区；④多态警告相比于静态警告显著激活了大脑中与视觉处理相关的脑区；⑤鼠标追踪的结果进一步验证了安全警告中的习惯化现象以及多态警告能够减弱安全警告的习惯化效应

续表

文献来源	主题	研究情境	认知神经科学方法	主要研究结论
Eargle 等（2016）	安全警告的界面设计	信息安全警告	fMRI	①带有厌恶面孔和中性面孔的安全警告设计比带有恐惧面孔的安全警告设计更容易激活大脑的右侧杏仁核反应； ②被试在面对带有厌恶或恐惧面孔的安全警告设计时，相比面对带有中性面孔或无面孔的安全警告时的反应时间更长，同时注意力投入也更多
Jenkins 等（2016）	双任务干扰	信息安全警告	fMRI	①在高双任务干扰条件下，与陈述性记忆相关的内侧颞叶脑区的神经激活相比于低双任务干扰和仅警告刺激条件下大幅减少；当安全警告任务出现在一项主要任务结束后，内侧颞叶中的神经活动与仅处理安全警告任务时的神经活动无显著差异； ②高双任务干扰比低双任务干扰和仅警告刺激条件更容易导致用户的安全警告忽视行为，低双任务干扰和仅警告刺激对于用户的安全警告忽视行为影响无差异； ③内侧颞叶区域神经激活的减少能够显著预测用户安全警告忽视行为的增加
Vance 等（2018）；Vance 等（2017）	安全警告的多态化界面设计	信息安全警告	fMRI、眼动追踪技术	①fMRI 和眼动实验结果表明：随着时间的推移，被试对警告的注意力普遍下降；不接触警告会使其注意力得到恢复；多态设计的警告外观会减少被试对安全警告的习惯化。 ②为期三周的调查研究显示，多态化的安全警告外观设计显著降低了用户安全警告依从性的下降速率，减少了被试对安全警告的习惯化，再次验证了fMRI 和眼动实验的研究结论
Neupane 等（2014）	用户处理钓鱼网站和安全警告时的大脑神经活动	钓鱼网站安全警告	fMRI	①钓鱼网站的正确识别率在46%左右，安全警告的遵从率为89%； ②钓鱼网站的识别与右侧额回和左顶叶脑区的神经激活有关； ③安全警告会引起左颞中上回和左额下回脑区（语言处理相关）及双侧枕叶皮层脑区（视觉处理和怀疑相关）的神经激活； ④被试的冲动性评分与内侧前额皮质的神经活动呈负相关
Alsharnouby 等（2015）	网站的安全指标设计	钓鱼网站	眼动追踪技术	①钓鱼网站的正确识别率只有53%； ②在浏览网页的过程中，用户只花费了6%的时间关注与安全指标有关的区域，而大部分时间用户都在关注网页的内容信息； ③用户对于网页元素的视觉关注并不会增加用户识别钓鱼网站的准确率
Miyamoto 等（2015）	用户识别钓鱼网站时的视觉注意力	钓鱼网站	眼动追踪技术	①专家相比于新手用户在识别钓鱼网站时，会更多地关注地址栏和安全信息标签区域； ②用户在识别钓鱼网站时，对于网页主体内容、地址栏和安全信息标签的视觉关注可以用于预测用户能否识别钓鱼网站

续表

文献来源	主题	研究情境	认知神经科学方法	主要研究结论
Neupane 等（2015）	用户处理钓鱼网站和安全警告时的视觉注意力和大脑神经活动	钓鱼网站安全警告	脑电、眼动追踪技术	①用户对于钓鱼网站的识别失败率高于 37%；用户更多地关注网站的"登录区域"或"标识"，而不是关注与钓鱼网站识别更相关的"地址栏"，且更多地关注"登录区域"会导致更低的钓鱼网站识别率。 ②用户只忽略了 15%的安全警告，用户在安全警告情境下的认知负荷更高。 ③高度注意力控制的用户更能正确识别钓鱼网站
Xiong 等（2017）	网站域名的突出显示	钓鱼网站	眼动追踪技术	①在线实验的结果表明引导用户关注地址栏有助于用户更好地识别钓鱼网站，但域名突出显示与否并不会影响用户对钓鱼网站的识别能力。 ②眼动实验的结果表明钓鱼网站更会加吸引被试的视觉注意力，引导用户关注地址栏会增加被试在地址栏上的注意力投入，但域名的突出显示不会；眼动热图分析表明域名的突出显示会降低被试在查看地址栏时的注意力分散程度，然而这并不会提高用户对钓鱼网站的识别能力。 ③结合访谈结果分析，域名突出显示无效可能是由于用户不知道可以通过域名信息检测网站的安全性
Neupane 等（2017）	网络安全相关的神经基础	钓鱼网站	fNIRS	①钓鱼网站会引起与认知负荷、信任相关的眼窝前额皮质、背外侧前额叶皮层、颞上回和颞中回脑区的神经激活； ②被试对于网站的熟悉程度会激活右背外侧前额叶皮层、右颞上回和颞中回的神经活动
Ramkumar 等（2020）	用户对网络网址的视觉注意力	钓鱼网站	眼动追踪技术	①域名中包含积极或消极词汇会影响用户对于网址安全性的判断，消极词汇相比于积极词汇能够提高用户识别钓鱼网址的准确性；用户更容易识别熟悉网址的安全性。 ②用户会在复杂网址上投入比简单网址更多的视觉注意力，但对于单个字符的视觉注意力会减少；当网址的长度超过一定阈值（100 字符左右），用户不会在网址上投入更多的认知资源。 ③用户倾向于通过查看网址中的域名是否包括 www 来判断网站的安全性，而忽视了域名中更有意义的安全指标
Jaeger 和 Eckhardt（2021）	钓鱼网站攻击背景下用户的恐惧诉求反应	钓鱼电子邮件	眼动追踪技术	①用户具备的与钓鱼网站的相关经验和安全警告能够提高用户的情境安全意识（即用户会更多地注视与信息安全相关的线索）。情境相关性、过度显著的视觉呈现负向影响用户的情境安全意识。用户的宜人型人格对情境安全意识的影响不显著。 ②用户的情境安全意识与威胁评估和应对评估呈正相关。用户的威胁评估通过影响恐惧间接地影响用户的保护动机。用户的应对评估显著正向影响用户的保护动机。用户的保护动机显著正向影响用户的安全行为

续表

文献来源	主题	研究情境	认知神经科学方法	主要研究结论
Hu 等（2015）	自我控制的神经基础	信息安全政策违规	事件相关电位	个体考虑违反信息安全政策时，自控力的个体差异会引起大脑不同的神经反应：与自控力高的被试相比，自控力低的被试在考虑轻微和重度信息安全政策违规决策时，反应更快，引发左右脑的 ERP 振幅强度更低，在背外侧前额叶皮层和额下回皮层脑区附近的神经激活差异尤为显著
Warkentin 等（2016）	恐惧诉求的神经基础	信息安全政策违规	fMRI	①威胁诉求相比于中性诉求会引发大脑对于自我参照思维相关区域的神经激活，包括：背外侧前额叶皮层、前扣带皮层、膝前及膝下前扣带皮层、顶叶内侧、双侧舌回、双侧楔形回和双侧角回。威胁评估也会引发上述与自我参照思维相关的中线结构脑区的神经激活。 ②对恐惧诉求的应对响应会激活右侧小脑部分区域的神经活动，但不会激发与奖励有关脑区（伏隔核）的神经活动。 ③恐惧诉求不会激发情绪相关脑区（杏仁核）的神经激活
West 等（2019）	自我控制和道德效能的神经基础	信息安全政策违规	脑电	①行为数据表明个体对信息安全侵犯的严重程度非常敏感，会更少做出信息安全违规决策，个体在轻度违规场景下的反应最快。 ②信息安全政策违规会引发个体相关脑区的神经激活，早期主要在枕叶、内侧额叶和外侧额叶皮层脑区的神经活动，后期主要在前额叶和外侧颞叶以及中枢和颞叶脑区的神经活动。 ③高道德潜能与神经激活的减少有关，而高自控力与神经活动的增加有关；道德效能和自我控制独立影响与信息安全违规决策相关的神经活动
Casado-Aranda 等（2018）	隐私风险的神经基础	神经隐私	脑电	研究从脑电层面区分了电子商务情景下的隐私、金融、绩效三种风险的差异。 ①相比于其他两种类型的风险，金融风险更多地引起了腹内侧前额叶皮层脑区的激活，这表明金融风险与积极预期、较高的支付意愿和信任有关； ②而隐私风险则更多地引起了背外侧前额叶、下顶叶、角回和左扣带回等脑区的激活，这表明隐私风险与消极响应、风险加工和不确定性高度相关
Mohammed 和 Tejay（2021）	信任与不信任的神经差异	神经隐私	脑电	①用户隐私决策过程的背后会同时涉及与大脑执行、情绪相关的脑区激活，且不同脑区间的活动还存在着一定的关联； ②隐私决策中信任与不信任背后的神经活动和认知加工完全不同，其中信任引发了额下回、眼窝前额叶皮层等与奖赏评估相关脑区的显著神经活动，而不信任则与后扣带回、脑岛皮层等负面情绪相关脑区活动有关
Farahmand Fariborz 和 Farahmand Firoozeh（2019）	隐私决策的神经基础	神经隐私	fMRI	相比于非隐私问题，当人们在回答隐私相关的问题时，其大脑边缘系统的主要区域，例如杏仁核会产生更为显著的激活，此外海马复合体的活动也大幅增加，这表明情绪和情绪记忆都参与到个体的隐私决策过程

续表

文献来源	主题	研究情境	认知神经科学方法	主要研究结论
Do Amaral 等（2013）	情绪相关的神经活动与隐私功能可用性测试	神经隐私	脑电	将脑电检测到的与情绪相关的脑电信号用于软件的可用性测试，研究发现与情绪相关的脑电信号与用户对 Facebook 隐私功能可用性的看法之间存在显著关联
Lai 等（2018）	隐私决策过程的神经活动	神经隐私	脑电	使用脑电测量用户隐私决策过程的神经活动以解释隐私悖论现象、预测用户隐私行为的研究设想
Sun 等（2020）	隐私授权行为的影响因素	神经隐私	脑电	①授权透明度、授权敏感性及其交互作用会影响用户的隐私授权行为，并且两种线索的交互作用比单一线索的作用对行为的影响大。②认知风格会影响个体在授权场景下的注意资源分配：与场依赖型认知风格相比，场独立型个体诱发了更大的 P200 振幅。③相比于线索一致时的授权情境，线索不一致时的授权情境会诱发更大的 N200 振幅
Vu 等（2007）	隐私政策的视觉注意力	神经隐私	眼动追踪技术	通过分析用户的注视数据探索用户在阅读和搜索隐私政策时的注意力分布情况，研究发现用户将注意力主要放在了隐私政策的章节标题、列表或段落的开头，以快速浏览或检索所需信息
Sheng 等（2020）	隐私政策的视觉注意力	神经隐私	眼动追踪技术	①研究发现通过自上而下的方式（例如，提高用户的隐私风险意识）或自下而上的方式（如增加隐私政策内容的显著性）都可以有效提高人们对隐私信息的关注；②网站上的隐私政策图标会比长文本内容和非隐私内容更能吸引用户的视觉注意；③对非隐私内容的视觉关注显著提高了贷款申请的可能性和对网站的态度
Tabassum 等（2018）	隐私政策的呈现方式	神经隐私	眼动追踪技术	通过眼动实验发现漫画形式的隐私政策相比于常规的纯文本版隐私政策，显著吸引了用户更多的注意力
Steinfeld（2016）	隐私政策的呈现方式	神经隐私	眼动追踪技术	①当用户被给予选择权利决定是否阅读隐私政策时，大多数的用户会选择直接跳过；②而当隐私政策被默认呈现时，用户则会倾向于花费更多的时间和精力来阅读隐私政策，并且这会进一步提升用户对隐私政策内容的理解
Karegar 等（2020）	隐私政策的呈现方式	神经隐私	眼动追踪技术	在用户隐私政策阅读的行为中发现了习惯化效应，即不同形式的隐私通知设计会导致被试对相关信息的关注有所差异，但这种差异会随着同一类型隐私通知的反复呈现而消失
Turel 等（2021）	信息安全政策违规的神经基础	信息安全政策违规	经颅直流电刺激	使用非侵入性脑刺激技术高清直流电刺激证明降低左背外侧前额叶皮层的神经元兴奋性可以抑制处理价值、收益评估相关脑区的神经活动，从而损害人们对信息安全政策违规的态度和行为意愿